阅读图文之美 / 优享健康生活

图书在版编目（CIP）数据

鸟类轻图鉴 / 含章新实用编辑部编著. — 南京：江苏凤凰科学技术出版社, 2023.2
ISBN 978-7-5713-3149-8

Ⅰ. ①鸟… Ⅱ. ①含… Ⅲ. ①鸟类 – 图集 Ⅳ. ①Q959.7-64

中国版本图书馆CIP数据核字(2022)第154126号

鸟类轻图鉴

编　　著	含章新实用编辑部
责任编辑	洪　勇
责任校对	仲　敏
责任监制	方　晨
出版发行	江苏凤凰科学技术出版社
出版社地址	南京市湖南路 1 号 A 楼，邮编：210009
出版社网址	http://www.pspress.cn
印　　刷	天津睿和印艺科技有限公司
开　　本	718 mm × 1 000 mm　1/16
印　　张	15
插　　页	1
字　　数	475 000
版　　次	2023年2月第1版
印　　次	2023年2月第1次印刷
标准书号	ISBN 978-7-5713-3149-8
定　　价	52.00元

鸟是人类的朋友，是自然界的精灵，也是生态系统的重要组成部分。因为有了鸟类，大自然更加生机勃勃，人们的生活变得更加有趣。

鸟类在文化、科学、娱乐和经济等领域也给人类带来了各种益处。许多国家都将人们最喜欢和最有特色的鸟类选为“国鸟”。

鸟类还曾带给人类很多启示，在启发人类智慧方面起到了很大的作用，例如根据鸟的飞行原理而发明的飞机，根据鸽子的特殊结构仿制出的地震仪，根据鹰眼的特点发明出的“电子鹰眼”等。

提到鸟类，人们会想到在天空飞翔的大雁、麻雀、天鹅等。其实，鸟的种类很多，不仅有天上飞的、地上跑的，还有可以潜水游泳的，比如企鹅。鸟类不仅有绚丽多彩的羽色、婉转动听的叫声，而且还能够消灭害虫，为维护生态平衡做贡献。我们周围的益鸟，包括啄木鸟、猫头鹰、燕子、杜鹃以及大山雀等，数量众多。

鸟类如此美丽、如此有趣、如此重要，引起了人们越来越多的关注，这本《鸟类轻图鉴》就是专门为对鸟类感兴趣的人打造的。全书兼具科学性、观赏性和实用性，是人们认识鸟类、熟悉鸟类的实用指南。书中详细介绍了每种鸟的科名、体重、别名、特征、主要分布地等方面的信息，为读者提供了丰富的鸟类科学知识。

本书内容丰富，插图精美，可供广大鸟类爱好者使用和收藏。打开本书，既能了解到鸟类的基本知识，又能收获无限乐趣。希望本书能够让越来越多的人喜欢上这些美丽的精灵，从而去体会人与自然和谐相处的美妙，唤起保护鸟、保护大自然的意识，共同守护我们赖以生存的环境。

由于笔者水平有限，书中难免存在不足之处，恳请广大读者批评指正。

常见鸟类及其近亲

鸟类基本概况

第一章 鸣禽

第二章 走禽

第三章 游禽

第四章 涉禽

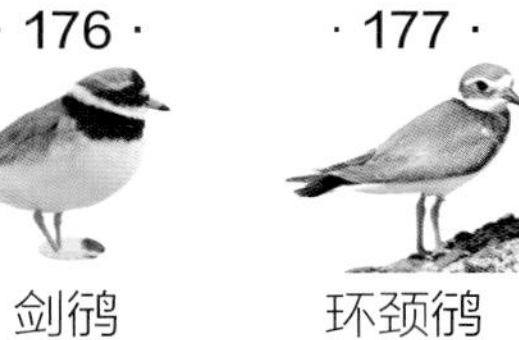

第五章 猛禽

第六章 攀禽

常见鸟类及其近亲

鹟科及其近亲

锈腹短翅鸫·雀形目、鹟科、短翅鸫属

锈腹短翅鸫雄鸟的嘴呈黑色，白色眉纹短而宽，头侧、头颈两侧以及上体和翼上覆羽均呈深蓝色，翅膀短且呈褐色，从颏至上腹及尾下覆羽均为亮锈黄色，胸部和两胁颜色浓暗，喉部和腹中央浅淡，呈棕白色，尾羽为黑褐色，脚为暗褐色，雌鸟上体为橄榄褐色，颏、喉、胸部及两胁均为锈黄色，并沾褐色，腹部中央近白色。

生活习性：锈腹短翅鸫属小型鸟类，生性胆大，不怕人，叫声欢快悦耳。经常在密林下、灌木丛或竹丛间活动。栖息在常绿阔叶林、密林下层。

食性：食物主要有蝗虫、金龟子、甲虫、步行虫等昆虫和昆虫幼虫，也吃野果和草籽等。

白眉鸫·雀形目、鸫科、鸫属

白眉鸫眉纹为白色，雄鸟头顶和枕部均为灰褐色，肩部、背部、尾上覆羽为橄榄褐色，胸部和两胁为橙棕色或橙黄色，腰部为橄榄褐色，尾羽为暗褐色。雌鸟上体均为橄榄褐色，颏、喉部为白色，有暗褐色的纵纹，其余似雄鸟。

生活习性：白眉鸫生性胆怯，喜欢单独或结成对活动，迁徙季节会结成群。一般在林下小树或高的灌木枝杈上筑巢。

食性：以鞘翅目、鳞翅目等昆虫和昆虫幼虫为主。

繁殖特点：繁殖期为5—7月，每窝通常产卵4~6枚。

白喉矶鸫·雀形目、鹟科、矶鸫属

又称蓝头白喉矶鸫、白喉矶、虎皮翠、葫芦翠、蓝头矶。白喉矶鸫嘴近黑色，雌雄两性异色，雄鸟头顶为蓝色，头侧部为黑色，颈背到肩部有闪斑，喉部为白色，双翅为黑色，且具有白色的翼纹，腹部呈栗色，各色相衬对比明显，下体大部分为橙栗色，脚为暗橘黄色。雌鸟与雄鸟相比，羽色暗淡，上体多为橄榄褐色，下体呈斑杂状。

生活习性：白喉矶鸫的体形较小，生性安静而温和，喜欢长时间静立不动。鸣声缓慢而悠扬，略有韵味，像吹奏笛子和箫的声音，冬季会结成群活动。

食性：主要以甲虫、蝼蛄、鳞翅目幼虫等为食物。

繁殖特点：每窝通常产卵6~8枚，雌雄亲鸟共同育雏。

黑胸鸫·雀形目、鸫科、鸫属

黑胸鸫的嘴呈蜡黄色。雄鸟除颏尖端有一点白色外，其余整个头部、颈部和上胸部均为黑色，背部、肩部、腰部以及两翅和尾等均为暗石板灰色或黑灰色，腰和尾上覆羽为暗灰色，下胸和两胁为橙棕色或棕栗色，脚为蜡黄色。雌鸟的上体为橄榄褐色，颏、喉部均为白色，上胸为橄榄褐色，其余和雄鸟相似。

生活习性：黑胸鸫生性胆怯，善于隐蔽，喜欢独自或结成对活动。

栖息环境：阔叶林和针阔叶混交林。

食性：主要以昆虫和昆虫幼虫为食物。

繁殖特点：繁殖期为5—7月，每窝通常产卵3~4枚，卵呈淡绿色或淡乳黄色，雌雄亲鸟轮流孵卵。

白眉歌鸫 · 雀形目、鸫科、鸫属

白眉歌鸫是土耳其的国鸟，体长为20~24厘米，鸟喙为黑色，基部黄色，嘴形较窄，嘴须发达；眼睛上有奶白色的斑纹，浅色眉纹明显；上身呈白色，有褐色的斑点，背部呈褐色，翅膀形状较尖，翼下和两胁呈锈红色；下体多纵纹，尾较宽且长，脚爪呈灰褐色。

生活习性： 常在夜间鸣叫，叫声低沉，在群鸟歇息时叽喳作叫，受惊扰时很快飞向附近的树。

食性： 食物包括蚂蚁、甲虫、蟋蟀，以及树莓、沙棘、樱桃等。

繁殖特点： 每窝通常产卵 4 ~ 6 枚，雌鸟负责孵卵。

蓝矶鸫 · 雀形目、鹟科、矶鸫属

蓝矶鸫是马耳他的国鸟，嘴近黑色，雄鸟上体从额至尾上覆羽，头部、颈侧、颏和胸部等部均为灰蓝色，下体自胸部以下为纯栗红色，两翅近黑色，翅上的小覆羽为蓝色，尾羽呈黑色。雌鸟上体灰蓝色，翅和尾均为黑色，下体呈棕白色，各羽缀有黑色的波状斑，脚和趾均为黑褐色。

生活习性： 蓝矶鸫喜欢单独或成对活动。

食性： 食物以甲虫、金龟子、步行虫、蝗虫等昆虫为主。

繁殖特点： 繁殖期为4—7月，每窝通常产卵4~5枚，卵呈淡蓝色。

赭红尾鸲 · 雀形目、鹟科、红尾鸲属

赭红尾鸲雄鸟的嘴、脚为黑褐色或黑色，头侧、头顶、背部和颈侧均为暗灰色或黑色，颏部、喉部和胸部均为黑色，两翅为黑褐色，翅上覆羽呈黑色或暗灰色，腰部、腹部、尾上覆羽均为栗棕色。

生活习性： 赭红尾鸲属小型鸟类，除繁殖期成对以外，平时喜欢单独活动，一般夜晚或清晨时鸣叫，声音响亮有力。

食性： 食物以甲虫、象鼻虫等鞘翅目昆虫为主。

繁殖特点： 主要由雌鸟负责筑巢，繁殖期为5—7月，通常每窝产卵4~6枚。

白顶溪鸲 · 雀形目、鹟科、溪鸲属

白顶溪鸲体长约19厘米，嘴为黑色，头顶至枕部为白色，前额、头侧至背部呈深黑色，飞羽为黑色；颏和胸部均为深黑色，腹部、尾上覆羽及尾羽均呈深栗红色，尾羽有宽阔的黑色端斑，趾和爪均为黑色。

生活习性： 白顶溪鸲不太怕人，在岩石上活动或站立时，竖直的尾部散开呈扇形；喜欢独自或结成对活动，也会3~5只结成群互相追逐。

食性： 啄食昆虫，也食用野果和草籽。

繁殖特点： 繁殖期为4—6月，每窝通常产卵3~5枚。

日本歌鸲 · 雀形目、鹟科、歌鸲属

日本歌鸲雄鸟的嘴为暗褐色，额、头部和颈的两侧，颏、喉部和上胸等均为深橙棕色，上体包括两翅表面均为草黄褐色，下胸和两胁均为灰色，上胸和下胸间有狭窄的黑带，腹部和尾下覆羽为白色，下体前部为橙棕色，尾为栗红色，脚和趾为棕灰色。

分布区域： 中国、日本、韩国和俄罗斯等地。

生活习性： 日本歌鸲生性活跃，善于鸣叫，叫声嘹亮而动听，喜欢到地面上觅食，经常边走边将尾向上举起。它们性情机警，受到惊吓便会飞上树枝。

食性： 食物以鞘翅目昆虫、蚂蚁、蜘蛛等为主。

繁殖特点： 繁殖期为5—7月，每窝通常产5~6枚天蓝色或蓝绿色的卵，呈卵圆形，雌鸟负责孵卵。

鹊鸲 · 雀形目、鹟科、鹊鸲属

又称猪屎渣、吱渣、信鸟、四喜。鹊鸲是孟加拉国的国鸟，嘴形粗健而直，雄鸟上体大部分为黑色，头顶到尾上覆羽均为黑色，带有蓝色光泽，颏部到上胸部分及脸侧均为黑色，飞羽为黑褐色，下体前黑后白，下胸覆羽纯白色，尾呈凸尾状。雌鸟与雄鸟相似，但雄鸟的黑色部分被灰色或褐色代替，下体和尾下覆羽的白色略沾棕色。趾为灰褐色或黑色。

生活习性： 生性活泼；喜欢单独或成对活动，休息时经常展翅翘尾。

食性： 食物以金龟甲、瓢甲、蝼蛄等昆虫和昆虫幼虫为主。

繁殖特点： 繁殖期为4—7月，每窝通常产卵4~6枚。

北红尾鸲 · 雀形目、鹟科、红尾鸲属

又称灰顶茶鸲、红尾溜、火燕。北红尾鸲的嘴为黑色，头部到背部为石板灰色，颈侧、前额基部、头侧、颏喉和上胸均为黑色，两翅为黑色，有明显的白色翅斑，腰部为棕色，尾上覆羽和尾均为橙棕色，其余下体为橙棕色。雌鸟的上体为橄榄褐色，两翅为黑褐色，有白斑，下体呈暗黄褐色。脚为黑色。

分布区域： 不丹、印度、中国、日本、韩国、蒙古、缅甸、俄罗斯、泰国等地。

生活习性： 北红尾鸲属小型鸟类，叫声单调而清脆，生性胆怯，喜欢躲在丛林内，行动敏捷，经常在地上和灌木丛间跳跃，一般单独或成对活动。

食性： 主要以虻、瓢虫等昆虫成虫及其幼虫为食物。

繁殖特点： 繁殖期为4—7月，每窝通常产卵6~8枚。

鸥科及其近亲

细嘴鸥·鸻形目、鸥科、鸥属

细嘴鸥夏羽的头、颈部为白色，嘴纤细，呈红色；背部、肩部、翅上覆羽、内侧飞羽均为淡灰色，腰部、尾上覆羽均为白色；下体为白色，下胸以及腹部常常有粉红色，脚为红色。雌鸟和雄鸟羽色相似。

分布区域： 主要分布于西伯利亚东北部、印度次大陆、东南亚，以及菲律宾、澳大利亚等地。

生活习性： 细嘴鸥一般结成小群活动，有时也会聚集成大群，飞行时轻快而敏捷。它们在潮间带寻觅食物，在水中会倒立觅食。繁殖期迁徙，其他时候为留鸟或者会短距离飞行。在中国属于偶见的冬候鸟。

栖息环境： 主要栖息在海岸、岛屿、沙洲和海滩。巢通常筑在海边的沙滩和岛屿上。

食性： 食物主要为鱼、昆虫和海洋无脊椎动物等。

繁殖特点： 繁殖期为5—6月，每窝通常产卵3枚，卵呈白色或乳白色，由雌雄亲鸟轮流孵卵。

白玄鸥·鸻形目、鸥科、玄鸥属

又称白燕鸥。白玄鸥体形较大，黑色的嘴较长，基部较粗，往尖端变细，且微向上翘；虹膜为褐色，眼周有一道窄的黑色眼圈；体羽几乎全是白色；翅较长，第一枚初级飞羽最长，尾呈叉状；脚为黑色或淡蓝色。

分布区域： 主要分布于澳大利亚、巴西、中国、印度、日本、墨西哥、瑙鲁、所罗门群岛等地。

生活习性： 白玄鸥一般在热带海洋和岛屿上活动，喜欢结群，它们频繁地在海面上空飞翔，飞行时轻快而敏捷。会迁徙，是一种白昼性活动的鸟，在黄昏和黎明的时候会更加活跃。

栖息环境： 主要栖息在海岸、海岛和开阔的海滩。

食性： 主要以鱼虾等为食物。

繁殖特点： 繁殖期为5—9月，每窝通常产卵1枚，卵呈灰白色或粉红灰色、阔卵圆形，表面有稀疏的红褐色或黑色斑点。雌鸟和雄鸟共同孵卵，孵化期为36天。

黑尾鸥·鸻形目、鸥科、鸥属

黑尾鸥的嘴为黄色，先端为红色；夏羽头部、颈部、腰部和尾上覆羽以及整个下体全为白色，背部和两翅为暗灰色；外侧初级飞羽黑色，从第3枚起微具白色先端，内侧初级飞羽为灰黑色；尾基部为白色，端部为黑色；脚为绿黄色。雌鸟和雄鸟羽色相似。

分布区域： 主要分布于中国、日本、朝鲜、韩国、越南等地。

生活习性： 黑尾鸥属中型水禽，喜欢结成群活动，它们经常在海面上空飞翔或伴随船只觅食，也喜欢群集在沿海渔场活动和觅食。

栖息环境： 主要栖息在海岸沙滩、悬岩、草地和湖泊。巢通常筑在海岸悬崖峭壁的岩石平台上。

食性： 主要以鱼类为食物，也吃虾、软体动物和水生昆虫等。

繁殖特点： 繁殖期为4—7月，每窝通常产卵2枚，卵呈卵圆形或梨形。雌雄亲鸟轮流孵卵，孵化期为25~27天。经过30~45天，幼鸟就可以飞翔。

银鸥 · 鸻形目、鸥科、鸥属

又称大海鸥、黑背鸥、黄腿鸥、鱼鹰子。银鸥的虹膜和嘴均为黄色，下嘴尖端有一道红斑。夏羽头部、颈部均为白色，肩、背部为淡蓝灰色或鼠灰色，肩羽有宽阔的白色端斑；腰部、尾上覆羽和尾均为白色，初级飞羽末端呈黑褐色；下体为白色。冬羽和夏羽相似，但头部和颈部有褐色的纵纹。脚为黄色或淡红色。雌鸟和雄鸟羽色相似。

分布区域： 主要分布于欧洲、非洲，以及印度、美国等地。

生活习性： 银鸥喜欢成对或结成小群活动在水面上，或在水面上空飞翔，飞翔轻快敏捷，也善于游泳。休息的时候一般栖息在悬岩或者地上。在中国主要为冬候鸟，部分为夏候鸟。

栖息环境： 主要栖息在苔原、河流、湖泊和沼泽。

食性： 主要以鱼、鼠类、蜥蜴等动物为食。

繁殖特点： 繁殖期为4—7月，每窝通常产卵2~3枚，卵呈淡绿褐色或蓝色，雌雄亲鸟轮流孵卵。

黑浮鸥 · 鸻形目、鸥科、浮鸥属

黑浮鸥嘴较长而尖，呈黑色。夏羽头部为黑色，背部、肩部为石板灰色；腰和尾部为灰褐色，初级飞羽和次级飞羽向端部渐呈灰黑色；下体为黑色，尾下覆羽为白色。冬羽头顶和枕部为黑色，上体淡灰褐色，尾灰色；额、颏、喉和后颈的窄环以及下体均为白色。脚为红褐色。雌鸟和雄鸟羽色相似。

分布区域： 主要分布于北美洲、欧洲、中美洲、西非、南非等地。

生活习性： 黑浮鸥喜欢单独或成小群活动，行走能力较差。飞行敏捷，有时从水面上掠过，用朝下的嘴在水面啄食。在中国比较罕见，在部分地区有迷鸟记录。

栖息环境： 主要栖息在平原、山地、森林和湖泊。

食性： 主要以水生无脊椎动物和昆虫为食物。

繁殖特点： 繁殖期为5—7月，每窝通常产卵3枚，卵呈赭色或暗褐色，表面有黑色斑点。
雄雌亲鸟轮流孵卵，孵化期为14~17天。

小鸥 · 鸻形目、鸥科、鸥属

小鸥的嘴细窄，呈暗红黑色。夏羽头部为黑色，后颈、腰部、尾上覆羽和尾均为白色，背部、肩部、翅上覆羽和飞羽上面均为淡珠灰色；下体为白色，微缀玫瑰色。冬羽头部白色，头顶至后枕呈暗色，眼后有一块暗色的斑。脚为红色。雌鸟和雄鸟羽色相似。

分布区域： 主要分布于西伯利亚、波罗的海、东南欧及北美洲等地。

生活习性： 小鸥喜欢结群活动，多数时候在水面上空飞翔，飞行轻快、敏捷。部分为夏候鸟，部分为旅鸟。

栖息环境： 主要栖息在森林、湖泊、海岸和河流。巢通常筑在湖边、河岸和附近沼泽地上。

食性： 食物以昆虫、昆虫幼虫、甲壳类和软体动物等无脊椎动物为主。

繁殖特点： 繁殖期为5—6月，每窝通常产卵2~3枚，卵呈卵褐色或橄榄绿色，雄雌亲鸟轮流孵卵。

须浮鸥 · 鸻形目、鸥科、浮鸥属

须浮鸥夏羽的嘴为淡紫红色，前额自嘴基沿眼下缘经耳区到后枕的头顶均为黑色，颏、喉和眼下缘的整个颊部呈白色；肩部为灰黑色，背、腰、尾上覆羽和尾部均为鸽灰色；前颈和上胸为暗灰色，下胸、腹部为黑色，尾呈叉状。冬羽前额白色，头顶至后颈黑色。从眼前经眼和耳覆羽到后头，有一半环状黑斑。其余上体灰色，下体白色。脚呈淡紫红色。雌鸟和雄鸟羽色相似。

分布区域： 主要分布于中亚、欧洲南部、非洲，以及俄罗斯、印度尼西亚、澳大利亚等地。

生活习性： 须浮鸥常成群活动，飞行轻快，可以保持在一定的地方振翅飞翔而不动地方。在漫水地和稻田上空觅食，取食的时候会扎入浅水或低掠水面。

栖息环境： 主要栖息在湖泊、水库、河口和海岸。

食性： 食物以小鱼、虾、水生昆虫等水生脊椎动物为主。

繁殖特点： 繁殖期为5—7月，每窝通常产卵3枚，卵呈绿色、天蓝色或浅土黄色，梨形，雌雄亲鸟轮流孵卵。

灰翅鸥 · 鸻形目、鸥科、鸥属

灰翅鸥的嘴为黄色，下嘴先端有红斑。夏羽头部、颈部、腰部、尾为白色，肩部、背部和翅上覆羽为鸽灰色，初级飞羽为烟灰色，下体为白色，脚为粉红色。冬羽和夏羽相似，但头部和颈部有淡褐色的纵纹，有时会扩展到上胸部。雌鸟和雄鸟羽色相似。

分布区域：主要分布于西伯利亚北部、堪察加半岛、阿拉斯加和北美洲等地。

生活习性：灰翅鸥喜欢成对或成小群活动，食性较杂。一般在海面和岩礁上空飞翔，或在海面上游荡，多成群站在悬崖岩石或沙滩上休息。

栖息环境：主要栖息在海岸、悬岩、海滨沙滩。巢一般筑在人迹罕至、难于到达的海岸悬岩上。

食性：食物以鱼、甲壳类、软体动物等为主。

繁殖特点：繁殖期为5—7月，每窝通常产卵3枚，卵呈橄榄绿色，表面有暗色的斑点。

灰背鸥 · 鸻形目、鸥科、鸥属

灰背鸥夏羽头颈部为白色，冬羽颈部为灰白色。其嘴为黄色，下嘴先端有红斑。夏羽上体从肩部、背部为灰黑色，初级飞羽为黑色，次侧飞羽有白色的尖端，下体为纯白色，脚为粉红色。雌鸟和雄鸟羽色相似。

分布区域：主要分布于西伯利亚东北部、库页岛、琉球群岛，以及日本、中国等地。

生活习性：灰背鸥喜欢结成对或成小群活动，非繁殖期也会聚集成大群。灰背鸥在中国主要为冬候鸟，在9—10月飞来中国越冬。

栖息环境：主要栖息在岩石海滩、海滨海滩、海湾。巢通常筑在海岛和海岸的悬岩上。

食性：食物以小鱼、虾、螺等为主。

繁殖特点：繁殖期为5—7月，每窝通常产卵2~3枚，卵呈橄榄绿色或赭色。

领燕鸻 · 鸻形目、燕鸻科、燕鸻属

领燕鸻体长25厘米，虹膜为深褐色，嘴较短，为黑色；嘴基为红色；上体为橄榄褐色，颏和喉皮为黄色，边缘有黑色的领圈；下眼睑为白色。繁殖季节翼下颜色较深，腋羽和翼下覆羽为深栗色；叉尾呈白色，有黑色的端带，腿为黑色。雌鸟和雄鸟羽色相似。

分布区域：主要分布于欧洲、非洲、中亚等地。

生活习性：领燕鸻喜欢成群活动，善于奔跑、行走和飞行，在早上和傍晚时最活跃。它们多在飞行中觅食。

栖息环境：主要栖息在开阔的平原、草地、沼泽和湖泊。巢一般筑在离水不远的岸边地上凹处或者沼泽地边缘。

食性：以蜻蜓、甲虫和蝗虫等各种昆虫为食。

繁殖特点：繁殖期为5—7月，每窝通常产卵2~3枚，卵呈白色或皮黄白色，雌雄亲鸟轮流负责孵卵，孵化期为17~18天。

隼科及其近亲

矛隼·隼形目、隼科、隼属

又称白隼、海东青，矛隼有暗色、灰色、白色三种类型。暗色型矛隼头部为白色，头顶有暗色的纵纹，嘴呈铅灰色；上体为灰褐色到暗石板褐色，缀有白色的横斑和斑点；白色的下体缀有暗色的横斑，脚为暗黄褐色。雌鸟和雄鸟羽色相似。

分布区域：主要分布于加拿大、冰岛、美国等地。

生活习性：矛隼是冰岛的国鸟，比较凶猛，翅膀强而有力，善于快速飞行和翱翔。不仅能猎取飞行的鸟类，还能捉住奔跑的兽类。为中国稀有冬候鸟。

栖息环境：主要栖息在岩石山地、沿海岛屿、河谷。巢主要筑在北极海岸以及河谷悬崖上。

食性：食物以野鸭、雷鸟、海鸥、松鸡等各种鸟类为主。

繁殖特点：繁殖期为5—7月，每窝通常产卵3~4枚，卵呈褐色或赭色，多由雌鸟负责孵卵，孵化期为28~29天。

猎隼·隼形目、隼科、隼属

又称猎鹰、兔虎、棒子。猎隼的头顶呈浅褐色，嘴呈灰色，眼下方有黑色线条，眉纹和颊部呈白色；背部、肩部和腰部均为暗褐色，缀有砖红色的斑点和横斑；下体偏白色，翼下大覆羽有黑色的细纹；尾部缀有砖红色的横斑，脚为浅黄色。雌鸟和雄鸟羽色相似。

分布区域：主要分布于中欧、北非、中亚，以及印度、蒙古、中国等地。

生活习性：猎隼容易驯养，经过驯养后的猎隼是猎人的好帮手，深受蒙古人民的喜爱，是蒙古的国鸟。为不常见季候鸟。

栖息环境：主要栖息在草原、丘陵、河谷、沙漠。巢通常筑在悬崖峭壁上的缝隙里。

食性：猎隼的食物以中小型鸟类、鼠类和野兔等动物为主。

繁殖特点：繁殖期为4—6月，每窝通常产卵3~5枚，卵呈赭黄色或红褐色，雌雄亲鸟轮流孵卵，孵化期为28~30天。雏鸟晚成性，经过40~50天的喂养才可以离巢飞走。

红脚隼·隼形目、隼科、隼属

红脚隼虹膜为褐色，雄鸟的上体大部分为石板黑色，嘴为灰色，喉部、颈部、胸部和腹部均为淡石板灰色，胸部有黑褐色的羽干纹，尾下覆羽和覆腿羽均为棕红色，脚为橙红色。雌鸟背羽及翅羽为石板灰色，有黑褐色羽干纹；颏与喉部呈乳白色；其余下体为棕白色。

分布区域：主要分布于安哥拉、中国、印度、蒙古、俄罗斯、索马里、南非、泰国、越南等地。

生活习性：红脚隼属小型猛禽，飞行能力很强，飞翔时两翅扇动很快，是迁徙旅程最远的猛禽，喜欢独自在白天活动。

栖息环境：主要栖息在低山疏林、林缘、沼泽、河谷。

食性：食物以蝗虫、蚱蜢、蟋蟀等昆虫为主。

繁殖特点：繁殖期为5—7月，每窝通常产卵4~5枚，卵呈椭圆形，白色，雌雄亲鸟轮流孵卵，孵化期为22~23天。雏鸟晚成性，孵出之后27~30天可以离巢。

黄爪隼·隼形目、隼科、隼属

又称黄脚鹰，黄爪隼雄鸟的前额为棕黄色，嘴为蓝灰色，头顶、后颈和颈侧均为淡蓝灰色，耳羽有棕黄色羽干纹，喉部呈粉红白色或皮黄色；背部和肩部呈砖红色或棕黄色，下体为淡棕色；淡蓝灰色的尾部缀有黑色次端斑和白色端斑，脚趾呈淡黄色。雌鸟前额污白色，头、颈、肩、背等处羽毛淡栗色，下体棕白色。

分布区域：主要分布于阿富汗、中国、埃及、法国、印度、俄罗斯、南非、阿联酋、美国等地。

生活习性：黄爪隼属小型猛禽，较为罕见。性情活跃，生性大胆，喜欢成对或集群活动，经常在空中滑翔，叫声比较尖锐。在中国北方多为夏候鸟，在云南为冬候鸟。

栖息环境：主要栖息在旷野、荒漠旱地、河谷、丛林。

食性：黄爪隼以甲虫、蝗虫等昆虫为食。

繁殖特点：繁殖期为5—7月，通常每窝产卵4~5枚，卵呈白色或浅黄色，由雄鸟和雌鸟轮流孵卵，孵化期为28~29天。雏鸟晚成性，主要由雄鸟负责喂食。

黑翅鸢·鹰形目、鹰科、黑翅鸢属

又称灰鹞子。黑翅鸢体长约33厘米，眼周有黑斑点，前额为白色，到头顶逐渐变为灰色；虹膜呈血红色，嘴呈黑色；后颈、背部、肩部和腰部，一直到尾上覆羽均为蓝灰色；整个下体和翅下覆羽均为白色；尾较短，中间稍凹，呈浅叉状；脚和趾为深黄色，爪为黑色。雌鸟和雄鸟羽色相似。

分布区域： 主要分布于中国、摩洛哥、埃及、阿富汗、印度、越南、缅甸、印度尼西亚、菲律宾等地。

生活习性： 黑翅鸢属小型猛禽，喜欢在空中翱翔，多在白天单独活动，在大树树梢或电线杆上停歇，有小鸟和昆虫飞过时，会冲过去扑食。

栖息环境： 主要栖息在原野、农田、疏林和草原。

食性： 食物以鼠类、小鸟、野兔、昆虫等为主。

繁殖特点： 每窝通常产卵3~5枚，卵呈白色或淡黄色，雌雄亲鸟轮流孵卵。

兀鹫·鹰形目、秃鹫科、兀鹫属

兀鹫的嘴端有钩，颈的基部有松软的翎颌，近白色；头部和颈部均为黄白色，羽毛较少或全秃；亚成鸟有褐色的翎颌。兀鹫与秃鹫的不同是下体为浅色，尾部平直或呈圆形，脚为暗淡绿黄色。雌鸟和雄鸟羽色相似。

分布区域： 主要分布于南欧、北非、中亚，以及阿富汗、巴基斯坦、印度北部等地。

生活习性： 兀鹫是大型的鹫类，是目前世界上飞得第二高的鸟。它们视力非常好，叫声粗哑，能够在天空飞行数小时，并仔细地搜寻地面的动物尸体，在空中不停地盘旋，或在树枝上休息。它们能凭借着良好的嗅觉来找寻动物的尸体，经常为一块肉而不停争抢。

栖息环境： 主要栖息在开阔多岩的高山。

高山兀鹫·鹰形目、鹰科、兀鹫属

又称黄秃鹫。高山兀鹫的嘴角呈绿色或暗黄色，头部和颈部裸露，被有绒羽；颈基部长的羽簇为淡皮黄色或黄褐色，呈披针形；上体和翅上覆羽为淡黄褐色，下体呈淡白色或淡皮黄褐色；飞羽为黑色，脚和趾呈绿灰色或白色。雌鸟和雄鸟羽色相似。

分布区域： 主要分布于阿富汗、中国、印度、马来西亚、蒙古、尼泊尔、巴基斯坦、泰国等地。

生活习性： 高山兀鹫属大型的猛禽，能飞越珠穆朗玛峰，是世界上飞得最高的鸟类之一。它们喜欢独自或结成十几只的小群飞行，经常聚集在“天葬台”附近，等待啄食尸体。

栖息环境： 主要栖息在高山、岩石、高原草地。

食性： 食物以尸体、病弱的大型动物等为主。

繁殖特点： 繁殖期为2—5月，每窝通常产卵1枚，卵呈白色或淡绿白色。

白腹海雕·鹰形目、鹰科、海雕属

又称白腹雕、白尾雕。白腹海雕体长为70~85厘米。其上嘴为红灰色，下嘴为蓝灰色；头部和颈部均为白色，背部、肩部和翼覆羽均为黑灰色，腹部为白色；两翼宽长，飞羽为黑褐色；褐色的尾羽呈楔形，脚为黄色。雌鸟和雄鸟羽色相似。

分布区域： 主要分布于印度、澳大利亚、中国等地。

生活习性： 白腹海雕属大型猛禽，喜欢单独或成对沿海岸低空飞行，翱翔或滑翔时两翅成“V”形，多在白天活动和觅食。

栖息环境： 主要栖息在海岸及河口地区。

食性： 食物以鱼类、海龟和海蛇等水生动物为主。

繁殖特点： 每窝通常产卵2~3枚，卵呈卵圆形、白色，雌雄亲鸟轮流孵卵。

鸟类基本概况

鸟的分类

鸟类按形态特征和生活习性可分为鸣禽、走禽、游禽、涉禽、猛禽和攀禽。

鸣禽

鸣禽即雀形目的鸟类，多属中小型鸟类，是天然的歌手。其种类较多，分布广泛，可适应多样的生态环境，所以它们的外部形态复杂多变，彼此的差异也很明显，外形和大小都不相同，大部分为候鸟。鸣禽嘴较小，都善于鸣叫，鸣声大多婉转悦耳，羽毛华丽，脚短而强。发声器官很发达是鸣禽的共同特征。多数种类的鸣禽树栖生活，少数部分为地栖。

走禽

走禽也叫路禽、陆禽，是鸟类中善于行走或奔跑而无法飞翔的鸟类，包括鸽形目以及鸡形目的所有种类。很多走禽的翼短小，翅膀退化，失去了飞翔的能力。它们的脚长而强大，下肢比较发达，前趾和后趾可对握，适合栖息在树枝上，嘴较短，大部分结群生活，一般在地面活动和觅食，常见的有鸵鸟、原鸡、鹌鹑等。大部分走禽种类为留鸟，只有少数种类为候鸟。

游禽

游禽包含了雁形目、企鹅目、潜鸟目、鹱形目、鹈鹕目、鹲形目和鸻形目中的鸥科，常见的有鸭、雁、天鹅等，体形相差较大。游禽喜欢在水中游泳和潜水，它们的脚向后伸，趾间均生长着肉质的脚蹼，适合游泳；嘴扁阔或尖，方便在水中抓取食物，身上覆盖着厚而浓密的羽毛，保暖效果较好。大部分游禽不善于行走，但飞翔速度较快。

涉禽

涉禽指适应在沼泽和水边栖息生活的鸟类，都是湿地水鸟，大多分布在湿地或沿海，但是不包括海边有蹼的海鸟。涉禽包括鹭类、鹤类、鹳类和鹬类等，其体形大小相差较大。涉禽有“三长”：嘴长、颈长和脚长，这是它们比较明显的特征。涉禽不适合游泳，足蹼位于趾间的基部，可增加和地面的接触面积，有助于在湿地上活动，涉水而行，有些种类如秧鸡，脚趾细而且长，可以在荷叶或浮萍上快速行走。它们一般从污泥中或水底取得食物，休息时经常用一只脚站立。

猛禽

猛禽分布广泛，除南极洲以外均有分布，多在高山草原和针叶林地区生活，涵盖隼形目和鸮形目的所有种类，包括鹰、雕、鹗、鸢、鹫、隼、鹞、鸮等鸟类，都是掠食性鸟类，数量比其他类群少，却处于食物链的顶层。它们大多性情凶猛，翅膀较大，擅长飞翔；强大的嘴呈钩状，脚生有锐爪，强而有力，视力良好，捕食鼠、蛇、兔和其他鸟类等，因此很多猛禽都是益鸟。鉴于很多猛禽濒临灭绝，我国已将隼形目和鸮形目中的所有种类均列为国家级保护动物。

攀禽

攀禽涵盖了鹦形目、雨燕目、鹃形目、咬鹃目、鼠鸟目、夜鹰目、鴷形目和佛法僧目的鸟类，它们的脚短而强健，脚趾两个向前，两个向后，有利于攀缘树木，这是攀禽最明显的特征。大多数的攀禽选择独栖，主要在有树木的平原、山地或者悬崖附近活动。攀禽的翅膀一般为圆形或近圆形，因此很多攀禽不善于飞翔，尤其不善于长距离的飞行。攀禽的食性较杂，食物包括昆虫、昆虫幼虫、植物果实和种子以及鱼类等。大部分的攀禽属于留鸟。其中的夜鹰目鸟类为夜行性鸟类。

鸟类的迁徙

很多鸟类在不同的季节会更换栖息地，不管是从营巢地区转移到越冬地区，还是从越冬地区回到营巢地区，这种季节性的现象都属于鸟类的迁徙。不仅是鸟类，一些蝴蝶、海龟、海豹等都有季节性的迁徙行为。鸟类迁徙原因较多，一般是为了躲避恶劣的环境和天敌、寻找食物和合适的繁殖地等，这是鸟类遵循大自然环境的生存本能反应。由于迁徙习性的不同，鸟类可分为留鸟、夏候鸟、冬候鸟、旅鸟、迷鸟等类型。

留鸟

留鸟指的是没有迁徙行为的鸟类，常年居住在出生地，例如喜鹊、麻雀等属于留鸟。大部分留鸟可能终生都不离开它们的巢区，而一些留鸟则会进行不定向的短距离迁移。以乌鸦为例，它们在冬季时会向城市中心聚集，在城市中心越冬；到了夏季，乌鸦会分散到郊区或山区生活。而对于雪鸡，则会根据季节变化在高、低海拔间进行迁移，雪鸡在夏季时会转移到雪线上的区域生活，冬季则下降到灌丛带以下，甚至云杉林中生活。

候鸟

候鸟指的是那些有迁徙行为的鸟类，它们总是在春季和秋季沿着固定路线在繁殖地和避寒地之间往返，例如家燕、天鹅等。鸿雁、鹭、鹤等体形较大的鸟类在迁徙飞行时多呈“人”字形或“一”字形，雀形目鸟类及体形较小的鸟类在迁徙时一般采用封闭群，其数量多少不同，数量多的如虎皮鹦鹉，能聚集成上万只的大群飞行。

北极燕鸥在北极地区繁殖后代，在南极海岸越冬，它们的迁徙全程达 4 万多千米，是已知的动物中迁徙距离最远的。鸟类在迁徙时一般飞行高度为几百米，少数鸟类如大天鹅能够飞越珠穆朗玛峰，飞行高度可达 9000 米。

旅鸟

旅鸟指鸟类在迁徙时经过某个地区，但是不在这个地区繁殖后代或越冬，对于这个地区而言，这样的鸟种便可以叫作旅鸟。

迷鸟

个别鸟类在迁徙过程中，由于狂风、暴雨等恶劣的天气或其他自然原因偏离了自己的迁徙路线，最终出现在了本来不该出现的地方，这样的鸟便是迷鸟。迷鸟一般没有定居的能力，不会成为外来物种。以我国境内的普通秋沙鸭为例，它们在中国西部和东北地区繁殖，迁徙到黄河以南越冬，偶尔在中国台湾出现的普通秋沙鸭即是迷鸟。

事实上，候鸟和留鸟并不是绝对的，由于种种原因，同一鸟种在不同的地区或在同一个地区会表现出不同的居留类型，比如雀鹰，北京的雀鹰有一些是候鸟，而有些则是留鸟。再如黑卷尾，它们在云南、海南岛等地为留鸟，在华北地区、长江流域则为夏候鸟。

鸟类的生存和保护

“走过那条小河，你可曾听说，有一位女孩她曾经来过。走过这片芦苇坡，你可曾听说，有一位女孩，她留下一首歌……”这段细腻而凄美歌词讲述了一个真实的故事，在当时引起了强烈的反响和震撼，打动了无数的听众。1987 年 9 月，在盐城自然保护区从事养鹤工作的徐秀娟，为了救助一只受伤的白天鹅，不幸溺水身亡，牺牲时年仅 23 岁。

人们在被徐秀娟的感人事迹深深打动时，也不禁为鸟类的生存环境忧心不已。在 20 世纪 60 年代的夏季，常常可以看到杜鹃、黄鹂、卷尾等食虫的鸟类，如今这些鸟类已日渐稀少，甚至销声匿迹。如今的鸟类资源相比之前的几十年明显减少，很多珍贵的鸟类正濒临灭绝，鸟类灭绝的速度正在加快。

众所周知，森林和湿地是鸟类重要的栖息和觅食场所，大部分鸟类在森林里休养生息、繁衍后代。而随着现代化进程的加快，人们不合理地砍伐森林、侵占湿地等行为，使得鸟类的栖息地迅速减少，也对自然环境造成了巨大的破坏，严重地影响了生态环境的平衡。在农业方面，人们长期、大量使用化学药剂，造成了水源的污染，大量的鸟类食用了被农药杀死的虫子、被农药污染的水源和种子，纷纷中毒身亡。此外，不少利欲熏心的人大量捕捉鸟类，也使得鸟类的种群和数量不断减少。

广西北海位于大陆架最南端，紧邻北部湾，物种资源十分丰富，该区域还位于东亚一澳大利亚候鸟的迁徙通道上，是候鸟越冬或停歇的重要地区。有记录表明，该地有 360 多种鸟类，其中包括中华秋沙鸭、黑脸琵鹭、白腹海雕等全球濒危的鸟种。而到了每年的 9—10 月，迁徙的鸟类成群结队，捕鸟的现象也随之疯狂起来。捕鸟人使用猎枪、弹弓、沾网、扣网等大肆捕杀来到此地的鸟类，当地捕捉、贩卖野生鸟类的现象屡禁不止。

鸟类是我们人类的朋友，采取各种措施保护鸟类，使鸟类摆脱灭绝的边缘已经是迫在眉睫，刻不容缓。我们应该呼吁身边更多的人加入保护鸟类的队伍中，保护鸟类在自然界的繁殖，设立更多的鸟类自然保护区和禁猎区。

没有买卖，就没有杀害。杜绝捕杀，从自身做起，让我们齐心协力，给鸟类创造一个和谐安定的生存繁衍环境，创造一个美好的未来。

第一章

鸣禽

常见的鸣禽有画眉、百灵、八哥、云雀、黄鹂和家燕等。鸣禽善于鸣叫，被誉为“天生的歌手”，因此它们也是笼养鸟的首选。

其中，百灵、画眉、绣眼以及点颏被称为“中国四大名鸟”。

树麻雀

又称麻雀、霍雀、瓦雀、家雀 / 雀形目、雀科、麻雀属

树麻雀体长 13~15 厘米，嘴为黑色或褐色，嘴基黄色，头顶至后颈为栗褐色，头侧为白色，耳部有一个黑斑，非常醒目。背部为沙褐色或棕褐色，喉部为黑色，胸部和腹部淡灰近白，翅上有两道近白色的横斑纹，脚和趾均为污黄褐色。

分布区域： 分布于欧亚大陆，包括朝鲜、日本等地。

生活习性： 树麻雀是世界上分布广、数量多和最常见的小鸟，生性大胆，喜结群。除繁殖期外，常结成群活动，秋冬季节会聚集成数百只的大群，喜欢在地上奔跑，叫声叽叽喳喳。受惊之后会立即飞到房顶或者树上，一般不会飞高、飞远，飞行的时候速度很快，经常成群飞行。

栖息环境： 主要栖息在有人类居住的地方，城镇和农村都有树麻雀的踪迹。

繁殖特点： 繁殖期雌鸟和雄鸟成对活动，一起筑巢、孵卵、喂养幼鸟。繁殖期为 3—8 月，1 年繁殖 2~3 次。每窝通常产卵 4~8 枚，卵呈椭圆形。

头顶呈栗褐色

嘴呈黑色或褐色

污黄褐色的脚

食性： 主要以谷粒、草籽等为食物。

你知道吗？ 树麻雀成大群飞行时会发出巨大的声响，百米以内都可以听到。平时叫声比较嘈杂，总是成群叽叽喳喳叫个不停。树麻雀两个翅膀相当短小，所以不能远飞，经常只在短距离间活动。

体重： 0.016~0.024千克 | **雌雄差异：** 羽色相似 | **栖息地：** 城镇、农村

家麻雀

又称英格兰麻雀 / 雀形目、雀科、麻雀属

家麻雀的嘴为黑色，头顶和后颈均为灰色，背部为栗红色或棕栗色，有黑色的纵纹，腰部和尾上覆羽为灰色，长的尾上覆羽和尾羽为暗褐色，尾羽有淡棕色的羽缘，喉至上胸中央均为黑色，其余为白色，脚为淡肉褐色或皮黄色。雌鸟的头部没有黑色块，头部也不是灰色。

分布区域： 分布于欧洲、北美洲、南美洲、亚洲等地。

生活习性： 属留鸟，不迁徙。家麻雀可能是世界上数量最庞大的小鸟，除繁殖期间单独或成对活动外，其他季节多结小群活动。其中部分鸟有季节性的垂直迁移现象，需要从海拔高的地方迁移到海拔低的地方。家麻雀筑巢时会有攻击性，会驱赶已经筑巢的鸟，甚至会直接把自己的窝筑在别的鸟巢上。

栖息环境： 主要栖息在有人类居住的地方，城镇和农村都有它们的踪迹。家麻雀筑巢地点十分广泛，无论是屋檐、岩石间，还是海边山崖，都有巢。

繁殖特点： 繁殖期为 4—8 月，每窝通常产卵 5~7 枚，卵壳为乳白色或者浅灰色。通常一天产一个卵，雌雄鸟轮流孵卵，共同育雏。

你知道吗？ 家麻雀和树麻雀的区别：家麻雀雄鸟从额头到后颈均为灰色，后颈混有栗色；雌鸟头部和喉部都没有灰黑色，上半部有蓝色条纹。树麻雀雄鸟从额至后颈为纯粹的肝褐色，上体呈棕褐色，有黑色条纹；雌鸟与雄鸟外形相似，嘴基具鲜黄色。

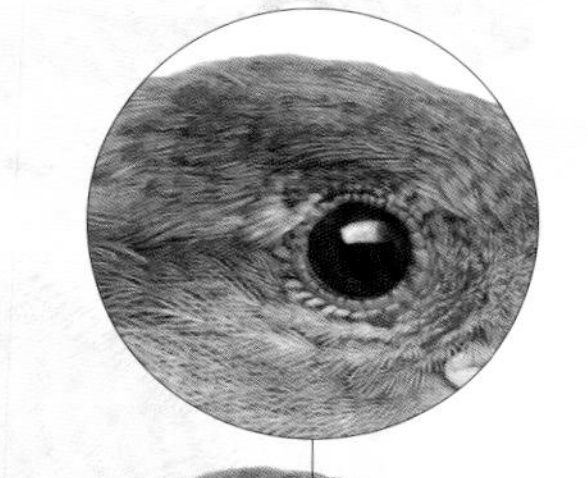

头顶呈灰色

背部为栗红色或棕栗色

尾羽为暗褐色

食性： 杂食性鸟类，主要以谷物、昆虫及树叶等为食物。

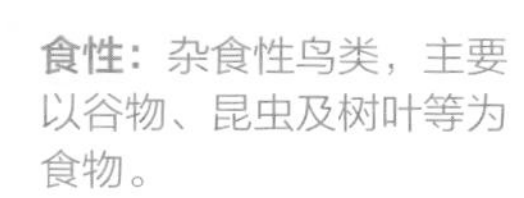

脚为淡肉褐色或皮黄色

体重： 0.016~0.024千克 | **雌雄差异：** 羽色相似 | **栖息地：** 城镇、农村

斑文鸟

又称花斑衔珠鸟、鳞胸文鸟、小纺织鸟、鱼鳞沉香 / 雀形目、梅花雀科、文鸟属

斑文鸟体长为10~12厘米，嘴为蓝黑色或黑色，眼、头顶、后颈、背部、肩部为淡棕褐或淡栗黄色，喉部为暗栗色，颈侧为栗黄色，上胸、胸侧均为淡棕白色，羽毛常有两道红褐或浅栗色的鳞片状斑，腹部中央多为白色或皮黄白色，脚为暗铅色或铅褐色。雌雄羽色相似。

分布区域：分布于中国南方、尼泊尔、印度和孟加拉国等地。

生活习性：属留鸟，不迁徙。平时多成20~30只的小群活动，繁殖期成对活动，经常会在庭院、村边以及农田周围活动。休息的时候也会成群聚集在一起，若受惊，会立马起飞。巢通常筑在靠近主干的侧枝枝杈处，成群或者成对分散筑巢，巢呈长椭圆形或者圆球状。斑文鸟飞行很迅速，两翅扇动有力，经常发出“呼呼”的振翅声响。

栖息环境：主要栖息在海拔1500米以下的低山、丘陵和平原地区。在云南地区，海拔约2500米的灌丛和混交林带也有它们的踪迹。

繁殖特点：繁殖期变化比较大，持续时间长，在墨脱通常为4—8月，南宁为5—12月，大多数是在3—8月。每窝通常产卵4~8枚，卵呈白色。

你知道吗？斑文鸟是中国西南地区比较常见的鸟，种群比较丰富。

食性：食物以谷粒等农作物为主，也吃昆虫和草籽等。

体重：0.01~0.02千克 | **雌雄差异：**羽色相似 | **栖息地：**低山、丘陵、平原地区

黄胸织雀

雀形目、织雀科、织布鸟属

黄胸织雀体长13~17厘米，雄鸟嘴粗厚呈锥状，头侧部呈浅褐棕色，颈侧和胸部多为茶黄色，其余下体为皮黄白色；雌鸟上体为沙褐色或棕黄色，下体为棕黄色，胸部和两胁颜色加深，两胁有黑色的条纹，背部和肩部的条纹较粗，下背到尾部羽色较浅淡，尾部较短。

分布区域： 分布于中国、巴基斯坦、印度、孟加拉国等地。

生活习性： 属留鸟，不迁徙。属于小型鸟类，常在枝间跳跃和鸣叫，生性活泼而大胆，不太怕人。喜欢结成数只或十多只的小群活动，若是在稻谷成熟的季节，甚至会成上百只的大群活动，会给谷物带来一定的损失。叫声单调、细尖，成群时声音较大。

栖息环境： 主要栖息在较为潮湿的地区，如原野、河流、湖泊、沼泽等，水稻田、果园也有它们的踪迹。黄胸织雀不喜欢荒漠和山地。

繁殖特点： 繁殖期为4—8月，经常成群一起筑巢在树上，雄鸟负责筑巢，雌鸟负责孵卵。每窝通常产卵3枚，卵呈白色。属"一夫多妻"制，交配之后雌鸟开始孵卵，雄鸟在交配之后会离开雌鸟，开始筑新巢与新的雌鸟进行交配产卵。一只雄鸟最多可以筑5个巢，和5只雌鸟交配。

你知道吗？ 黄胸织雀的巢结构奇特，由草叶或者水稻叶编织，形状像是袋子或者梨。

嘴粗厚呈锥状

胸部多为茶黄色

尾短，羽色较浅淡

雄鸟

食性： 以稻谷、草籽、种子等为食。繁殖期也吃昆虫幼虫。

体重： 0.01~0.03千克 | **雌雄差异：** 羽色不同 | **栖息地：** 原野、河流、湖泊、沼泽

石雀

雀形目、文鸟科、石雀属

石雀体长约为14厘米，嘴短，呈圆锥状，喉部带黑色斑点或黄色斑，头顶中央部位形成一条淡色带。背部羽毛有条纹，常为淡褐或淡灰褐色。翅膀多为暗褐色，羽缘为淡灰皮黄色。尾部较短，腰部多为淡褐色或淡灰褐色，脚为淡黄褐色。此鸟雌雄羽色相似。常与家麻雀一起结群活动。

分布区域： 分布于阿富汗、阿尔巴尼亚、阿尔及利亚、阿塞拜疆、蒙古、中国等地。

生活习性： 属留鸟，不迁徙。属中型雀类，飞行力强，经常在地面上奔跑或并足跳动。叫声多变，有一些特别的金属声。喜欢成对或结成小群活动，在地面和植物上取食。

栖息环境： 主要栖息在荒芜山丘、沟壑深谷和碎石坡处，比较常见。石雀一般会成群结队地用草茎、草根、植物纤维等在悬崖和岩石缝中筑巢，在临近水边的悬崖峭壁最为常见，内垫有羽毛和羊毛等。

繁殖特点： 一般5月开始繁殖，一年产2~3窝，每窝产卵4~7枚。卵呈白色、赭色或绿褐色，被有褐色斑点。

食性： 主要吃草和草籽等，也会吃谷物、水果和昆虫。

体重： 0.03~0.04千克 | **雌雄差异：** 羽色相似 | **栖息地：** 荒芜山丘、沟壑深谷、碎石坡

栗腹文鸟

雀形目、文鸟科、文鸟属

栗腹文鸟的嘴呈蓝灰色，圆锥状，从头部、颈部、颈侧、颏、喉部到上胸部多为黑色，背部、肩部和两翅羽毛为淡栗色，下胸和尾上覆羽均为深栗色，尾部呈赤褐色或栗红色，脚为蓝灰色。幼鸟头部和颈部为淡褐色，随着鸟的成长会慢慢变色。

分布区域： 原产地为印度、新加坡、斯里兰卡。在世界范围内分布于中国、尼泊尔、印度、斯里兰卡、中南半岛等地。

生活习性： 属留鸟，部分迁徙。栗腹文鸟属小型鸟类，飞行时呈波浪式前进。生性活泼大胆。叫声尖锐，类似笛声，飞行时会发出三声的颤鸣。一般结成群活动，多成3~5只的小群，喜欢在树枝之间跳来跳去。

栖息环境： 主要栖息在低山丘陵和平原，果园、芦苇地和农村也有它们的踪迹。休息时一般停留在树上或者电线上。多在草丛、和芦苇丛筑巢，巢呈梨形或者球形。

背部为淡栗色

嘴蓝灰色，呈圆锥状

胸上部为黑色

脚为蓝灰色

尾呈赤褐或栗红色

食性： 食物以谷物和杂草种子为主，繁殖期也吃一些昆虫。

体重： 0.01~0.02千克 | **雌雄差异：** 羽色相似 | **栖息地：** 低山丘陵、平原、芦苇地

太平鸟

又称连雀、十二黄 / 雀形目、太平鸟科、太平鸟属

灰褐色的背部

黑色的嘴

食性：食性较杂，尤其喜欢吃蔷薇果和多汁性的果实。

脚为黑色

尾下覆羽为栗色

太平鸟属小型鸣禽，体长约为 18 厘米，整体基本呈灰褐色。嘴为黑色，头顶前部为栗色的簇状羽冠，眼部、喉部为黑色，背部、胸部为灰褐色，翅膀上有白色的斑。腰部和尾上覆羽为褐灰至灰色，腹部以下为褐灰色，尾下覆羽为栗色，脚为黑色。太平鸟雌雄羽色相似，看起来十分优美，而且叫声柔和，很受观赏者喜爱。

分布区域：分布于欧洲北部、亚洲、北美洲等地。

生活习性：为冬候鸟、旅鸟，迁徙，在我国很多地方的冬季和春季可以见到。太平鸟繁殖期一般结成对活动，其他时候多结成群，有时可达近百只。一般活动在树的顶端或者树冠层，喜欢在枝头跳跃，有时候也会到路边觅食。飞行的时候两个翅膀快速直飞。除繁殖期外，活动地点不固定，会成群结队到处游荡。

栖息环境：主要栖息在杨桦林、针叶林中，有时候也会出现在公园、果园等有人类居住的地方。巢经常筑在针叶林和杨桦林中，放置在不同高度的树枝上。

体重：0.04～0.07千克 | **雌雄差异：**羽色相近 | **栖息地：**杨桦林、针叶林

和平鸟

又称仙蓝雀 / 雀形目、和平鸟科、和平鸟属

嘴为黑色

眼睛为红色

食性：主要以昆虫和植物果实与种子为食。

两翅为黑褐色

雄鸟

黑色的脚

和平鸟体长约为 25 厘米，眼睛为红色，嘴为黑色。雄鸟的头顶、后颈、背部、肩部、腰部以及翅上小覆羽、中覆羽和尾上、尾下覆羽均为辉蓝色，内侧数枚大覆羽有蓝紫色的端斑，其余上体和下体为乌黑色，脚为黑色。雌鸟主要是铜蓝色。

分布区域：分布于中国、孟加拉国、不丹、文莱、印度、印度尼西亚、老挝等地。

生活习性：和平鸟属中型鸟类，种群数量稀少，生性胆怯，一般单独或结成对活动，有时也结成小群。怕人，一般活动在乔木的树冠层，有时也会在灌木或者竹林里活动。飞行时呈波状。叫声响亮而延长，像流水般。

栖息环境：典型的东洋界鸟，常栖息在海拔 600 米以下的阔叶林。通常筑巢在常绿阔叶林里，呈杯状，巢多放在树枝杈上。

繁殖特点：繁殖期为 4—6 月，每窝通常产卵 2~3 枚。卵呈淡灰色、皮黄色，长卵圆形。雌鸟负责孵卵。

体重：0.06～0.1千克 | **雌雄差异：**羽色不同 | **栖息地：**阔叶林

蓝八色鸫

雀形目、八色鸫科、蓝八色鸫属

蓝八色鸫体形比较圆胖，体长约 24 厘米，嘴为亮黑色，头部较艳丽，前额的嘴基至后枕部的中央冠纹为黑色，头顶后部为金红色，宽阔的眼后黑纹可达颈侧。喉部为白色，上体均为亮蓝色，胸部渗淡黄色，两肋和腹部为渗淡紫色，脚趾为黄褐色。此鸟尾巴短。雌雄鸟体羽相似。

分布区域： 分布于不丹、印度、缅甸、越南、老挝、泰国、中国等地。

生活习性： 属留鸟，不迁徙，很少到处飞翔。蓝八色鸫善于在地面奔跑、活动和觅食，很少飞行。告警时会发出粗喘声，在印度次大陆受气候影响有短期迁移的现象。

栖息环境： 主要栖息在热带雨林和海拔 700~1500 米的常绿阔叶林。

食性： 主要以甲虫等昆虫为食物。

它们的巢大部分会筑在高湿度森林里，或者在陡峭的沟壑中，看上去不像普通的巢，不是很好辨认。印度的蓝八色鸫修的巢像组装的松散球，主要是用草、树根以及地衣搭建而成。在竹子为主的地区则主要由竹叶搭建。

繁殖特点： 各地区繁殖期不同，在缅甸的繁殖期为 5—7 月，在泰国的繁殖期为 8—9 月，在印度的繁殖期为 9—10 月。每窝通常产卵 4~5 枚，卵呈淡红色、暗紫色或白色。

体重： 0.1 ~ 0.114千克 | **雌雄差异：** 羽色相似 | **栖息地：** 常绿林、半落叶林、竹丛

蓝翅八色鸫

又称五色轰鸟、印度八色鸫 / 雀形目、八色鸫科、八色鸫属

蓝翅八色鸫体长 17~20 厘米，嘴长而侧扁，褐色或黑色，头部、枕部为深栗褐色，眉纹为茶黄色，冠纹黑色，下体为淡茶黄色，腹部中央至尾羽均为猩红色，背部为亮油绿色，翅膀、腰部和尾羽为亮粉蓝色，长腿为棕褐色。蓝翅八色鸫的体形圆而胖，身体有红、绿、蓝、黑、黄、栗等色，色彩艳丽，很有观赏价值。

嘴长而侧扁，褐色或黑色

胸部为淡茶黄色

翅膀为亮粉蓝色

棕褐色的腿

分布区域： 分布于中国以及东南亚、马来半岛、苏门答腊等地。

生活习性： 一般在树冠下结群休息，或在树枝上活动。叫声哀婉，喜欢低地的灌木丛和次生林，活动在树下阴湿处。属夏候鸟，深秋会迁徙到南方热带过冬。

栖息环境： 主要栖息在平坝以及有很多落叶的树林中，溪边的小树、灌木丛和竹林也有它们的踪迹。巢通常筑在高大的阔叶林里面，呈圆坑状。

食性： 食物以甲虫、白蚁、蚯蚓等小动物为主。

繁殖特点： 繁殖时会成对活动，并会发出婚鸣。

体重： 0.04 ~ 0.07千克 | **雌雄差异：** 羽色相似 | **栖息地：** 平坝、落叶多的树林

仙八色鸫

雀形目、八色鸫科、八色鸫属

仙八色鸫体长约为20厘米，嘴为黑色，前额到枕部为深栗色，眉纹为淡黄色，中央冠纹为黑色，颊部为黑褐色，喉部白色。背部、肩部及内侧羽毛均为绿色，下体色浅，多为灰色，翼部有天蓝色的斑块，腹部中央和尾下覆羽均为朱红色，脚为淡褐色。雌雄羽色相似，雌鸟比雄鸟浅淡些。

分布区域： 分布于缅甸、泰国、印度尼西亚、日本、朝鲜、中国等地。

生活习性： 仙八色鸫属于中等体形的鸟类，堪称鸟中“美女”，它的色彩艳丽，叫声清晰。一般单独在灌木草丛中活动，边走动边觅食，行动迅速、敏捷。性格机警，善于跳跃，飞行时直而低，速度比较慢。迁徙，属夏候鸟和旅鸟。

栖息环境： 主要栖息在平原到低山的次生阔叶林，比如在亚热带或热带的旱林、河流和溪流里。巢通常筑在密林中树上，巢放在树干的分杈上。

繁殖特点： 繁殖期为5—7月，每窝通常产卵4~6枚。在密林的树枝上做窝，雌雄亲鸟轮流孵卵。

你知道吗？ 仙八色鸫非常珍贵，在全球范围内数量不足100只。属于全球性易危鸟类

食性： 主要以蚯蚓、蜈蚣及鳞翅目幼虫为食物。

体重： 0.04~0.07千克 | **雌雄差异：** 羽色相似 | **栖息地：** 平原至低山的次生阔叶林

栗头八色鸫

又称锅巴雀 / 雀形目、八色鸫科、八色鸫属

栗头八色鸫体形圆胖，上嘴为黑色，下嘴为黄褐色，头顶至后颈均为亮金栗色，前额、喉部至上胸部渲染葡萄红色，背部、肩部、翅上覆羽均为铜绿色，有金属光泽。腰部沾蓝色，下体为茶黄色，脚为粉褐色。雌雄羽色相似，雌鸟颜色没有雄鸟鲜艳。

铜绿色的背部有金属光泽

头部为亮金栗色

上嘴为黑色

下嘴为黄褐色

脚为粉褐色

分布区域： 分布于中南半岛，以及中国的东南沿海地区和太平洋诸岛屿等地。

生活习性： 属留鸟，不迁徙。一般独自或结成对在林下阴湿处活动，不结群活动，善于奔跑和跳跃。腿长，很强健，善于奔跑与跳跃，会用脚翻动枯叶以寻找食物。叫声如流水，告警时会发出爆破音。

食性： 主要以昆虫为食物，也吃种子和果实一类。

栖息环境： 主要栖息在海拔1800以下的热带、亚热带的常绿阔叶林。喜欢在竹林或灌丛中筑巢。

繁殖特点： 繁殖期因地区不同而不同，在缅甸繁殖期主要是5—7月，在泰国为8—9月，印度为9—10月。雌雄亲鸟共同筑巢、孵化和喂雏。每窝通常产卵4~5枚，卵呈淡红色、暗紫色或白色。

体重： 0.10~0.14千克 | **雌雄差异：** 羽色相似 | **栖息地：** 热带、亚热带的常绿阔叶林

绿胸八色鸫

雀形目、八色鸫科、八色鸫属

绿胸八色鸫体长为 16~18 厘米，身体看上去为绿色，嘴为黑色或黑褐色，喉部和颈项、后颈部均为黑色，头顶至后枕部呈深褐色，背部和肩羽为亮油绿色，胸部、腹部和两胁均为淡草绿色，腹部中央至尾羽为猩红色，尾部稍短，腿细长，为褐灰色。

后颈部黑亮

嘴为黑色或黑褐色

绿色的肩羽

尾稍短

腿细长，呈褐灰色

分布区域：分布于印度至中国西南部、东南亚、菲律宾，以及苏拉威西岛、新几内亚岛等地。

生活习性：属留鸟，不迁徙。绿胸八色鸫一般独自活动，有时成 2~3 只的小群活动与觅食。经常用脚翻转地上的落叶，寻找食物。叫声为重复的双哨音，间隔较短。

食性：以无脊椎动物为食，主要以鞘翅目锹甲科昆虫、象甲科昆虫、鳞翅目幼虫、膜翅目昆虫等为食物，喜食蚂蚁、蚯蚓，也以种子、果实等为食物。

栖息环境：主要栖息于海拔 700~1300 米的热带雨林里，尤其是疏林、灌丛和小树丛。巢通常筑在地上或者树枝堆上，看上去比较粗糙。巢口多开在近地端处，用细枝、竹叶、树叶、细枝、枯草、苔藓、地衣、草茎、草根等构成，一般掩埋在落叶或其他碎片等物下面，很隐蔽。

体重：0.10 ~ 0.14千克 | **雌雄差异：**羽色相似 | **栖息地：**疏林、灌丛、小树丛

北美红雀

又称红衣主教 / 雀形目、雀科、主红雀属

北美红雀体长为约 24 厘米。雄鸟全身为鲜红色，面部为黑色，一直伸延到上胸部，背部和双翼最为沉色，喙为鲜珊瑚色，呈圆锥状。雌鸟全身多为灰棕色，双翼、冠和尾羽上有红彩，雌雄鸟都有隆起的冠羽。北美红雀非常美丽且耀眼。

喙为鲜珊瑚色，圆锥状

隆起的冠羽呈鲜红色

雄鸟

红色的胸部

分布区域：分布于加拿大、美国、墨西哥等地。

生活习性：属留鸟，不迁徙。领地意识很强，有很强的地盘性，雄鸟会以歌声来定界，并会追逐打斗入侵的鸟。不同地区的北美红雀叫声也会有所不同，可以通过叫声辨别性别。它们有特别的警报声，是比较短的金属声。

食性：以谷物为主食，也吃甲虫、草蜢、蜗牛、昆虫和果实等。

栖息环境：主要栖息在储木房、果园、灌木丛、沼泽等地。筑巢的时间会因地区的不同而不同，有些鸟的配偶关系甚至会维持好几年。

繁殖特点：一般是单配，雌鸟每次会产下 3~4 枚白色卵，一般由雌鸟负责孵蛋。

体重：0.042~0.048千克 | **雌雄差异：**羽色不同 | **栖息地：**储木房、灌木丛、果园、沼泽

红额金翅雀

雀形目、燕雀科、金翅雀属

红额金翅雀的体长为 12~14 厘米，嘴为肉黄色，尖端暗褐色，额和头顶前部、上喉部均为朱红色，上体为淡灰褐或乌褐色，往腰部逐渐变淡，头侧、颈侧和胸以及两肋为灰褐或乌褐色，翅膀有一大块黄色斑，腹部和尾下覆羽为白色，尾呈黑色，脚呈淡褐色。雌鸟和雄鸟的羽色相似，但是脸部的颜色会稍淡，翅膀上的黄色也会稍淡。

分布区域： 分布于亚速尔群岛、英伦三岛、欧洲北部等地。

生活习性： 属留鸟，不迁徙。红额金翅雀属小型鸟类，飞行直而快且较高，除繁殖期以外多成小群活动，或成数十只甚至上百只的大群。红额金翅雀不喜欢在茂密的森林里活动，经常在稀疏山林、沟谷、灌丛、草地活动与觅食。

食性： 主要以草籽，植物果实、种子、嫩叶、花蕊等植物性食物为食。

栖息环境： 主要栖息在高山针叶林与针阔叶混交林。

体重： 0.01~0.02千克 | **雌雄差异：** 羽色相似 | **栖息地：** 高山针叶林和针阔叶混交林

黄嘴朱顶雀

雀形目、燕雀科、金翅雀属

黄嘴朱顶雀体形较小，体长为 12~16 厘米。虹膜为深褐色，嘴为黄色，呈短圆锥形，先端较尖；头部褐色较浓，上体为沙棕色，有暗褐色的羽干纹；翅和尾为黑褐色，有白色的羽缘；褐白色的下体有暗色的纵纹。雄鸟的腰部呈玫瑰红色，部分为淡皮黄色至白色，有淡褐色纵纹，脚近黑色。雌鸟腰下没有红色部分。

嘴呈短圆锥形
头部呈褐色
脚近黑色
尾较长，黑褐色

分布区域： 分布于英国、俄罗斯、蒙古、印度、中国等地。

生活习性： 属留鸟，不迁徙。属于高海拔栖息的鸟类。它们性喜群居，繁殖期结成对活动，繁殖期以外多成几十只的小群或几百只的大群。喜欢在树上休息，遇到恶劣天气时会隐蔽在稠密的树冠之间。飞行叫声为带鼻音的啾啾声。

栖息环境： 平时生活在比较开阔的地区，岩壁、石缝、农田和牧场里面都会见到此鸟。会成群筑巢在矮柳或荆棘上，巢离地面不高。

食性： 食物主要为植物种子，也食鞘翅目昆虫。

繁殖特点： 繁殖期为 6—7 月，每窝通常产卵 4 枚。

体重： 0.01~0.04千克 | **雌雄差异：** 羽色相似 | **栖息地：** 岩壁、石缝、农田、牧场

锡嘴雀

又称老西子、铁嘴蜡子 / 雀形目、燕雀科、锡嘴雀属

锡嘴雀长约为 18 厘米，雄鸟的嘴为铅蓝色，颏部和喉中部均为黑色，额和颊棕黄或淡皮黄色，头顶至后颈多为棕褐色或棕色，背、肩部均为茶褐色或暗棕褐色，尾上覆羽为棕黄色或棕色，胸部、腹部、两胁和覆腿羽均为葡萄红色，脚为肉色或褐色。雌鸟和雄鸟羽色基本相似，相对较浅。

分布区域：分布于欧亚大陆和非洲北部，往东从巴尔干半岛一直至乌苏里江流域、日本等地。

生活习性：部分迁徙。一般单独或结成对活动，非繁殖期喜欢成群活动，有时聚集成多达数十只甚至上百只的大群。锡嘴雀生性大胆，不怕人。飞翔速度很快，呈波浪状。部分属留鸟，部分属旅鸟或者冬候鸟。

栖息环境：主要栖息在丘陵、平原或者低山阔叶林里，秋冬时候经常会在溪边、果园或者农田附近看到它们。巢很坚固，呈杯状，放置在树上隐蔽的位置。

繁殖特点：5 月中下旬开始结对和筑巢。繁殖期为 5—7 月，每窝通常产卵 3~7 枚，卵呈淡黄绿色或灰绿色。

食性：食物以植物果实、种子为主，也吃昆虫。

你知道吗？锡嘴雀被戏称为“小偷”，因为它们会到农民家偷食向日葵的种子和正在晾晒的松子，有时被轰赶也不远飞。

体重：0.02 ~ 0.05千克 | **雌雄差异：**羽色相似 | **栖息地：**丘陵、平原、低山、阔叶林

燕雀

雀形目、燕雀科、燕雀属

燕雀属小型鸟类，体长为 14~17 厘米，嘴粗而尖，嘴尖为黑色。雄鸟的虹膜为褐色或暗褐色，从头至背部均为黑色，背部有黄褐色羽缘，喉部、胸部均为橙黄色，腰部为白色，腹部至尾下覆羽为白色，两胁为淡棕色，两翅和尾羽为黑色，脚为暗褐色。雌鸟体色与雄鸟相似，但色泽较淡。

分布区域：分布于北欧、亚洲等地。

生活习性：迁徙，主要属冬候鸟和旅鸟。燕雀鸣声悦耳，易于驯养，可作观赏鸟或表演用鸟。除繁殖期间成对活动外，其他季节一般成群，特别是迁徙期间经常聚集成大群，晚上一般在树上过夜。叫声重复响亮，为比较单调的粗喘息声。

栖息环境：繁殖时主要栖息在针叶林、阔叶林和针叶阔叶混交林。巢经常放在桦树、松树等各种树的主干分枝上，呈杯状。迁徙时，主要栖息在疏林、农田和果园里。

繁殖特点：繁殖期为 5—7 月，每窝通常产卵 5~7 枚，卵呈绿色。

食性：主要以草籽、果食、种子等植物性食物为食。

体重：0.01 ~ 0.03 千克 | **雌雄差异：**羽色相似 | **栖息地：**针叶林、阔叶林、针叶阔叶混交林

黄雀

又称黄鸟、芦花黄雀 / 雀形目、燕雀科、金翅雀属

黄雀雄鸟体长为 10~12 厘米，头顶和枕部为黑色，嘴为暗褐色，眉纹为鲜黄色，贯眼纹为黑色，喉中央为黑色，羽尖沾黄；胸部为亮黄色，腰部为亮黄色，近背部有褐色的羽干纹，中央一对尾羽为黑褐色，两胁和尾下覆羽均为灰白色。雌鸟的额和头顶褐色带绿，下体淡绿色。腿为暗褐色。

分布区域： 分布于南欧至埃及，东至日本、中国、朝鲜、韩国等地。

生活习性： 黄雀的羽毛鲜艳，生性较大胆，除繁殖期成对生活外，有时结成几十只的群，春秋季迁徙时或成大群，繁殖期则会躲藏起来。平时喜欢落在树顶，飞行比较快，直线前进。叫声像是金属声、颤音混杂的旋律，同时里面会有喘息的音调。

栖息环境： 栖息环境很广泛，山区和平原都有它们的足迹：山区多栖息在针阔叶混交林和针叶林，平原多栖息在杂木林和丛林。通常在松树平枝上筑巢，巢的位置比较隐蔽，呈杯状，由蜘蛛网、野蚕茧、苔藓、细根和纤维等缠绕而成，精巧隐蔽。

繁殖特点： 雌雄鸟一起参与筑巢，以雌鸟为主。每窝通常产卵 4~6 枚，卵呈蓝色至蓝白色。

头顶为黑色

嘴为暗褐色

雄鸟

暗褐色的腿

黑褐色的中央尾羽

食性： 主要吃植物的果实和种子，也吃少量的昆虫。

体重： 0.01 ~ 0.03 千克 | **雌雄差异：** 羽色不同 | **栖息地：** 山区、平原

红交嘴雀

又称交喙鸟、青交嘴 / 雀形目、燕雀科、交嘴雀属

红交嘴雀体长约 16 厘米，雄鸟通体为朱红色，红色一般多杂斑，嘴粗大，近黑色，上体颜色较暗，头侧为暗褐色；下腹部为白色，翅膀和尾部近黑色，脚近黑色。雌鸟头侧为灰色，腰部较淡或鲜绿色，整体为暗橄榄绿或染灰色。雌鸟与雄鸟羽色不同。

朱红色的头顶

翅膀近黑色

雄鸟

脚近黑色

分布区域： 分布于北美洲、欧洲北部、非洲西北部等地。

生活习性： 冬季游荡且部分鸟迁徙。红交嘴雀是小型燕雀，部分喜欢结群迁徙，它们只以落叶松的种子为食物，一般倒悬进食。性格比较活跃，喜欢集群，繁殖期间喜欢单独或者成对活动。飞行迅速而带起伏，呈波浪状，边飞行边鸣叫，叫声响亮。

栖息环境： 主要栖息在山地针叶林和针阔叶混交林，冬季会有部分鸟迁徙到山脚和平原。巢通常放在高大的树木的侧枝上，巢呈碗状。

食性： 主要以针叶树种子为食，也吃部分昆虫。

繁殖特点： 繁殖期为 5—8 月，每窝通常产卵 3~5 枚，卵呈污白而带浅绿。雌鸟负责孵卵，在孵卵期由雄鸟饲喂雌鸟。

体重： 0.03 ~ 0.05千克 | **雌雄差异：** 羽色略有不同 | **栖息地：** 山地针叶林和针阔叶混交林

红梅花雀

又称梅花雀、红雀、珍珠鸟、草莓雀、青珍珠雀 / 雀形目、梅花雀科、梅花雀属

红梅花雀形态非常优美，雄鸟的体羽主要为红色，嘴为红色，尾上覆羽为朱红色，喉部、胸部和两胁为朱红色，肩部、下背部和尾上覆羽均有白色小斑点。雌鸟两翅为暗褐色，腹部橙黄色渲染朱红或橘红色，缀有白色斑点，尾下覆羽近黑色，脚为蜡黄色或肉色。

分布区域： 分布于中国云南、贵州、海南岛以及缅甸等地。

生活习性： 属留鸟，不迁徙。飞行迅速，喜欢结成群活动，多为十几只至二十多只的小群，夜晚会在芦苇丛或者草丛中休息。红梅花雀夜晚栖息的地点比较固定，白天会在芦苇或者草丛中跳跃觅食，有时候也会在草茎上啄食。

观赏价值： 红梅花雀属小型的鸟类，形态十分美丽，全身的羽毛五彩斑斓，看上去令人赏心悦目。

尾上覆羽呈朱红色

雄鸟

朱红色的头部

红色的嘴

脚呈蜡黄色或肉色

栖息环境： 主要栖息在丘陵、平原、低山和河谷，村庄、农田和果园也会有它们的踪迹。

繁殖特点： 繁殖期变化比较大，全年都有繁殖，一般会在雨季之后开始。巢通常筑在有草遮盖的灌木树枝或者芦苇茎上，巢呈椭圆形或者圆形。每窝通常产卵6~8枚，卵呈白色，雌雄亲鸟轮流孵卵，孵化期为10~11天。

食性： 食物以谷粒、杂草种子等为主。

你知道吗？ 雄鸟的体羽呈红色，并且上面点缀着很多小白点，形状很像珍珠，所以被称为“珍珠鸟”。

体重： 0.007 ~ 0.008千克 | **雌雄差异：** 羽色不同 | **栖息地：** 低山、平原、丘陵、河谷

苍头燕雀

雀形目、燕雀科、燕雀属

雄鸟的嘴为灰色，头顶为淡蓝色，面颊和胸部粉红色至赭色，有白色肩块和翼斑，背部为赭褐色，腰部为微绿色，脚为粉褐色。雌鸟鸟羽暗而多灰色。繁殖期雄鸟的顶冠和颈背均为灰色，上背部为栗色。雌鸟与雄鸟羽色略有不同。叫声比较特别，为金属音，鸣声为有韵律的降噪嘟声到快速的华彩乐段。

头顶呈淡蓝色

灰色的嘴

分布区域： 分布于欧洲、北非至西亚，以及中国等地。

生活习性： 在中国为冬候鸟和旅鸟，气候较为温和的地区的苍头燕雀不迁徙，寒冷地区的鸟会迁徙。苍头燕雀常成对或结群，性大胆，与其他雀类混群，叫声特别，富有韵律。非常喜欢群居，经常结成不同性别的小群，秋季会聚集成上百只甚至数千只的大群。性大胆，不害怕人，容易接近。若有鸟类入侵它们居住的地方，苍头燕雀会非常团结，直到把入侵者赶走。一般在树上或者灌丛中活动，也会到地上觅食，晚上会在树上过夜。

背部为赭褐色

粉褐色的脚

食性： 苍头燕雀为杂食性鸟类，喜欢在地面寻找食物，食物以植物果实、种子等为主，繁殖期间则主要以昆虫为食。

栖息环境： 主要栖息在阔叶林、针阔叶混交林等各种森林地带，一般在树上或者灌木丛中活动。有严格的巢区，一般成对分散在树杈上进行筑巢，呈杯状。巢多放在桦树、松树等各种树的主干分枝处。

繁殖特点： 繁殖期多为5—7月，每窝通常产卵5~7枚，卵呈绿色。

你知道吗？ 此鸟种是林奈本人命名的，在瑞典，此鸟在冬季时会抛弃雄性配偶独自迁徙。这种鸟非常聪明，有较好的记忆力，如果有人曾经救助过苍头燕雀，它们会对其很亲近，而且会持续很长时间。屠格涅夫在小说《苍头燕雀》中记载过它们在育雏时候的勇敢行为。它们的集体行为也是研究鸟类行为学的重要素材。

体重： 0.01~0.03千克 | **雌雄差异：** 羽色略有不同 | **栖息地：** 阔叶林、针阔叶混交林

大山雀

雀形目、山雀科、山雀属

大山雀的嘴为黑褐色或黑色，头部为黑色，两侧有大型的白斑，前额和后颈上部基本均为辉蓝黑色，脸颊、耳羽和颈侧均为白色，后颈上部形成黑带，上背和两肩为黄绿色，下背至尾上覆羽为蓝灰色，下体多为白色，脚为暗褐色或紫褐色。雌鸟和雄鸟羽色相似。

分布区域：欧洲、北非至西亚，以及中国等地。

生活习性：不迁徙，在中国的大山雀为留鸟，部分会在秋冬季节在小范围内游荡。大山雀属中小型鸟类，生性活泼，不怕人，行动敏捷，常在树枝间穿梭跳跃，边飞边叫。繁殖期间成对活动，秋冬季多结成3~5只的小群。飞行时呈波浪状，波峰不高。

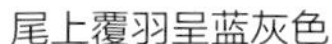

栖息环境：主要栖息在低山和山麓的阔叶林和针阔叶混交林，人工林和针叶林也会有它们的足迹。雌雄鸟一起筑巢，巢一般筑在天然树洞里，也会在石隙中筑巢。

繁殖特点：繁殖期为4—8月，每窝产卵6~13枚。繁殖期叫声尖锐，为连续的音节，春季叫声会更加急促多变。雌雄鸟共同育雏，大约15天之后，幼鸟即可离开巢。

食性：主要以金花虫、金龟子等昆虫为食物，也吃少量的植物性食物。

体重：0.01~0.02千克 | **雌雄差异：**羽色相似 | **栖息地：**低山和山麓地带

普通朱雀

又称红麻料、青麻料 / 雀形目、燕雀科、朱雀属

普通朱雀体长约为15厘米，嘴为淡褐色，雄鸟头顶、枕、喉和上胸部为深朱红色或深洋红色，后颈、背部、肩部为暗褐或橄榄褐色，有暗褐色的羽干纹，腰部为玫瑰红色或深红色，腹部为淡洋红色或淡红色，尾羽为黑褐色，脚为褐色。雌雄体色不同，雌鸟的上体为灰褐色。

分布区域：分布于芬兰南部、瑞典南部，往南到德国东部、中国南方等地。

生活习性：普通朱雀是小型鸟类，生性活泼，平时很少鸣叫，但繁殖期间雄鸟鸣声悦耳。一般单独或结成对活动，非繁殖期则多成几只至十余只的小群活动和觅食。在中国的普通朱雀主要为留鸟，部分为冬候鸟和旅鸟。

栖息环境：主要栖息在海拔1000米以上的针叶林和针阔叶混交林。雌鸟筑巢，巢通常在有刺灌木丛或者小树枝上，呈杯状，比较隐蔽。

繁殖特点：繁殖期为5—7月，每窝通常产卵3~6枚。卵呈淡蓝绿色，雌鸟负责孵卵。

食性：主要以果实、种子、嫩叶等植物性食物为食。

体重：0.01~0.04千克 | **雌雄差异：**羽色不同 | **栖息地：**针叶林、针阔叶混交林

杂色山雀

又称赤腹山雀 / 雀形目、山雀科、山雀属

杂色山雀体形小，是我国分布区域最小的鸟。杂色山雀全长约 13 厘米，嘴为黑色，额部、眼至颈侧均为乳黄色，头顶至后颈黑色，后头中央有白斑，上背部为栗色，喉部为黑色，喉部与上胸间有乳黄色的横斑，腹部和两胁为栗红色，尾下覆羽为淡黄褐色，脚为灰色。雌鸟和雄鸟羽色相似。

双翼为蓝灰色

黑色的嘴

腹部为栗红色

脚为灰色

分布区域： 主要分布于欧洲、非洲和亚洲等地。

生活习性： 属留鸟，不迁徙。杂色山雀色彩艳丽，十分有特色，鸣叫声丰富而多变。经常在林冠层活动和觅食，也同其他种类混群，有贮藏坚果的习性。每年 5 月飞至大连瓦房店等山林中繁育后代，10 月中下旬返回市区。

栖息环境： 主要栖息在海拔 1000 米以下的阔叶林、针阔叶混交林中，也栖息在人工林。巢通常筑在树洞中，呈碗状，主要由苔藓构成，垫有兽毛和鸟类羽毛，也会在人工巢箱中筑巢。

食性： 主要吃昆虫和昆虫幼虫，主要以小囊虫、卷叶蛾、螟蛾等昆虫为食，也吃植物的果实和种子。

繁殖特点： 繁殖期在每年的 5—7 月，每窝产卵 5 枚，呈白色。

体重： 0.01~0.015千克 | **雌雄差异：** 羽色相似 | **栖息地：** 阔叶林、针阔叶混交林、人工林

褐冠山雀

雀形目、山雀科、山雀属

褐冠山雀体长约为 11 厘米，喙略呈锥状，近黑色，前额、眼先和耳覆羽为皮黄色或灰褐色，头顶至后颈、背部、肩部、腰部等上体均为褐灰色和暗灰色；飞羽为褐色，喉部、胸部至尾下覆羽等下体均为淡棕色，尾部方形或稍圆形，脚爪均为蓝灰色。雌鸟与雄鸟羽色相似。幼鸟和成鸟相似，不同之处在于幼鸟羽冠不明显或无羽冠，羽色较污暗。

分布区域： 主要分布于印度、尼泊尔、不丹、缅甸以及中国等地。

生活习性： 褐冠山雀为小型鸣禽，惧生而喜静，常在枝头跳跃或树间短距离飞行。非繁殖期喜集群，在树洞或岩缝中筑巢，叫声尖细。性格活泼，一般在枝间觅食与活动。会在树皮上啄食昆虫。属留鸟，通常单独或者成对进行活动。

栖息环境： 主要栖息在海拔约 3000 米的高山针叶林和灌丛。巢通常筑在天然树洞或者缝隙里。

繁殖特点： 繁殖期为 5—7 月，通常每窝产卵 5~12 枚。卵呈白色，被有栗色斑点。

尾部方形或稍圆形

背部呈褐灰色

喙略呈锥状

蓝灰色的爪

食性： 食物以直翅目、同翅目等昆虫和昆虫幼虫为主，也食少量蜘蛛、蜗牛、草籽、花等其他食物。

体重： 0.009~0.015千克 | **雌雄差异：** 羽色相似 | **栖息地：** 高山针叶林、灌丛

煤山雀

雀形目、山雀科、山雀属

煤山雀的喙短且钝，略呈锥状，嘴呈黑色，边缘灰色，头顶、颈侧、喉部到上胸均为黑色，颈背部有大块白斑，背部为灰色或橄榄灰色，翅膀短圆，腹部为白色，尾部呈方形或稍圆形，脚为青灰色。雌鸟与雄鸟羽色相似。

分布区域： 分布于欧洲、北非，以及中国、日本等地。

生活习性： 煤山雀是小型鸣禽，生性活跃，常在枝头跳跃，在树皮上啄昆虫，或在树间短距离飞行。性格活泼大胆，不害怕人，行动很敏捷，飞行缓慢，受惊后飞行会很快。除繁殖期间成对活动外，其他季节多成小群，繁殖期鸣声较为洪亮。属留鸟，不迁徙。

栖息环境： 主要栖息在海拔 3000 米以下的阔叶林和针阔叶混交林中。人工林和竹林也有它们的踪迹。巢一般筑在天然的树洞里，有时也筑在石隙，呈杯状。巢的外壁多由苔藓、松萝构成，内壁多为细纤维和兽类绒毛，巢内垫有各种动物绒毛和鸟类羽毛。

繁殖特点： 繁殖期为 3—5 月，每窝产卵 8~10 枚，卵呈白色。雌鸟和雄鸟一起筑巢，雌鸟进行孵卵，孵化期一般为 13~14 天。雏鸟晚成性。雌雄亲鸟共同育雏，留巢期为 17~18 天。

颈部的白斑

黑色的嘴

脚为青灰色

食性： 主要以金花虫、蚂蚁、松毛虫等昆虫和昆虫幼虫为食。

体重： 约0.008千克 | **雌雄差异：** 羽色相似 | **栖息地：** 阔叶林、针阔叶混交林

黄腹山雀

又称采花鸟、黄点儿 / 雀形目、山雀科、山雀属

黄腹山雀体长约为10厘米，嘴为蓝黑色或灰蓝黑色，雄鸟头部和上背为黑色，脸颊和后颈有白斑，下背和腰部为亮蓝灰色，翅上覆羽呈黑褐色，颏部至上胸为黑色，下胸到尾下覆羽为黄色，尾羽为黑色，脚为铅灰色或灰黑色。其雌鸟头部灰绿色，后颈有一淡黄色斑。其余部分则相似。

分布区域： 分布于中国甘肃西南部、陕西南部秦岭太白山、四川北部平武等地。

生活习性： 属留鸟，部分迁徙。黄腹山雀属于小型鸟类，经常单独或成对或成小群活动，有时与其他种类混群。大部分时间在树枝间跳跃穿梭，或在树冠间飞蹿。

栖息环境： 主要栖息在海拔 2000 米以下的林木中。冬季栖息于平原地带的次生林、低山和山脚丛林、人工林和林缘疏林灌丛地带。巢通常筑在天然树洞里，呈杯状，多由苔藓、草叶、草茎等材料筑成，内垫各种动物毛发等。

头部呈黑色

嘴呈黑褐色或黑色

尾上覆羽呈蓝灰色

雄鸟

暗褐色或紫褐色的脚

食性： 以直翅目、半翅目、鳞翅目、鞘翅目的昆虫为主，也吃果实和种子。

繁殖特点： 繁殖期为 4—6 月，通常每窝产卵 5~7 枚。卵呈白色，被有红色或褐色斑点。相似品种鉴别：与绿背山雀外形相似，但绿背山雀体形较大。

体重： 0.009 ~ 0.014千克 | **雌雄差异：** 羽色相似 | **栖息地：** 低山和山脚丛林

绿背山雀

又称青背山雀、花脸雀、丁丁拐 / 雀形目、山雀科、山雀属

绿背山雀体长约 13 厘米，嘴呈黑色，头顶、枕部至后颈为黑色，有蓝色光泽，面颊、耳羽和颈侧呈白色，脸颊白斑明显；上背和两肩均为黄绿色，下背和腰部为蓝灰色，翅上形成两道白色的翅带；两肋辉黄色沾绿，腹部中央有黑色的纵带，脚呈铅黑色。雌鸟和雄鸟羽色相似。

分布区域： 分布于巴基斯坦、克什米尔、印度、中国、缅甸和越南等地。

生活习性： 属留鸟，不迁徙。绿背山雀是在中低海拔山区的雀鸟，生性活泼，叫声清亮，受惊时会发出急促的声音，并低头翘尾，左右窥视。行动敏捷，不停在树枝叶间跳跃或来回穿梭，有时也飞到地上觅食，冬季常形成群落。

食性： 主要以昆虫和昆虫幼虫为食。

栖息环境： 主要栖息在针叶林、针阔叶混交林和次生林。巢一般筑在天然树洞里，也会筑在墙壁或者岩石的缝隙里，主要由雌鸟负责筑巢。

繁殖特点： 繁殖期为 4—7 月，每窝通常产卵 4~6 枚。卵呈白色，具红褐色斑点，外形和大山雀的卵很相似。

你知道吗？ 绿背山雀属于稀有鸟类，和大山雀一样，也受到非法鸟类贸易的威胁，但因为其种群数量和分布地域的限制，一般在市场上看不到它们。

体重： 0.014~0.022千克 | **雌雄差异：** 羽色相似 | **栖息地：** 针阔叶混交林、针叶林、次生林

沼泽山雀

又称小豆雀、小仔伯、仔仔红 / 雀形目、山雀科、山雀属

沼泽山雀体长约为 12 厘米，虹膜呈深褐色，喙为黑色，喙下基部有黑色的羽毛，好似山羊胡子；两颊及喉部白色居多，延伸到颈后，头顶和后颈为黑色，上背、翅膀及腰部均为灰褐色，胸部和腹部为污白色，两肋略沾褐色，尾羽为深灰褐色，脚为深灰色。

分布区域： 分布于俄罗斯、日本、中国、印度等地。

生活习性： 属留鸟，不迁徙。沼泽山雀比大山雀体形较小，一般喜欢单独或成对活动，有时加入混合群。行动敏捷，经常出没于栎树林及其他落叶林、密丛、河边林地和果园。经常在树枝上啄食昆虫，也会到灌丛间啄食。

食性： 主要以昆虫为食，也吃植物果实与种子。

栖息环境： 主要栖息在针叶林和针阔叶混交林，果园、农田或者城市公园都有它们的踪迹。巢一般筑在天然树洞，也会筑在人工巢箱和树的缝隙里，由雌鸟负责筑巢。

繁殖特点： 繁殖期为 3—5 月，通常每窝产卵 4~6 枚，卵呈乳白色。雌鸟负责孵卵，雄鸟护巢和喂食，孵化期一般为 12~14 天。在雌鸟孵卵时，雄鸟经常在巢外鸣叫，喂食雌鸟时，会站立枝头，发出持续、低微的叫声。

体重： 约0.012千克 | **雌雄差异：** 同形同色 | **栖息地：** 针叶林、针阔叶混交林

褐头山雀

又称唧唧鬼子 / 雀形目、山雀科、山雀属

暗褐色的翅膀
头顶呈栗褐色
嘴略黑
深蓝灰的脚

褐头山雀体形小，嘴略黑，头顶和后颈为栗褐色，颈侧白色，颏部和喉部均为褐色，背部、腰部及尾上覆羽为暗褐色，翅膀为暗褐色，外侧羽片具较宽的赭褐色的羽缘，下体接近白色，腹部呈淡棕褐色，腹部中央色较淡，脚呈深蓝灰色。

分布区域： 主要分布于英国、法国、意大利、蒙古、中国、日本、朝鲜等地。

生活习性： 部分迁徙。褐头山雀为小型鸟类，是重要的森林益鸟，生性活泼，常常在林间

枝叶间来回穿梭。多结成小群或达 100 余只的大群活动，有时也会结成对或单独活动。食物主要以半翅目、鞘翅目的成虫及幼虫为主。

栖息环境： 主要栖息在针叶林和针阔叶混交林。

繁殖特点： 繁殖期为 4—8 月，每窝通常产卵 7~9 枚，雌鸟负责孵卵。

体重： 0.008 ~ 0.01千克 | **雌雄差异：** 羽色相似 | **栖息地：** 针叶林、针阔叶混交林

家燕

又称燕子、拙燕 / 雀形目、燕科、燕属

家燕的喙短而宽扁，基部宽大，呈倒三角形，喉部和上胸为栗色或棕栗色，后面具有黑色的环带，上体多为蓝黑色；翅膀狭长而尖，飞行时像一把剪刀，腹面部为白色，尾部呈叉状，腿部细弱，脚和趾呈黑色。雌鸟与雄鸟羽色相似。

分布区域： 分布于世界各地。

生活习性： 家燕善于飞行，迅速轻捷，大多数时间会成群飞翔在村庄和田野的上空，有时会飞得很高，有时也会紧贴水面飞行，没有固定飞行方向，有时还会发出尖锐而急促的叫声。活动范围不大，但时间比较长，喜爱群体活动，属夏候鸟，每年都进行长途旅行，由北方飞向南方。

栖息环境： 主要栖息在有人类居住的地方，屋檐下或者房顶、电线上等。通常在房顶或房檐下横梁上筑巢，巢的开口朝上，呈小碗状。

繁殖特点： 繁殖期为 4—7 月，多数 1 年繁殖 2 窝，4—6 月繁殖第一窝，6—7 月繁殖第二窝。

你知道吗？ 家燕深受中国人民的喜爱，也被大家熟知，自古以来也有保护家燕的习俗，常常还会给它们提供筑巢条件。

食性： 主要以蚊、蝇、蛾、蚁等昆虫为食，属益鸟。

体重： 0.014 ~ 0.022千克 | **雌雄差异：** 羽色相似 | **栖息地：** 屋檐下、房顶、电线上

银喉长尾山雀

又称洋红儿、团子、十姐妹 / 雀形目、长尾山雀科、长尾山雀属

银喉长尾山雀体长约为 12 厘米，嘴呈黑色，头顶黑色，有浅色纵纹，颈侧为葡萄棕色，部分喉部有暗灰色的块斑；背部、两翼和尾羽基本都为黑色或灰色，下体呈纯白或淡灰棕色，向后沾葡萄红色，尾部较长，脚为淡褐色。银喉长尾山雀头顶的羽毛十分丰满且发达，身体上的羽毛也很蓬松。雌鸟和雄鸟羽色相似。

分布区域： 分布于北欧和东北欧，以及中国、日本和朝鲜等地。

生活习性： 银喉长尾山雀属小型雀类，是罗马尼亚的国鸟。行动敏捷，来去都很突然，喜欢在树冠间或灌丛顶部跳跃。喜群居或与其他雀类混居，繁殖期成对活动。属留鸟，部分鸟冬季游荡。

栖息环境： 主要栖息在山地针叶林和针阔叶混交林。

繁殖特点： 繁殖期为 3—4 月，每窝通常产卵 6~8 枚，卵呈白色，雌鸟负责孵雏。巢通常筑在背风林中，放在落叶松枝杈间，呈卵圆形。

你知道吗？ 银喉长尾山雀体重很轻，体温又要始终保持在 40℃的水平，由于冬季无法储存足够的食物来保持自己的需要，所以在寒冬时它们必须结群过冬，以减少热量散失，否则许多鸟将会被冻死。

食性： 主要啄食昆虫，也吃少量植物性食物。

体重： 0.014 ~ 0.022千克 | **雌雄差异：** 羽色相似 | **栖息地：** 山地针叶林或针阔叶混交林

崖沙燕

又称灰沙燕、土燕子 / 雀形目、燕科、沙燕属

崖沙燕体长约为 13 厘米，嘴为黑褐色，耳羽为灰褐色，颈侧呈灰白色，胸部有灰褐色横带，背羽为褐色或砂灰褐色；两翅内侧飞羽和覆羽和背部颜色相同，外侧的飞羽和覆羽为黑褐色，两胁灰白而沾褐色，腹部呈白色或灰白色，尾部呈浅叉状，脚为灰褐色，爪为褐色。雌鸟和雄鸟羽色相似。

分布区域： 分布于除澳大利亚以外的世界各地。

生活习性： 崖沙燕飞行轻快而敏捷，在接近地面和水面的低空飞行捕食，边飞边叫，一般不高飞。经常结成群生活，多为 30~50 只的群落，有时也会成数百只的大群。休息时常停栖在沙丘、沼泽地或沙滩上。在中国主要属留鸟，少部分为候鸟需要迁徙，迁徙时常常聚集成数十只甚至上百只的大群，在 4 月末到 5 月初北迁，9 月末到 10 月初南迁。

栖息环境： 主要栖息在湖泊、沼泽和江河。通常成群筑巢，一般在河流或者湖泊岸边的悬崖上，巢之间挨得很近，呈水平坑道状。

繁殖特点： 繁殖期为 5—7 月，每窝通常产卵 4~6 枚。卵呈白色，光滑无斑。孵化期为 12~13 天，育雏期 19 天。

你知道吗？ 崖沙燕的捕食活动一般在空中进行，它们专门捕食空中飞行的昆虫，尤其喜欢捕捉接近地面和水面的低空飞行的昆虫。

食性： 主要以蚊、蝇、蚁和蜉蝣等昆虫为食。大多数为鳞翅目、鞘翅目、膜翅目、同翅目、双翅目和半翅目昆虫，此外也吃浮游目昆虫。

体重： 0.011~0.017千克 | **雌雄差异：** 羽色相似 | **栖息地：** 湖泊、沼泽和江河

洋燕

又称太平洋燕、洋斑燕 / 雀形目、燕科、燕属

洋燕体形略小，体长约为 13 厘米，它的喙短而宽扁，基部宽大，眼先为绒黑色，前额呈红褐色或暗栗红色，喉部和上胸部为棕栗褐色或淡茶褐色，背部黑色，有蓝色光泽；双翅为深褐色，腰部为深蓝色，腹中部有白缘，尾为暗褐色，呈叉状，形成“燕尾”，脚短而细弱。雌鸟与雄鸟体色相似。

分布区域： 分布于印度、斯里兰卡、澳大利亚、新西兰、中国等地。

生活习性： 洋燕属于小型鸟类，善于飞行，飞行迅速敏捷，叫声为悦耳的“啾啾”声。常结成小群活动，一般在平地至低海拔空中或电线上出现。飞行的时候振翼缓慢，比其他燕更喜欢在高空翱翔。

栖息环境： 主要栖息在岛屿、山脚坡地或者草坪。巢通常附着在建筑物的屋檐下，呈杯状。

繁殖特点： 繁殖期和产下白色的卵数量因地而异，每窝通常产卵 2~4 枚，繁殖期一般为 3—7 月。卵呈白色，卵上有褐色、紫褐色、灰色或淡紫色斑点。孵化时间约为 16 天，育雏成功率比较低，约为 40%。

特征鉴别： 幼鸟和成鸟羽色相似，不同之处在于洋燕的幼鸟上体缺少蓝色光泽，额头的栗红色不如成鸟显著。颏、喉和上胸棕栗色比成鸟淡，幼鸟下体白而缀粉黄色，内侧飞羽和覆羽具白色羽缘及粉红色尖端。

黑色的背部，有蓝色光泽

前额呈红褐色或暗栗红色

尾呈叉状

喙短而宽扁

食性： 主要以双翅目、鳞翅目等昆虫为食物。

体重： 0.011～0.016千克 | **雌雄差异：** 羽色相似 | **栖息地：** 岛屿或山脚坡地、草坪

金腰燕

又称赤腰燕 / 雀形目、燕科、燕属

金腰燕体长约 17 厘米，嘴为黑色，喙短而宽扁，上喙近先端有缺刻，口裂很深，面颊为棕色，上体大部分呈黑色，有辉蓝色光泽；翅膀长而尖，下体为棕白色，多有黑色的细纵纹，腰部为栗黄色，尾部呈叉状，脚短而细弱，趾三前一后。雌鸟和雄鸟体色相似。

分布区域： 分布于欧亚大陆、非洲北部、中南半岛等地。

生活习性： 金腰燕性格活跃，善于飞行，迅速敏捷，飞行时振翼较缓慢，轻盈而悠闲，喜欢高空翱翔，鸣叫声响亮。经常在无叶的枝条或枯枝上结成小群活动，休息时候喜欢停在房屋周围或者电线上。在中国为夏候鸟，部分迁徙。

栖息环境： 主要栖息在低山及平原的居民点附近。雌雄双鸟共同筑巢，巢通常筑在房屋等建筑物上，喜欢利用旧巢。

繁殖特点： 繁殖期为 4—9 月，每窝通常产卵 4~6 枚。雌鸟和雄鸟轮流进行孵卵，共同育雏，孵化期一般为 17 天。卵呈白色，个别有少许棕褐色斑点。

你知道吗？ 金腰燕在中国属于比较常见的夏候鸟，在中国分布很广，深受中国人民的喜爱，也被看作吉祥鸟，能够给人们带来好运。所以人们很喜欢它们来自家筑巢。但现在由于观念的改变，有些人觉得在屋檐下筑巢不太卫生，会进行驱赶，因此其种群数量明显在减少。为了保护这一益鸟，有些省区已经将其列为地方保护鸟。

食性： 主要以双翅目、鳞翅目、膜翅目昆虫为食。

体重： 0.018 ~ 0.021千克 | **雌雄差异：** 羽色相似 | **栖息地：** 低山及平原的居民点附近

雪鹀

又称雪雀、路边雀 / 雀形目、铁爪鹀科、雪鹀属

雪鹀体形矮小，体长约为 16 厘米，嘴为黑色，喙呈圆锥形，比较细弱。繁殖期间，雄鸟头部为白色，背部为黑灰色，下体和翼斑和其余的黑色体羽成鲜明对比；雌鸟头顶部、脸颊及颈部、背部都有近灰色的纵纹，胸部带有橙褐色的纵纹。不论雌雄，脚通常为黑色。

分布区域：分布于欧洲、亚洲、北美洲等地。

生活习性：雪鹀属于小型鸣禽，善于飞行。当群鸟升空时飞行呈波状起伏，炫耀舞姿，然后突然下降；也常在地面上快步疾走，或并足跳行。冬季时群栖，一般不和其他种类混群。性情大胆，不怕人。迁徙，属冬候鸟，每年会在 11 月迁徙到中国过冬。

栖息环境：栖息在开阔的地方和裸露的高山与河谷，迁徙时栖息在低山丘陵和灌丛草地。巢通常筑在岩洞和岩石处，也会筑在乔木、灌丛里，巢呈杯状。

繁殖特点：繁殖期为每年的 6—8 月，雌鸟通常每窝产卵 4~6 枚。卵为卵圆形，呈白色偏绿，被有黑色及褐色斑点。孵化期 14 天，雏鸟晚成性，留巢期 14 天。

头部为白色
黑色的嘴
背部为黑灰色
雄鸟
脚通常为黑色
尾呈浅叉状

食性：主要以种子等植物性食物为食。

体重：0.032 ~0.045 千克 | **雌雄差异：**羽色略有不同 | **栖息地：**低山区和丘陵地带的开阔区

金黄鹂

又称欧洲金黄鹂、金色黄鹂 / 雀形目、黄鹂科、黄鹂属

金黄鹂体长约为 24 厘米，嘴为紫红色，鸟喙粗壮。体羽比较鲜艳，上体多为辉黄色，肩羽与背羽均为黄色，飞羽为黑色，黑色翅覆羽具有黄色的羽缘，下体多为鲜黄色，尾部短圆，外侧尾羽为黑色，有大块的黄斑，脚爪为黑色。雌鸟与雄鸟体色不同，雌鸟上体为橄榄绿色，下体为亮白色。

分布区域：分布于欧亚大陆至西伯利亚西部、非洲、印度等地。

生活习性：金黄鹂是中型鸣禽，主要在高大乔木的树冠层活动，很少下到地面。它们喜欢单独或成对活动，繁殖期间喜欢隐藏在树冠层枝叶丛中鸣叫。叫声清脆婉转，并且可以变换腔调，清晨鸣叫最频繁，有时会边飞边叫，呈波浪式飞行。属留鸟，部分迁徙。

栖息环境：主要栖息在低山丘陵和平原地带的天然次生阔叶林、混交林，农田、城市附近也会有它们的踪迹。巢由雌鸟和雄鸟共同搭建，雄鸟负责收集材料，雌鸟负责编织。

特征鉴别：雄性成鸟眼部有黑斑纹达于嘴基，上体辉黄色，腰羽有淡淡的橄榄色，尾羽黑色黄端。雌性成鸟眼部有灰褐色三角形斑，上体橄榄色。

背羽为黄色
喙粗壮
雄鸟
翅膀尖长
脚爪呈黑色

食性：以昆虫、浆果为主食。

体重：0.053~0.085千克 | **雌雄差异：**羽色不同 | **栖息地：**天然次生阔叶林、混交林

黑枕黄鹂

又称黄鹂、黄莺 / 雀形目、黄鹂科、黄鹂属

黑枕黄鹂体长约为 25 厘米，嘴较为粗壮，黑色的贯眼纹延伸到枕部，体羽大部分为金黄色；下背部为绿黄色，两翅尖且长，呈黑色。腰间和尾上覆羽为柠檬黄色，除中央一对尾羽外，都有宽阔的黄色端斑，脚趾短。雌鸟与雄鸟体色相似，但色彩比雄鸟暗淡。

分布区域：分布于柬埔寨、中国、印度等地。

生活习性：黑枕黄鹂属于中型雀类，繁殖期喜欢躲避在树冠层枝叶丛里。叫声清脆婉转，甚至可以模仿其他的鸟，飞行多呈波浪式，有时边飞边鸣。经常独自或成对活动，也成松散群落。喜欢在高大乔木的树冠层活动，很少下到地面。在中国主要属夏候鸟，部分为留鸟，通常 9—10 月会南迁。

栖息环境：主要栖息在低山丘陵和平原地带的天然次生阔叶林、混交林，农田、城市附近也会有它们的踪迹。巢通常筑在阔叶林里的乔木上，呈吊篮状。领地意识很强，一旦确定好巢的位置，若有其他黄鹂飞入，会立即发起攻击。

繁殖特点：繁殖期为 5—7 月，每窝通常产卵 4 枚。卵呈椭圆形，颜色为粉红色，被有红褐色或灰紫褐色斑点，有些被有条形斑纹。雏鸟 7 天左右睁眼，16 天左右离巢，离巢后的最初几天亲鸟仍给喂食。雌雄鸟一起育雏，晚上雏鸟与雌鸟一起在巢中，雄鸟则是栖息在附近的小树上。

你知道吗？黑枕黄鹂比金黄鹂在中国分布范围广，种群也较为丰富，是一种益鸟，不但爱吃昆虫，在植物保护中有很重大的意义，而且它们的色彩艳丽，叫声婉转，经常被捕捉养作笼养观赏鸟，需要注意保护。

食性：主要食物有鞘翅目、鳞翅目和尺蠖蛾科幼虫等动物性食物，也吃少量的植物种子。

体重：0.06~0.1千克 | **雌雄差异：**羽色相似 | **栖息地：**天然次生阔叶林、混交林

小云雀

又称百灵、大鹨 / 雀形目、百灵科、云雀属

小云雀体长约为 16 厘米，嘴为褐色，下嘴基部淡黄色，头顶和后颈为黑褐色。上体呈沙棕色或棕褐色，带黑褐色的纵纹，背部呈黑色且纵纹较粗、翅膀为黑褐色，下体呈白色或棕白色，胸部为棕色，有黑褐色的干纹，尾羽羽缘白色，脚为肉黄色。雌鸟和雄鸟羽色相似。

分布区域：分布于欧亚大陆、非洲北部等地。

生活习性：小云雀善于奔跑，主要在地上活动，有时也停歇在灌木上。会突然从地面上飞起，边飞边叫，连续拍击翅膀，并且可以在空中停留一会，可以飞得很高，飞行时起伏不定。除繁殖期成对活动外，多成群活动，鸣声清脆悦耳。

栖息环境：主要栖息在草地、干旱平原、泥淖及沼泽。巢通常筑在地面凹处，放在草丛里或者树根旁边，隐蔽性较好，呈杯状。

繁殖特点：繁殖期为 4—7 月，每窝产卵 3~5 枚。卵呈淡灰色或者灰白色，大多数被褐色斑点，有些被紫色或近绿色斑点。

食性：主要以禾本科、茜草科和胡枝子等植物为食。

体重：0.02~0.04 千克 | **雌雄差异：**羽色相似 | **栖息地：**草地、干旱平原、泥淖及沼泽

云雀

又称叫天子、阿兰 / 雀形目、百灵科、云雀属

云雀体长约 18 厘米，头后部有羽冠，上体呈黑褐色，胸部为淡棕色，有黑褐色的斑点，背部为花褐色或浅黄色；翅膀各羽外缘呈淡棕色，下体多为白色，腹部为白色至深棕色，尾部呈分叉状且为棕色，外尾羽呈白色，腿强健有力，脚为肉色。雌鸟和雄鸟羽色相似。

分布区域：分布于阿富汗、阿尔巴尼亚、阿尔及利亚、安道尔等地。

生活习性：经常集群活动，部分迁徙。云雀的体形较小，善于飞行，起伏不定，在高空振翅飞行时鸣唱，接着俯冲而回到地面。求偶炫耀飞行复杂，能够短暂地停在空中。鸣声活泼而悦耳，是鸣禽中少数能在飞行中唱歌的鸟类之一。

栖息环境：主要栖息在开阔的地方，多见于草原和沿海地带。云雀巢不在树木或建筑上筑巢，巢多建造在地面上，多选择荒坡、坟地、田间荒地、路旁和沙滩等开阔的地方。

繁殖特点：繁殖期为 4—8 月，每窝通常产卵 3~5 枚。雏鸟几乎全食动物性食物，在第八天到第九天，雏鸟可以站立离巢，但没有觅食能力，仍需亲鸟喂养。离巢 10 天左右可以独立生活。卵呈灰色，有褐色或暗灰色斑点。

食性：主要以植物种子、昆虫等为食物。

体重：0.03~0.05千克 | **雌雄差异：**羽色相似 | **栖息地：**草地、干旱平原、泥淖及沼泽

凤头百灵

又称凤头阿鹨儿、大阿勒 / 雀形目、百灵科、凤头百灵属

凤头百灵体长约为17厘米，鸟喙略长而下弯，为黄粉色，冠羽长而窄，上体多为沙褐色，带有近黑色的纵纹；翅膀尖而长，下体呈浅皮黄色，胸部有近黑色的纵纹，尾部覆羽为皮黄色，腿和脚强健有力，爪偏粉色。

分布区域： 分布于欧洲、非洲、亚洲等地。

生活习性： 凤头百灵中体形略大，善于飞行和在地面奔走，或做波状飞行，鸣叫声慢、短而清晰。非繁殖期多结群活动和觅食。高飞时直冲入云霄，在地面奔走时若受惊经常会藏匿不动，因为有保护伞所以不会轻易被发现。属中国西北地区留鸟、夏候鸟，部分迁徙。

栖息环境： 栖息在干燥平原、旷野、荒漠和沙漠等地区。巢通常筑在荒漠草地的凹坑处，呈杯状。

繁殖特点： 繁殖期为5—7月，每窝通常产卵4~5枚。卵呈浅褐色或白色，上密缀褐色细斑。雌雄轮流孵化，孵化期为12~13天，留巢期11天，由双亲共同哺育，主要喂食昆虫幼虫。

食性： 主要以植物性食物为食，也吃昆虫等动物性食物。

冠羽长而窄

鸟喙略长，下弯

爪偏粉色

背部呈沙褐色

翅膀尖而长

体重： 0.03~0.05千克 | **雌雄差异：** 羽色相似 | **栖息地：** 干燥平原、旷野、半荒漠

大短趾百灵

雀形目、百灵科、短趾百灵属

大短趾百灵全长约为13厘米，翼展为27~32厘米，冠羽较短，嘴粗短，喉皮为黄色，喉部与胸部交界处有一道粗横纹；上体为沙褐色，有黑色的纵纹，胸部为浅褐色，前胸两侧各有一条黑色斑纹，腹部为污白色，翅膀稍尖长，脚为肉色。雌鸟和雄鸟羽色相似。

分布区域： 分布于欧亚大陆及非洲北部、非洲中南部等地。

生活习性： 大短趾百灵是典型的干燥草原鸟，常在地面行走或振翼飞行，喜欢站在高土岗或沙丘上不停鸣叫，叫声优美。属夏候鸟，喜欢成群活动，秋季会由北向南迁徙。

栖息环境： 栖息在干旱平原、热带沙漠和有矮小灌丛的平原地带。巢通常在地面的凹坑处，有明显的出入口。

繁殖特点： 繁殖期为5—7月，每日产1枚卵，每窝通常产卵3~5枚，卵呈白色或近黄色。

食性： 食物以草籽、嫩芽等为主，也捕食蚱蜢、蝗虫等昆虫。

体重： 0.018~0.025千克 | **雌雄差异：** 羽色相似 | **栖息地：** 温带草原、热带沙漠、牧草地

角百灵

雀形目、百灵科、角百灵属

角百灵体长约为16厘米，雄鸟的前额为白色，头顶部为红褐色，有犄角状的羽冠，但雌鸟的羽冠短或不明显；上背呈粉褐色、褐色或灰褐色，颊部为白色，胸带宽阔，两翅为褐色，腰部呈棕褐色，具有暗褐色的纵纹，尾部为暗褐色。

分布区域：分布于美洲、印度次大陆和中国的西南地区。

生活习性：角百灵属小型鸣禽，善于在地面短距离奔跑，主要在地上活动，一般不会远飞或者高飞。如遇到惊吓会站立不动，抬头张望，等危险靠近的时候会做短距离的飞行。善于鸣叫，声音清脆，喜欢单独或成对活动，有时也会成小群活动。多为留鸟，部分为冬候鸟。

栖息环境：栖息在荒漠、草地、干旱山地或者戈壁滩。巢通常筑在草丛底部的地面或者灌丛上，呈浅杯状，上面有垂草掩蔽，可以遮挡风和太阳，较为精致。

繁殖特点：繁殖期为5—8月，每窝通常产卵2~5枚。卵呈浅褐色近白色，被密集的褐色细斑。雌雄鸟轮流孵化，孵化期12~13天，留巢期为11天，在此期间由双亲共同哺育，喂食昆虫幼虫。

食性：主要以草籽等植物性食物为食，也吃昆虫。尤喜青稞、植物碎片、蝗虫、鳞翅目幼虫和甲虫碎片。

体重：0.03~0.05千克 | **雌雄差异：**羽色略相似 | **栖息地：**草地、荒漠、半荒漠、戈壁滩

二斑百灵

雀形目、百灵科、百灵属

二斑百灵身长16~18厘米，嘴厚且钝，呈圆锥状，眉纹和眼下部染白色斑纹，上体有浓褐色杂斑，胸侧略有纵纹；翅膀稍尖而长，下体白色居多，两肋为棕色，尾部较短，并有狭窄的白色羽端。脚橘黄色，后爪细长而直。

分布区域：分布于俄罗斯、伊朗、阿富汗、印度、中国等地。

生活习性：二斑百灵属小型鸣禽，善于奔走，飞行呈波状，可直冲入云。受惊扰时，它常藏匿不动，因有保护色而不易被发觉，飞行时叫声沙哑洪亮。属候鸟，会迁徙。

栖息环境：栖息在沙漠、小灌丛、近水草地。

繁殖特点：繁殖期为5—6月，每窝通常产卵3~4枚，雌雄鸟轮流孵卵。

体重：不详 | **雌雄差异：**羽色略有不同 | **栖息地：**沙漠、小灌丛、近水草地

褐头鹪莺

又称纯色山鹪莺 / 雀形目、扇尾莺科、鹪莺属

褐头鹪莺体长约为12厘米，上嘴为褐色或黑褐色，眉纹和眼周均为棕白色，面颊和耳羽为淡褐色或黄褐色，上体基本为灰褐色；翅上覆羽为浅褐色，背部与腰部沾橄榄色，胸部、两肋为白色微沾皮黄色，尾部长且呈凸状，脚呈肉色或肉红色。雌鸟和雄鸟羽色相似。

分布区域： 分布于中国、巴基斯坦、印度、尼泊尔等地。

生活习性： 属留鸟，不迁徙。褐头鹪莺是小型鸟类，行动敏捷，飞行呈波浪式，很少做长距离飞行。喜欢单独或成对活动，偶尔也成小群，多在灌木下部和草丛中跳跃和觅食。生性活泼，受惊时会从草丛中起飞，其他时候很少会飞翔，尤其是更不经常长距离飞行。

栖息环境： 栖息在海拔低于1500米的低山丘陵、山脚和平原地带。巢通常筑在小麦丛和巴茅草丛之间，呈杯状。

繁殖特点： 繁殖期雄鸟经常站在较高的灌木枝头鸣唱，以吸引雌鸟的注意力。繁殖期为5—7月，每窝通常产卵4~6枚。雌雄鸟轮流孵卵，孵化期为11~12天。卵呈白色。

上嘴为褐色或黑褐色

飞羽褐色

脚呈肉色或肉红色

长尾呈凸状

●**食性：** 主要以甲虫、蚂蚁等鞘翅目等昆虫和昆虫幼虫为食，偶尔也会吃植物性食物。

体重： 0.006~0.01千克 | **雌雄差异：** 羽色相似 | **栖息地：** 稀疏林、次生林及林园

长尾缝叶莺

又称普通缝叶莺 / 雀形目、扇尾莺科、缝叶莺属

长尾缝叶莺的体形较小，尾巴喜欢上扬，飞行有力，翅膀拍打发出声音。长尾缝叶莺体长12厘米左右，虹膜为浅皮黄色，上嘴为黑色，下嘴偏粉色，前顶冠为棕色，头侧部接近白色，后顶冠及颈背偏灰色，背部、两翼及尾部均为橄榄绿色。下体白色居多，两肋则为灰色，尾部较长，脚为粉灰色。

分布区域： 分布于印度、中国以及东南亚等地。

生态习性： 长尾缝叶莺生性活泼，经常不停地运动或发出刺耳的尖叫声，喜欢隐匿在树林下层且多在浓密枝叶覆盖之下。

栖息环境： 长尾缝叶莺一般栖息在稀疏林、次生林及林园。一般在带刺的荆棘丛里筑窝，鸟巢精致而漂亮，十分隐蔽。

尾羽较长

棕色的前顶冠

头侧近白色

腹部呈白色

体重： 0.006~0.01千克 | **雌雄差异：** 羽色相似 | **栖息地：** 稀疏林、次生林及林园

红腹灰雀

又称欧亚红腹灰雀 / 雀形目、燕雀科、灰雀属

红腹灰雀体长约为16厘米，嘴部粗厚为黑色，通体大多数为粉红色，顶冠为黑色，头顶部为淡灰色，背部为灰色；翅膀为黑色，下体基本为灰色而杂染有粉色，腹部呈橘红色，腰部和臀部为白色，脚多为黑褐色。雌鸟与雄鸟羽色大致相似，只是头部略暗淡些。红腹灰雀鸣声委婉动听，好像吹奏的喇叭，是人们喜欢的笼鸟之一。

分布区域：分布于欧洲、亚洲等地。

生活习性：部分迁徙，冬季通常结成小群活动和觅食。红腹灰雀属于小型鸟类，经常出现在终年常青的树林和灌木丛中。除繁殖期单独或者成对活动之外，其他季节一般会成小群活动。性格比较安静，活动敏捷，成群在树之间飞来飞去，飞翔时候轻盈无声。

栖息环境：栖息在针叶林、针阔叶混交林等森林中，林地、果园及花园也会出现。通常筑巢在树上，如杉木、松树等茂密的枝杈处，在灌木和桦树上偶有营巢，巢呈杯状。南部地区营巢在 4 月末，北部地区稍晚。

繁殖特点：繁殖期为 5—7 月。

食性：主要吃种子和草籽等植物性食物。

体重：不详 | **雌雄差异：**羽色相似 | **栖息地：**白桦林和次生林区

长尾雀

雀形目、燕雀科、长尾雀属

长尾雀是中等体形而尾长的雀鸟，体长约 17 厘米，嘴部浅黄而粗厚。繁殖期雄鸟的面颊、腰部及胸部都为粉红色，额部与颈部、背部均为苍白色，两翼多为白色，上背部为褐色，而带有近黑色且边缘粉红的纵纹。雌鸟的腰及胸为棕色，翼带有灰色纵纹，脚为灰褐色。

分布区域：分布于俄罗斯、日本北部、朝鲜、韩国、哈萨克斯坦、中国等地。

生活习性：属留鸟，部分迁徙。长尾雀属于小型鸟类，喜欢单独或成对活动，幼鸟喜欢结群。性格活泼，行动敏捷，经常在枝间跳跃，有时也会到地面觅食。不高飞，飞行速度也比较慢，飞行的时候翅膀经常会发出震动声。叫声单调，繁殖期雄鸟频繁鸣叫，叫声委婉富有变化，很像悦耳的哨声。

栖息环境：主要生活在山区，多在平原、丘陵、低矮的灌丛、沿溪小柳丛、蒿草丛和次生林以及公园和苗圃中出没。

繁殖特点：繁殖期为 5—7 月，持续时间比较长，每窝通常产卵 4~8 枚，卵呈翠绿色、椭圆形。

背部苍白色

雄鸟

胸部粉红色

脚呈灰褐色

雌雄鸟共同筑巢，巢一般筑在灌木丛中，呈杯状。雌雄鸟轮流孵卵，共同育雏，孵化期为 14~15 天。

食性：食物以植物果实、种子、草籽和谷粒等农作物为主。

体重：约0.01千克 | **雌雄差异：**羽色略有差异 | **栖息地：**亚热带常绿阔叶林

松雀

雀形目、燕雀科、松雀属

松雀体长约为20厘米，嘴部带钩且为灰色，下嘴基粉红。雄鸟大部分为深粉红色，脸部有灰色图纹，双翼为近黑色，带有白色翼斑，尾部较长，脚为深褐色。雌鸟与雄鸟的显著区别是通体为橄榄绿色，当两只鸟在一起时，颜色交相辉映，十分好看。

分布区域：分布于欧洲、亚洲、北美洲等地。

生活习性：松雀体形略大，该物种的原产地在瑞典，是北半球典型的林栖鸟类。除繁殖期单独或者成对活动外，其他季节经常成十多只的小群活动。雄雌鸟异色，生性胆大，叫声响亮而悦耳。

食性：主要以松子等植物种子、果实为食物，繁殖期间也会吃少量昆虫。

体重：0.052~0.078千克 | **雌雄差异：**羽色不同 | **栖息地：**山地森林、针叶林、针阔叶混交林

文须雀

雀形目、文须雀科、文须雀属

文须雀体长约为16厘米，嘴为橙黄色或黄褐色，形状直而尖，前额和头侧为淡烟灰色或灰色，眼先、眼周呈黑色，经颊部形成髭状黑斑；背部、肩部和腰部均淡棕色或赭黄色，腹部为皮黄白色，尾部较长，呈凸状，中央一对赭黄色尾羽最长，脚为黑色。雌鸟与雄鸟羽色大致相似，只是雌鸟的头和眼先为灰棕色。

分布区域：分布于欧洲、非洲、亚洲等地。

生活习性：文须雀属于小型鸟类，飞行时两翅扇动缓慢。生性活泼，行动敏捷，喜欢在靠近水面的芦苇下部活动，喜欢成对或结成小群，有时也会聚集成大群。

食性：食物主要为昆虫、芦苇种子与草籽等。

体重：0.002~0.018千克 | **雌雄差异：**羽色相似 | **栖息地：**湖泊及河流沿岸芦苇沼泽

红头穗鹛

雀形目、鹛科、穗鹛属

红头穗鹛上嘴为褐色，额部、头顶为棕红或橙栗色，眼上为浅黄色或橄榄褐色，上体呈淡橄榄褐色染绿色；飞羽为暗褐色，下体颏部、喉部和胸部为浅灰黄色，尾部为褐或暗褐色，脚趾呈肉黄色。

分布区域：分布于中国、不丹、印度、缅甸、老挝、越南等地。

生活习性：红头穗鹛属于小型鸟类，经常在灌丛枝叶间飞行。喜欢单独或结成对活动，有时成小群或其他鸟类混群。主要栖息在山地森林等林木茂盛的地方。属留鸟，不迁徙。

繁殖特点：为4—7月，每窝通常产卵4~5枚。雌雄亲鸟轮流孵卵。

食性：主要以昆虫为食，也吃植物的果实与种子。

体重：0.007~0.013千克 | **雌雄差异：**羽色相似 | **栖息地：**山地森林

寿带

又称长尾鹟、练鹊、三光鸟/雀形目、王鹟科、寿带属

寿带的口裂较大，雄鸟头部及额、喉部和上胸均为蓝黑色，背、肩、腰和尾上覆羽均为带紫的深栗红色；胸部和两胁为灰色，腹部为白色，尾部呈栗色或栗红色，中央的两枚尾羽特别延长，腿较短。

口裂大

雄鸟

生活习性：迁徙，属候鸟。寿带鸟生性羞怯，常活动在森林中下层茂密的树枝间，喜欢单独或成对活动。喜欢栖息在低山丘陵和山脚平原地带。

背部呈带紫的深栗红色

尾部呈栗色或栗红色

食性：主要以甲虫、金龟甲、蝗虫等昆虫及其幼虫为食物。

分布区域：主要分布于阿富汗、孟加拉国、不丹、文莱、柬埔寨、中国、印度等地。

特征鉴别：白色型雄鸟的背部至尾等上体为白色，各羽有细窄的黑色羽干纹。雌鸟上体余部包括两翅和尾表面均为栗色，中央尾羽不延长，尾下覆羽微沾淡栗色。

繁殖特点：繁殖期为 5—7 月，每窝通常产卵 2~4 枚。

体重：0.014~0.033千克 | **雌雄差异：**羽色略有不同 | **栖息地：**低山丘陵和山脚平原地带

黑眉苇莺

又称柳叶儿、口子喇子/雀形目、苇莺科、苇莺属

黑眉苇莺体长约为12厘米，嘴为黑褐色，下嘴基淡褐色，眉纹为淡黄褐色，杂有黑褐色的纵纹；眼后有淡棕褐色贯的暗线，上体呈橄榄棕褐色；飞羽为黑褐色，下体羽毛呈污白色，胸部和两胁均缀有深棕褐色，脚为暗褐色。雌鸟和雄鸟羽色相似。

分布区域：分布于蒙古、俄罗斯、中国、朝鲜、日本、泰国等地。

生活习性：黑眉苇莺一般在路边、湖边和沼泽地的灌丛及近水的草丛中活动，繁殖期间经常站在开阔草地上的小灌木或蒿草梢上鸣叫，鸣声短促，十分嘈杂。一般单独或成对活动，行动很敏捷，经常在芦苇叶间穿梭，也可以直立在芦苇茎上，一整天几乎都是在活动。迁徙，属候鸟，也有部分不迁徙。

栖息环境：黑眉苇莺主要栖息在低山和山脚平原地带的湖泊、沼泽、河流、水塘等岸边的灌丛和芦苇丛里，尤喜在近水的草丛和灌丛中活动。巢通常筑在灌丛或者芦苇上，呈杯状。

食性：主要吃毛虫、蚱蜢等，也吃蝗虫、甲虫、蜘蛛等无脊椎动物。

体重：0.007~0.01千克 | **雌雄差异：**羽色相似 | **栖息地：**低山和山脚平原地带

布氏苇莺

又称圃苇莺 / 雀形目、苇莺科、苇莺属

上嘴为暗褐色

白色的喉部

黑褐色的翅膀

腹部呈淡皮黄色

布氏苇莺体长约为 14 厘米，上嘴为暗褐色，下嘴呈黄色，眼周羽毛为皮黄色，上体呈橄榄褐色，翅膀为黑褐色，喉部呈白色，腹部为淡皮黄色，两肋的颜色较暗，尾上覆羽有浅赤褐色，脚为淡黄色到淡褐色。雌鸟和雄鸟羽色相似。

分布区域：分布于俄罗斯、乌克兰、土耳其、芬兰、蒙古、中国等地。

生活习性：会迁徙，属候鸟。布氏苇莺属于小型鸟类，活泼而机敏，喜欢单独或成对活动，常在低矮的树上跳来跳去。经常单独或者成对活动，生性活泼，在树间跳来跳去以寻找食物。繁殖期雄鸟一般在晚上鸣叫，繁殖高峰期会不停地鸣叫，叫声尖锐，快且急。

栖息环境：巢一般筑在离水域比较近的地方，呈杯状。主要栖息在水域附近的灌丛、苇丛和草丛中。迁徙期间也会出现在路边、农田和公园的植物丛中。

食性：食物以昆虫及其幼虫为主，也吃蜘蛛等无脊椎动物。

繁殖特点：繁殖期为 5—7 月，每窝通常产卵 3~4 枚。卵的颜色变化较大。

体重：不详 | **雌雄差异：**羽色相似 | **栖息地：**水域附近灌丛、苇丛和草丛

灰白喉林莺

又称灰莺 / 雀形目、莺鹛科、林莺属

灰白喉林莺的嘴峰为黑褐色，下嘴基部灰褐色，头部为纯灰色，头顶至后颈均为灰色，背部为灰褐色，飞羽为褐色，颏部、喉部均为白色，下体余部均为淡粉红白色，尾羽大部分为褐色，有淡色的狭缘。雌鸟头部、背部为灰褐色，下体沾赭褐色。脚均为淡褐色。雌鸟和雄鸟大致相似，只是雌鸟下体沾赭褐色。

分布区域：分布于俄罗斯、德国、丹麦等地。

生活习性：灰白喉林莺为小型鸟类，喜欢单独或成对活动。经常在灌木丛枝叶间穿梭，有时到地面或飞向空中捕食。殖期间多站在树丛顶端鸣唱，如果遇到突发情况，会立刻逃到灌丛里躲避起来，叫声为断续像刮擦声的颤音。属夏候鸟，通常在 9 月底开始迁徙。

栖息环境：栖息在林缘、溪流和湖泊等开阔地带的灌丛里，平原、山地或者海拔 2000 米左右的地区都有它们的踪迹。

食性：主要以昆虫及其幼虫为食，也吃少量植物种子和果实等。

体重：0.014 ~ 0.019千克 | **雌雄差异：**羽色相似 | **栖息地：**荒漠、林缘、溪流、湖泊

叽咋柳莺

又称嚣鹪鸟 / 雀形目、柳莺科、柳莺属

叽咋柳莺体长约为 11 厘米，嘴为淡黄色，眉纹短而呈淡白色，贯眼纹为黑褐色，上体呈淡绿褐色；翅下覆羽和腋羽为硫黄色，胸部和两胁为淡白染以皮黄色，腹部中央颜色较淡，尾羽为黑褐色，脚为黑褐或暗褐色。雌鸟和雄鸟羽色相似。

分布区域： 分布于印度、伊朗、伊拉克、俄罗斯、蒙古、中国等地。

生活习性： 叽咋柳莺体形小，鸣叫声平缓而圆滑，多在灌丛中活动，单独或成 8~10 只小群。经常会从灌丛飞到另一个灌丛，或者也会不停地从灌丛跳到地面上，有的时候也会在距离地面半米高的空中捕捉蚊子等小昆虫。属夏候鸟或留鸟，会迁徙。

栖息环境： 主要栖息在低山和山脚平原地带的林地，也会栖息在阔叶林或针阔叶混交林。在灌丛或草丛覆盖的堤坝地面上筑巢，由雌鸟负责，巢呈圆顶状。

繁殖特点： 繁殖期为 5—7 月，每窝通常产卵 4 枚。卵呈白色，上面有深红或者紫黑色的斑点。雌鸟负责孵卵，孵化期一般为 13 天。

食性： 食物以象鼻虫、小型甲虫和蚜虫等昆虫为主。

你知道吗？ 叽咋柳莺的叫声平缓、圆滑，迁徙的时候经常会发出有规律的叫声。每年一般在 4 月中下旬会迁往繁殖地。

体重： 约0.008 千克 | **雌雄差异：** 羽色相似 | **栖息地：** 低山、丘陵和山脚平原地带

白喉林莺

又称白喉莺、沙白喉莺、树串儿 / 雀形目、莺鹛科、林莺属

白喉林莺体长约为12 厘米，嘴为褐色，头顶与背部为灰色，贯眼纹黑褐或暗褐色，喉部为白色，飞羽为褐色，具有淡砂褐色的羽缘。下体呈污白色，胸部沾褐色或淡粉红色，两肋沾皮黄色，尾羽呈暗褐色，脚为黄绿色或灰铅色。雌鸟和雄鸟羽色相似。

分布区域： 分布于中国、伊朗、印度以及欧亚大陆、小亚细亚、中亚等地。

生活习性： 白喉林莺体形略小，生性活泼，生活十分隐蔽，不容易被发现，有时也在树顶短暂停歇。颤鸣声细弱，也有尖厉刺耳的音调。喜欢单独或成对活动，喜欢在灌木、树枝间飞来飞去，有时也会到灌木间玩耍，一般很少休息。在中国东北北部以及新疆北部繁殖，属夏候鸟，部分为旅鸟。

栖息环境： 主要栖息在山麓、森林林缘及灌丛草坡，有时也会出现在居民区附近。巢通常筑在灌丛中，呈杯状，主要由雌鸟负责。

食性： 食物多为金花虫、蚂蚁及其他昆虫，也吃一些植物性食物。

繁殖特点： 繁殖期为 5—7 月，每窝通常产卵 5 枚。

体重： 0.008~0.012千克 | **雌雄差异：** 羽色相似 | **栖息地：** 山麓、森林林缘及灌丛草坡

水蒲苇莺

雀形目、苇莺科、苇莺属

眉纹粗

背部有黑褐色的条纹

水蒲苇莺体长为 12~14 厘米，下嘴基部呈粉黄色，眉纹呈皮黄白色，上体为褐色，头顶和背部有黑褐色的条纹，腰部和尾上覆羽均呈淡棕色；下体为白色，双胁为赭色，两翅和尾褐色而沾灰，爪为黑褐色。

分布区域： 欧洲、亚洲、非洲等地。

生活习性： 水蒲苇莺属小型鸟类，生性机警，喜欢在草丛和灌丛中躲藏，繁殖期间雄鸟不停鸣叫，有时进行飞行炫耀，经常独自或结群活动，鸣叫声沙哑。

栖息环境： 喜欢栖息在湖泊、溪流、水塘、水库等区域。在草茎或灌木下面做窝。

繁殖特点： 繁殖期为 5—7 月。

爪呈黑褐色

食性： 食物以昆虫及其幼虫为主。

体重： 0.011~0.015千克 | **雌雄差异：** 羽色相似 | **栖息地：** 湖泊、溪流、水塘、水库

大苇莺

雀形目、苇莺科、苇莺属

大苇莺体长为 14~17 厘米，鸟喙较薄，上嘴为黑褐色，下嘴苍白，先端为黑茶色，眉纹为淡棕黄色，上体大部分为黄褐色；两胁颜色较深，腹面呈淡棕黄色，腹部中央为乳白色，翅膀覆羽为褐色，具有淡棕色的边缘，尾羽也为浅褐色，脚呈铅蓝色。

分布区域： 欧洲到中亚的大部分地区。

生活习性： 大苇莺属于小型鸟类，生性活跃，十分警觉。鸣叫声响亮，喜欢单独或成对在草茎、芦苇丛和灌丛之间跳跃、攀缘。多栖息在湖畔、河边、水塘、芦苇沼泽等区域。

繁殖特点： 繁殖期为 5—7 月，每窝通常产卵 3~6 枚。雌鸟负责孵卵。

食性： 主要以甲虫、金花虫等昆虫幼虫以及蚂蚁为食。

体重： 0.024~0.031千克 | **雌雄差异：** 羽色相似 | **栖息地：** 湖畔、河边、水塘、芦苇沼泽

海南蓝仙鹟

又称海南蓝仙鸫 / 雀形目、鹟科、蓝仙鹟属

海南蓝仙鹟体长约为 14 厘米，嘴为黑色，雄鸟前额有鲜亮的眉斑，头部和两侧沾灰色，下胸和两胁为蓝灰色，两翅和尾均为暗蓝色。雌鸟上体大部分呈橄榄褐色，喉部与胸部为橙皮黄色，腹部覆羽白色，脚为紫黑色或肉黄色。

分布区域： 分布于柬埔寨、中国、老挝、缅甸、泰国、越南等地。

生活习性： 海南蓝仙鹟是小型鸟类，喜欢栖息在低地常绿林的中高层，经常单独或成对，偶尔也会 3~5 只在一起。喜欢频繁地穿梭在树枝和灌丛间，繁殖期间鸣声响亮婉转，非常动听。属留鸟，少部分会迁徙。

栖息环境： 主要栖息在低地常绿林和林缘灌丛。

繁殖特点： 繁殖期为 4—6 月，4 月开始繁殖期鸣叫。

你知道吗？ 海南蓝仙鹟目前种群数量未知，在中国分布较少，由于栖息地持续被破坏，目前该鸟种群数量在下降。

食性： 主要以甲虫、鳞翅目幼虫和蚂蚁等昆虫为食。

体重： 0.01~0.014千克 | **雌雄差异：** 羽色不同 | **栖息地：** 低地常绿林的中高层

棕腹仙鹟

雀形目、鹟科、仙鹟属

棕腹仙鹟体长约为16厘米，雄鸟的额头、眼先、颊部及喉部均为黑色，头顶呈钴蓝色，颈侧有钴蓝色的长细斑纹，上体多为黑蓝紫色；下体多呈棕色，胸部为栗色，腰部呈钴蓝色，尾羽为黑褐色，尾下覆羽为棕色。雌鸟上体为橄榄褐色，喉和上胸为淡皮黄色或棕褐色，下胸、腹和两胁均为橄榄褐色，上胸中部有一块白色块斑，下腹为棕白色。脚为灰色。

分布区域： 分布于孟加拉国、不丹、中国、印度、缅甸、尼泊尔等地。

生活习性： 棕腹仙鹟生性较安静，喜欢单独或成对活动，一般飞到地上捕食，有时也在空中捕食飞行性昆虫。生性比较安静，一般静静地停在灌木或者树枝上。属夏候鸟，会迁徙。

栖息环境： 主要栖息在海拔 1200~2500 米的阔叶林、竹林和针阔叶混交林中。冬季会下到山脚或者低山活动。巢通常筑在洞穴或者石隙中，呈杯状。

食性： 主要以甲虫、蚂蚁、蛾、蚊等昆虫为食物。

繁殖特点： 繁殖期为 5—7 月，每窝通常产卵 4 枚。卵呈淡黄色或者皮黄色，上面有粉红褐色或者淡红色斑点。孵卵主要由雌鸟负责，孵化期为 12~13 天。

体重： 0.017~0.024千克 | **雌雄差异：** 羽色不同 | **栖息地：** 阔叶林、竹林、针阔叶混交林

灰林鹏

又称灰林鸟、灰林 / 雀形目、鹟科、石鹏属

灰林鹏的眉纹为白色，颊、耳羽和头侧为黑色，头部纵纹较密集，枕部、后颈、背部和肩部均为深灰色，颏与喉部为白色，两翅均为黑色或黑褐色，翅上白色翅斑显著，腰部和尾上覆羽为纯灰色，胸部、两肋和尾下覆羽为浅灰色或灰白色。雌鸟上体棕褐色，颏、喉白色，胸部棕白色。

分布区域： 分布于阿富汗、巴基斯坦、尼泊尔等地。

生活习性： 灰林鹏属于中型鸟类，喜欢单独或成对活动，有时也结成3~5只的小群。鸣声短促而细弱。常在灌木或者树顶休息，有时也会停歇在电线和附近的篱笆上，若是发现有昆虫，会立即飞下来捕食。大多数时候会在灌木间飞来飞去以寻找食物。属留鸟，不迁徙。

栖息环境： 主要栖息在林缘疏林、草坡、灌丛、沟谷。巢一般筑在低矮的灌丛和草丛之间，呈杯状，主要由雌鸟负责搭建，雄鸟站在附近的灌丛或者小树上鸣叫。

繁殖特点： 繁殖期为5—7月，每窝通常产卵4~5枚。卵呈淡蓝色，上面有红褐色的斑点。孵卵主要由雌鸟负责，孵化期为12天，雌雄双鸟共同育雏。

食性： 主要以甲虫、蝇、蛆、蝗虫、蚂蚁等昆虫和昆虫幼虫为食物，有时也会吃植物的果实和种子。

体重： 0.01~0.021千克 | **雌雄差异：** 羽色略有不同 | **栖息地：** 林缘疏林、草坡、灌丛、沟谷

漠鹏

又称漠鸮 / 雀形目、鹟科、鹏属

漠鹏体长一般为14厘米，南方的亚种比北方的亚种体形大，漠鹏整体呈沙黄色，双翼近黑色，尾部为黑色。雄鸟脸侧、颈部和喉部均为黑色；雌鸟头侧颜色近黑色，但颏部与喉部呈白色，翅膀较黑。雌鸟和雄鸟羽色基本相似。

分布区域： 分布于亚洲、非洲等地。

生活习性： 漠鹏体形略小，是一种在荒漠常见的鸟，该物种的模式产地在埃及。鸣声为重复的哀怨颤音，告警时叫声尖厉。经常单独或者成对活动，会在地上快速地奔跑觅食，有时也会站在石头或者灌丛上环顾四周，若是发现地面或空中有食物，会立即扑过去。部分属留鸟，部分会进行迁徙。

栖息环境： 主要栖息在荒漠平原、戈壁、荒漠和半荒漠地带。巢通常筑在岩隙和鼠洞中，呈碗状。

繁殖特点： 繁殖期为5—8月，每窝通常产卵4~6枚。卵呈淡蓝色或者翠蓝绿色，在钝端有一些褐色斑点。

你知道吗？ 漠鹏喜欢有很多石头的荒漠和荒地，非常怕生，经常栖息在低矮植被中，也会飞到岩石后面躲藏。雄鸟会在靠近巢的地方进行振臂炫耀飞行，非常有意思。

食性： 主要吃甲虫等昆虫及昆虫幼虫。

体重： 0.01~0.02千克 | **雌雄差异：** 羽色略有不同 | **栖息地：** 干旱荒漠、山地荒漠、荒漠

栗腹矶鸫

雀形目、鹟科、栗腹矶鸫

栗腹矶鸫体长约为23厘米，嘴为黑色，繁殖期雄鸟脸颊具有黑色斑，上体为蓝色，喉部及下体余部均为鲜艳栗色，脚为黑褐色。雌鸟身体呈褐色，耳后有皮黄色的月牙形斑，上体缀有扇贝形的斑，近黑色，下体布满皮黄色和深褐色的斑纹，斑纹呈扇贝形。

分布区域： 分布于巴基斯坦西部、中国南部及中南半岛北部。

生活习性： 栗腹矶鸫属于体形较大的鸫鸟，善于鸣叫，经常在树顶发出悦耳的颤鸣声。它们能够直立而栖，尾部缓慢地上下弹动，有时面对树枝，会将尾部向上举起。一般单独或者成对活动。

栖息环境： 主要栖息在海拔在1500~3000米的针叶林、阔叶林和针阔叶混交林。有时候甚至会在村庄周围的果园以及房屋周围的树上见到它们。巢通常筑在悬崖或者岩石的缝隙里，呈杯状。

繁殖特点： 繁殖期为5—7月，每窝通常产卵3~4枚，在海拔1000~3000米的森林进行繁殖。卵为钝卵圆形，呈乳白色，上面有红褐色斑点。孵卵主要由雌鸟负责。

食性： 以甲虫、金龟子等昆虫为食，也吃软体动物、蜗牛以及水生昆虫等。

体重： 0.1~0.15千克 | **雌雄差异：** 羽色不同 | **栖息地：** 低海拔开阔而多岩的山坡林地

灰头鸫

又称栗红鸫 / 雀形目、鸫科、鸫属

灰头鸫体长约为25厘米，头部和眼先为烟灰色或褐灰色，褐色耳羽有细的白色羽干纹，飞羽呈黑褐色，颏部和喉部淡白色微缀有赭色，背部和腰部覆羽呈暗栗棕色，胸部淡灰色，两胁、腋羽和翼下覆羽均为亮橙栗色，脚为黄色。雌雄的体色略有不同，区别在于雌鸟颏、喉处有暗色纵纹。

分布区域： 分布于巴基斯坦、印度、阿富汗、不丹、缅甸以及中国等地。

生活习性： 灰头鸫是体形略大的鸟类，生性胆怯且机警，遇到突发情况会立刻发出警叫声。一般单独或成对活动，春秋迁徙季节也结成几只或十几只的小群。繁殖期间善于鸣叫，叫声清脆响亮，很远就可以听到。

栖息环境： 主要栖息在山地阔叶林、针阔叶混交林和竹林中，冬季会到山脚平原等地带活动。巢通常筑在小树枝杈上，有时候也会筑在悬崖或者岸边的洞穴中，呈杯状。

繁殖特点： 繁殖期为4—7月，每窝通常产卵3~4枚。卵为卵圆形，呈绿色，上面有淡红褐色斑点。雌鸟负责孵卵，雌雄双鸟共同育雏。

你知道吗？ 灰头鸫每天活动时间较早，有的时候早上三点左右就会开始鸣叫，鸣叫的时候喜欢站在树枝头，发现有人之后会马上飞到地面上，在地上的时候通过快速跳跃前进。

食性： 食昆虫，也会吃少量的植物果实和种子。

体重： 0.09~0.12千克 | **雌雄差异：** 羽色略有不同 | **栖息地：** 山地阔叶林、针阔叶混交林

乌灰鸫

又称黑鸫、日本乌鸫 / 雀形目、鸫科、鸫属

乌灰鸫体长约为 21 厘米，雄鸟嘴为黄色，上体呈纯黑灰色，头部和上胸部均为黑色，下体余部均为白色，两肋有黑色斑点。雌鸟嘴近黑色，上体呈灰褐色，下体白色居多，胸侧及两胁沾赤褐色，胸部有黑色的斑点。脚为肉色。

分布区域：分布于日本及中国东部、南方及印度支那北部。

生活习性：乌灰鸫的模式种产地在日本，体形较小，生性胆小，十分羞怯，很容易受到惊吓，经常藏身在稠密植物丛及林子中。一般单独活动，迁徙时也结小群。一般在林下地上觅食。喜欢在高树顶上鸣叫，叫声圆润且带有长长的颤鸣音。在湖北、安徽等地为夏候鸟，在广西、海南等地为冬候鸟，在其他地区为旅鸟。

栖息环境：主要栖息在海拔 2000 米以下的阔叶林、针阔叶混交林和人工的松树林。巢通常筑在小树枝杈上，呈杯状。

繁殖特点：繁殖期为 5—7 月，每窝产卵 3~5 枚。卵呈蓝色、暗蓝色或者灰蓝色，上面有淡褐色或者紫罗兰色斑点。繁殖期善于鸣叫，鸣声动听悦耳。

食性：主要吃昆虫，也会吃植物的果实和种子。

体重：不详 | **雌雄差异：**羽色不同 | **栖息地：**落叶林、稠密植物丛

虎斑地鸫

又称虎鸫、顿鸫、虎斑山鸫 / 属雀形目、鸫科、地鸫属

虎斑地鸫体长约为30厘米，翅长约为 15 厘米，嘴为褐色，眼周为棕白色，耳羽和颧纹为白色或棕白色，带有黑色端斑，上体大部分呈金橄榄褐色，布满黑色的鳞片状斑，下体呈浅棕白色，除喉和腹中部外都有黑色鳞状斑，脚为肉色或橙肉色。雌鸟和雄鸟羽色相似。

分布区域：分布于东南亚、欧洲、印度至中国、菲律宾。

生活习性：虎斑地鸫为鸫类中最大的一种，生性胆怯，见人便飞。属于地栖性，一般单独或成对活动，多在林下灌丛中或地上觅食。一般贴在地面飞行，有时也会飞到附近的树上，飞不多远便会降落在灌丛中。叫声轻柔而单调。在中国北部的种群全部为夏候鸟，在中国南部的种群部分为夏候鸟，有一小部分为留鸟。

栖息环境：主要栖息在阔叶林、针叶林和针阔叶混交林里。巢通常筑在溪边的混交林和阔叶林里，呈杯状或者碗状。

繁殖特点：繁殖期为 5—8 月，每窝通常产卵 4~5 枚。卵呈灰绿色或淡绿色，上面稀疏地分布着一些褐色斑点。孵化期为 11~12 天，雌雄鸟共同育雏，留巢期为 12~13 天。

你知道吗？虎斑地鸫在中国分布很广，几乎全国都有它们的踪迹。

食性：主要以鳞翅目、直翅目等昆虫及其幼虫为食，也吃无脊椎动物和植物的果实。

体重：0.12~0.17千克 | **雌雄差异：**羽色相似 | **栖息地：**阔叶林、针阔叶混交林

红胁蓝尾鸲

又称蓝点冈子、蓝尾巴根子、蓝尾杰 / 雀形目、鹟科、鸲属

红胁蓝尾鸲体长约为 14 厘米。雄鸟上体呈蓝色，眉纹呈白色，头顶两侧、翅上小覆羽和尾上覆羽特别鲜亮，呈辉蓝色。雌鸟上体呈橄榄褐色，耳羽杂有棕白色的羽缘，腰部和尾上覆羽呈灰蓝色。脚为淡红褐色或淡紫褐色。

分布区域： 分布于中国、东欧、西伯利亚、堪察加半岛以及朝鲜等地。

生活习性： 红胁蓝尾鸲属小型鸟类，停歇时经常上下摆尾。属于地栖性，喜欢隐匿起来，除繁殖期雄鸟喜欢站在枝头鸣叫之外，多在林下地面奔跑或在灌木低枝间跳跃。单独或成对活动，秋季也会成 3~5 只的小群活动。属于夏候鸟，也属于冬候鸟。

栖息环境： 主要栖息在海拔低于 1000 米的山地针叶林、针阔叶混交林和灌丛地带。雌雄鸟共同负责筑巢，巢通常筑在针叶林和岳桦林，环境较为阴暗和潮湿，呈杯状。

繁殖特点： 繁殖期为 5—6 月，每窝通常产卵 4~7 枚。

食性： 主要以甲虫、小蠹虫、蚂蚁等昆虫和昆虫幼虫为食物。

黑色的嘴

眉纹呈白色

脚为淡红褐色或淡紫褐色

雄鸟

体重： 0.01 ~ 0.018千克 | **雌雄差异：** 羽色不同 | **栖息地：** 山地针叶林、针阔叶混交林

红翅薮鹛

雀形目、噪鹛科、薮鹛属

红翅薮鹛嘴呈深角质色，眉纹为黑色，头侧和颈侧呈深红色；翅上覆羽呈橄榄褐色，两翅为暗褐色，其初级飞羽外边缘基部红色；颏部为淡红色，下体余部呈棕橄榄褐色，尾部为黑色，且有较宽橙红色端斑，脚呈褐色。

分布区域： 中国、印度、尼泊尔、不丹、孟加拉国、缅甸、泰国等地。

生活习性： 红翅薮鹛属于小型的鸟类，生性胆小，经常在灌丛中活动，或在藤蔓上跳跃。常见于森林旁、长着杂草的开阔地等，随季节垂直迁移。喜欢 4~5 只结小群活动。

栖息环境： 一般栖息在阔叶树林和针阔叶混交林。

繁殖特点： 繁殖期为 4—7 月，每窝通常产卵 2~3 枚。卵呈蓝色，被有赭红色和红黑色斑点和斑纹。

食性： 杂食性，主要以昆虫和植物种子为食物。

两翅呈暗褐色

头侧呈深红

嘴呈蓝黑色

褐色的脚

体重： 0.042~0.058千克 | **雌雄差异：** 羽色相似 | **栖息地：** 阔叶树林和针阔叶混交林

白尾蓝地鸲

雀形目、鹟科、地鸲属

雄鸟

前额呈辉钴蓝色

嘴为黑色

两翅为黑色

白尾蓝地鸲雄鸟的嘴为黑色，前额、眉纹为辉亮的钴蓝色，头顶、背部和肩部均为黑色而缀有深蓝色，头侧和颈侧均为深黑色，颈侧有白色块斑；两翅为黑色，喉和胸部为黑色，黑色腹部稍缀深蓝色。雌鸟通体为橄榄黄褐色，上体的颜色较暗，两翅为黑褐色，腹中部为浅灰白色。

分布区域： 主要分布于尼泊尔、不丹、孟加拉国、印度、缅甸、中国等地。

生活习性： 白尾蓝地鸲属小型鸟类，地栖性，主要在林下灌丛中和地面栖息。喜欢单独或成对活动。发现地上或者空中有昆虫时，会立刻飞上去捕食。飞行的时候尾巴经常张开。

栖息环境： 主要栖息在常绿阔叶林和混交林。

繁殖特点： 通常 5 月初开始筑巢，每窝产卵 3~4 枚，卵为长卵圆形，呈白色。

食性： 主要以昆虫和昆虫幼虫为食，秋冬时候也会吃少量植物的果实和种子。

体重： 0.023~0.027千克 | **雌雄差异：** 羽色不同 | **栖息地：** 常绿阔叶林和混交林

灰背鸫

雀形目、鸫科、鸫属

食性： 以步行虫科、叩头虫科等昆虫和昆虫幼虫为食物。

灰背鸫雄鸟的嘴短且强健，头部呈微橄榄色，上体表面为石板灰色，颏部和喉部为淡白色，有黑褐色的羽干纹；胸部呈淡灰色，下胸中部呈污白色，两翅呈黑色，腹部为白色，两胁和翼下覆羽亮橙栗色。雌鸟上体为橄榄褐色，颏、喉、胸部及两胁均为锈黄色，并沾褐色；腹部中央近白色。

分布区域： 主要分布于俄罗斯、中国、朝鲜、越南和日本等地。

生活习性： 灰背鸫善于在地面跳跃行走，多在地上活动和觅食。繁殖期间叫声清脆响亮，喜欢单独或结成对活动。

栖息环境： 主要栖息在低山丘陵地带的茂密森林。

繁殖特点： 繁殖期为 5—8 月，每窝通常产卵 3~5 枚，孵卵由雌鸟负责。

体重： 0.050~0.073千克 | **雌雄差异：** 羽色略有不同 | **栖息地：** 低山丘陵地带的茂密森林

欧亚鸲

又称知更鸟、红襟鸟 / 雀形目、鹟科、欧亚鸲属

欧亚鸲体长约为14厘米，嘴短而强健，喙为黑色，上嘴前端有缺刻或小钩，头部呈黑色，上体多为暗灰褐色，胸部为橙锈色，羽毛丰满而直挺，两翅表面和翅内侧均为灰色，飞羽和尾羽呈暗褐色，尾上覆羽缀有红色，腹中部较白，腿部细弱，爪为褐色。

分布区域： 分布于奥地利、法国、德国、希腊、意大利等地。

生活习性： 欧亚鸲体形较小，性情机警，受到惊吓会立即飞上树枝。喜欢栖息在树林中，也经常到地面上觅食，一般在白天飞行，是最早报晓的鸟，鸣声清晰哀怨。此鸟在英国大部分是长居的，小部分雌鸟会在冬天南飞。

栖息环境： 主要栖息在混交林和次生植被、花园，也喜欢在林地、公园附近活动。雌鸟负责筑巢，巢通常藏在茂密的植被处，呈圆顶形。

繁殖特点： 繁殖期会从早到晚鸣叫，甚至夜晚也会。繁殖期为5—7月，每窝通常产卵5~7枚。卵呈紫色或者黄白色，上面有红褐色或者锈黄色斑点。孵化期为11~14天。

食性： 主要捕食蠕虫、毛虫、蜗牛、象鼻虫等，属于益鸟。

体重： 0.03~0.04千克 | **雌雄差异：** 羽色相似 | **栖息地：** 混交林和次生植被、花园

灰眶雀鹛

又称白眼环眉、山白目眶和绣眼画眉 / 雀形目、雀眉科、雀鹛属

灰眶雀鹛体长约为13厘米，嘴为灰色，眼周有灰白色或近白色眼圈，头部为灰色，颈部为褐灰色，胸部为淡棕色，胸下白色，其余上体多呈橄榄褐色或橄榄灰褐色；颏部和喉部为浅灰色或淡茶黄色沾灰，腰部为橄榄褐色，尾上覆羽棕褐色，脚为淡褐色或暗黄褐色。雌鸟和雄鸟羽色相似。

分布区域： 分布于缅甸、老挝、越南、中国等地。

生活习性： 灰眶雀鹛属小型鸟类，生性大胆，经常频繁在树枝间跳跃或飞行，有时沿树枝或在地上奔跑捕食。除繁殖期成对活动外，常结成5~7只的小群。会不停地在树枝间跳跃和飞来飞去，有的时候也会在粗树枝和地上奔跑。不迁徙。

栖息环境： 主要栖息在山地和山脚平原地带的森林。巢通常筑在枝杈上，呈碗状。

繁殖特点： 繁殖期为5—7月，每窝通常产卵2~4枚。卵为梨形，呈白色，上面有淡棕黄色的斑点。

你知道吗？ 灰眶雀鹛经常和其他种类的鸟混合在“鸟潮”中，甚至会一起去围攻小型鸮类和其他猛禽。

食性： 主要以昆虫和昆虫幼虫为食，也会吃少量的植物果实、种子等。

体重： 0.015~0.019千克 | **雌雄差异：** 羽色相似 | **栖息地：** 山地和山脚平原地带的森林

台湾斑翅鹛

又称娇娇、纹翼画眉、栗头斑翅鹛 / 雀形目、噪鹛科、斑翅鹛属

你知道吗? 台湾斑翅鹛属于中国特有鸟类，叫声比较轻柔，听起来像是“娇、娇”的声音。

台湾斑翅鹛体长约为 18 厘米，嘴为黑色，头部为栗色，羽冠蓬松，喉部呈红栗色，胸部为橄榄褐色，有浅色纵纹；翅膀圆短，翼上尾部有黑色横斑，上背及腰部呈灰色，腹部及臀部呈棕褐色，尾端多白色，脚偏粉色。

分布区域: 仅分布于中国台湾中部山区，是中国的特有种。

生活习性: 台湾斑翅鹛可爱娇小，羽色和树干的颜色很接近，隐蔽性很强，它鸣声轻柔，报警时急促而低哑。爪子强而有力，能够在树干上爬行，或灵巧地倒悬在细枝上，偶尔飞到林边的草丛。它们喜欢单种结群，在高山间飞行或在树丛活动，有时候跟人的距离比较近也不会被人发现，主要啄食树皮表面的节肢动物。

栖息环境: 主要栖息在高山阔叶林和针阔叶混交林。

食性: 主要啄食乔木或灌木枝干上的节肢动物。

体重: 0.01 ~ 0.02千克 | **雌雄差异:** 羽色相似 | **栖息地:** 高山阔叶林和针阔叶混交林

画眉

又称中国画眉 / 雀形目、噪鹛科、噪鹛属

画眉身体修长，体长约为 23 厘米，下嘴呈橄榄黄色，眼边有白眉，上体羽毛基本为橄榄色，头部、胸部和颈部为深橄榄色，并带有黑色条纹或横纹，翅膀较长，飞羽为暗褐色，腹中部呈污灰色，脚趾为黄褐色。雌鸟和雄鸟体色相似。

分布区域: 分布于老挝、越南、中国等地。

生活习性: 画眉机敏而胆怯，遇到惊吓，会立刻躲到灌丛中，之后沿着地面逃到别的地方。属留鸟，喜欢单独藏匿在杂草和树枝间，雄鸟在繁殖期叫声悠扬婉转，声音洪亮。经常单独或者成对活动，喜欢在灌丛中穿梭和栖息，多在林下的草丛中觅食。不善于飞行，一般飞不远。

栖息环境: 主要栖息在海拔低于 1500 米的山丘、灌丛和村落附近。巢通常筑在茂密的草丛、灌木丛，呈杯状或者碟状。

繁殖特点: 繁殖期为清明到夏至，雄鸟先发情，大声鸣叫，向雌鸟表达爱意。每窝通常产卵 3~5 枚，卵为椭圆形，呈浅蓝或者天蓝色，被有褐色斑点。雌鸟负责孵化，孵化期为 14~15 天，亲鸟在孵卵期非常恋巢。雏鸟在 25 天左右离巢。

食性: 属杂食性，食物以昆虫为主，大部分是农林害虫。

体重: 0.054 ~ 0.075千克 | **雌雄差异:** 羽色相似 | **栖息地:** 山丘的灌丛和村落附近

黄痣薮鹛

又称黄胸薮鹛、薮鸟 / 雀形目、噪鹛科、薮鹛属

黄痣薮鹛的鸟喙为黑褐色，过眼线为黑色，额头黄黑有杂纹，眼下方有橙黄色的斑；头顶、腮、喉部和颈部均为石板灰色，背部、颈侧、肩部、胸和腹部均为橄榄黄色；初级飞羽外缘呈橄榄黄色，两胁为石板灰色，腹部为橄榄黄色，尾下覆羽呈鲜黄色。雌鸟和雄鸟羽色相似。

分布区域：仅分布于中国台湾地区。

生活习性：黄痣薮鹛是中国特有鸟类，不迁徙。性情稳重，不害怕人，每天清晨便开始鸣叫，经常停留在下层植被或浓密的草丛中。它们经常出现在草丛中，所以被称为“薮”鸟。傍晚的时候，它们会开始减少活动，从而寻找合适的栖所以便过夜。繁殖期一般成对活动，非繁殖期经常聚集成大群进行活动。

栖息环境：主要栖息在海拔 1200~2600 米的阔叶林和针阔叶混交林。巢一般筑在林道边的草丛，呈碗状。

繁殖特点：繁殖期为 3—8 月，每窝通常产卵 2~3 枚。卵呈淡绿色，上面有暗红色或者褐色斑纹。雌鸟和雄鸟一起筑巢、孵卵和育雏，夜间的工作由雌鸟独自负责，白天时候雄鸟轮流替换。

你知道吗？美国学者史蒂瑞博士 1873 年在中国台湾的某次采集中第一次发现黄痣薮鹛，但史蒂瑞并没有记载此次发现的详细时间、地点和经过。但根据他在中国台湾的行程推测，发现地可能是日月潭、埔里、和社和大武山区等地。

食性：属杂食性，主要以植物果实、昆虫、无脊椎动物及人们丢弃的各种食物残渣为食。

体重：0.028~0.038千克 | **雌雄差异：**羽色相似 | **栖息地：**阔叶树林和针阔叶混交林

银耳相思鸟

又称黄嘴玉、七彩相思鸟 / 雀形目、噪鹛科、相思鸟属

银耳相思鸟体长约为16厘米，前额为橙黄色，耳羽银灰色，嘴为橙黄色或黄色，头顶至后颈、脸和颊均为黑色；后颈下部有棕橄榄色、茶黄色或橙黄色的领圈，其余上体为橄榄灰色，颏部、喉部和胸部均朱红色或橙黄色，腰部沾绿色，尾部呈叉状，暗灰褐色，脚趾呈黄褐色或肉黄色。雌鸟和雄鸟羽色基本相似，但其尾下覆羽一般为橙黄色。

食性： 主要以甲虫、瓢虫、蚂蚁等昆虫为食物。

分布区域： 分布于印度次大陆及中国的西南地区。

生活习性： 银耳相思鸟属小型鸟类，生性活泼而大胆，常在林下灌木层或竹丛间活动。喜欢单独或成对活动，秋冬季节易成群，叫声欢快，带有回音。很少安静地栖息在树上，也不会远飞，人经常可以靠得很近且鸟不会被吓走。属留鸟。

栖息环境： 主要栖息在海拔2000米以下的常绿阔叶林和竹林。巢通常筑在灌木上，呈杯状。

繁殖特点： 繁殖期为5—7月，每窝通常产卵3~5枚。雌鸟和雄鸟轮流孵卵，孵化期为14天。

你知道吗？ 银耳相思鸟在全球种群数量没有量化，但是在原产地属于比较常见的物种。在中国种群数量比较丰富，在尼泊尔数量较少。由于银耳相思鸟羽色艳丽，十分好看，深受人们喜爱，属于重要的笼养观赏鸟，所以每年都在被捕捉，数量也日趋减少，应当加强保护。

体重： 0.022~0.029千克 | **雌雄差异：** 羽色相似 | **栖息地：** 常绿阔叶林、竹林

红嘴相思鸟

又称相思鸟、红嘴玉和五彩相思鸟 / 雀形目、噪鹛科、相思鸟属

红嘴相思鸟体长约为 15 厘米，嘴为赤红色，眼周为淡黄色，额部和头顶前部略浅淡，上体为暗灰绿色，颏部和喉部均为黄色，胸部为橙黄色，下背覆羽呈暗灰橄榄绿色，飞羽为黑褐色。雄鸟两翅带有黄红色的翅斑，雌鸟的翅斑为橙黄色。雌鸟和雄鸟腰部和尾上覆羽都呈暗灰橄榄绿色，尾部呈叉状。

分布区域：分布于不丹、印度、缅甸、尼泊尔、日本、美国、中国等地。

生活习性：红嘴相思鸟生性大胆，善于鸣叫，经常站在灌木顶枝鸣唱。除繁殖期间成对或单独活动外，其他季节一般成 3~5 只的小群。性格大胆，不怕人，经常在树上或者林下穿梭、跳跃，偶尔也会到地上活动与觅食。经常站在灌木顶枝上鸣唱，并且不断地抖动着翅膀。属留鸟。

栖息环境：主要栖息在海拔 1200~2800 米的山地常绿阔叶林、竹林和灌丛地带。巢通常筑在林下、灌木丛或者竹林中，呈深杯状。

繁殖特点：繁殖期为 5—7 月，通常每窝产卵 3~4 枚。卵呈白色或者绿白色，上面有赭色或淡紫色斑点。

你知道吗？红嘴相思鸟在中国分布比较广泛，种群数量也很丰富，是我国较为传统的对外出口鸟类。每年除了供动物园以及个人饲养外，还出口海外，所以数量显著减少，应当加强保护。

食性：主要以毛虫、蚂蚁等昆虫为食物，也会吃少量的植物果实等。

赤红色的嘴

雄鸟

胸部为橙黄色

飞羽黑褐色

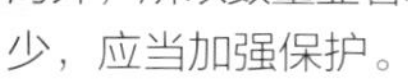

尾部呈叉状

体重：0.014 ~ 0.029千克 | **雌雄差异：**羽色略有不同 | **栖息地：**山地常绿阔叶林、竹林和灌丛地带

黑喉噪鹛

又称黑喉笑鸫、山土鸟和珊瑚鸟 / 雀形目、噪鹛科、噪鹛属

黑喉噪鹛体长23~29厘米，嘴为黑褐色或黑色，眼先为绒黑色，额基有白斑，头顶至后颈呈灰蓝色，颈侧呈橄榄灰色或棕褐色，喉部呈黑色；两翅覆羽与背部同色，飞羽呈黑褐色，尾部为暗橄榄褐色或橄榄灰褐色，有黑色端斑，脚为角褐色或肉褐色。雌鸟和雄鸟羽色相似。

分布区域： 分布于柬埔寨、老挝、泰国、越南、中国等地。

生活习性： 黑喉噪鹛常结成小群，偶尔也单独或成对活动。活动的时候会不断地发出叫声，叫声悦耳动听。喜欢在林下灌丛间跳跃，也会在地面上跳来跳去，尤其早晚活动最频繁。社群行为很强，群体之间通过叫声保持着联系。

栖息环境： 主要栖息在海拔1500米以下的常绿阔叶林、竹林，有时也会活动于农田边。巢一般筑在灌木丛或者竹林里，离地面不高，呈杯状。

繁殖特点： 繁殖期为3—8月，1年繁殖2窝，通常每窝产卵3~5枚，卵呈白色。

你知道吗？ 黑喉噪鹛的社群行为很强，鸟群中如果有一只鸟被打伤，其他的鸟不会被吓走，如果此时受伤的鸟发出惊叫，其他的鸟甚至有前来抢救的意思。

嘴为黑褐色或黑色

黑褐色的飞羽

喉部为黑色

脚呈褐色或肉褐色

食性： 主要以蚂蚁、甲虫、象甲等昆虫为食物，也吃少量植物的果实和种子。

体重： 0.08~0.099千克 | **雌雄差异：** 羽色相似 | **栖息地：** 常绿阔叶林、热带季雨林

斑喉希鹛

雀形目、噪鹛科、希鹛属

斑喉希鹛体长约为15厘米，前额和冠羽为亮橙棕色或金黄色，头侧、耳羽均为淡灰色或淡黄灰色，颏部为橘黄色，喉部为白色或淡黄白色；胸部稍暗而沾灰，背部为橄榄黄色或橄榄灰色，飞羽为深灰或黑褐色，脚为暗灰色。雌鸟和雄鸟羽色相似。

分布区域： 分布于不丹、老挝、中国、越南、印度、泰国、缅甸、马来西亚和尼泊尔等地。

生活习性： 斑喉希鹛属于小型鸟类，生性活泼，行动敏捷，叫声为含混的哨音。繁殖期间经常成对活动，其他季节多成3~5只的小群。经常在高大乔木树冠层枝叶间觅食，也会到森林中下层和林缘地区的灌木枝头觅食与活动。属留鸟，不迁徙。

栖息环境： 主要栖息在海拔1800~3500米的阔叶林及针阔叶混交林。巢通常筑在灌丛中，呈杯状。

繁殖特点： 繁殖期为5—8月，每窝产卵3枚，卵呈蓝色。

你知道吗？ 目前斑喉希鹛的全球数量未被量化，但被看作常见物种，在中国的种群数量不是很丰富。

食性： 主要吃昆虫，也吃植物果实和种子。

背部呈橄榄黄色或橄榄灰色

冠羽呈亮橙棕色或金黄色

胸部稍暗而沾灰

暗灰色的脚

体重： 约0.019千克 | **雌雄差异：** 羽色相似 | **栖息地：** 阔叶林及针阔叶混交林

赤尾噪鹛

又称红尾噪鹛 / 雀形目、噪鹛科、噪鹛属

赤尾噪鹛体长约为26厘米，眉纹、颊和颏部、喉部均为黑色，头顶至后颈为红棕色，背部为橄榄灰色或橄榄绿色；两翅为鲜红色，下胸暗灰褐色，腰部为橄榄绿色或橄榄黄色，腹部为暗灰褐色，尾部为鲜红色。雌鸟和雄鸟羽色相似。

分布区域： 分布于中国、老挝、缅甸、泰国等地。

生活习性： 赤尾噪鹛善于鸣叫，叫声响亮，生性胆怯，稍有动静会立刻躲进浓密的灌丛。喜欢成对或结成3~5只的小群活动。属留鸟，不迁徙。

栖息环境： 主要栖息在海拔1500~2500米的常绿阔叶林和竹林。巢通常筑在林下灌木上或小树上，呈杯状。

繁殖特点： 繁殖期为5—7月，卵呈白色，上面有少许的红褐色或者近黑色斑点。

你知道吗？ 赤尾噪鹛喜欢做喧闹的舞蹈炫耀表演。赤尾噪鹛在全球的数量目前尚未量化，在原产地被认为是极罕见或者稀有的物种。

食性： 主要以昆虫为食，也会吃植物的果实和种子。

体重： 0.066~0.093千克 | **雌雄差异：** 羽色相似 | **栖息地：** 常绿阔叶林、竹林

黑领噪鹛

雀形目、噪鹛科、噪鹛属

黑领噪鹛体长约为29厘米，嘴为褐色或黑色，眉纹白色长而显著，耳羽黑色而杂白纹，后颈为栗棕色，形成半领环状，上体多呈棕褐色，胸部有黑带；飞羽为黑褐色，颏部与喉部均为白色沾棕，腹为棕白色或淡黄白色，两胁为棕色或棕黄色，爪为黄色。雌鸟和雄鸟羽色相似。

分布区域： 分布于中国、尼泊尔、不丹、孟加拉国、印度、缅甸、泰国、老挝、越南等地。

生活习性： 黑领噪鹛生性机警，经常躲藏在阴暗处，喜欢结成小群活动，多在林下茂密的灌丛或竹丛中觅食，有时在树丛枝叶间跳跃，有时也会在地上的灌丛间跳来跳去，一般很少飞翔。属留鸟，不迁徙。

栖息环境： 主要栖息在海拔1500米以下的低山、丘陵和平原地带。巢通常筑在低山阔叶林里，呈杯状。

繁殖特点： 繁殖期为4—7月，每窝通常产卵3~5枚。卵呈蓝色或者深蓝色，为长卵圆形。

嘴为褐色或黑色

白色的眉纹

胸部有黑带

爪为黄色

食性： 主要以甲虫、金花虫和天蛾卵等昆虫为食物，也吃植物果实和种子。

你知道吗？ 黑领噪鹛生性机警，喜欢躲在暗处，若是有声响会立刻喧闹起来。

体重： 0.135~0.16千克 | **雌雄差异：** 羽色相似 | **栖息地：** 低山、丘陵和山脚平原地带

白喉噪鹛

雀形目、噪鹛科、噪鹛属

白喉噪鹛体长约为28厘米，嘴为黑褐色，眼先和眼上羽毛为黑色，头顶黑略沾棕色或栗色，喉部和上胸呈白色，下胸为橄榄褐色，胸带宽阔；翅上覆羽和背部均为橄榄褐色，腹部为灰棕色或棕白色，两胁和尾下覆羽均为桂皮黄色，尾羽为橄榄褐色，呈凸尾状。雌鸟和雄鸟羽色相似。

分布区域：分布于不丹、中国、印度、尼泊尔、巴基斯坦、越南等地。

生活习性：白喉噪鹛是中型鸟类，喜欢成5~6只的小群活动，常在林下地上或灌丛中活动和觅食。鸣叫声响亮，一只鸟鸣叫，其他鸟也会跟着一起鸣叫，十分嘈杂，所以在四川也被称为“闹山王”。属留鸟，不迁徙。

栖息环境：栖息在海拔800~1500米的低山、丘陵和山脚地带。巢通常筑在山地森林里，呈杯状。

繁殖特点：繁殖期为5—7月，每窝通常产卵3~4枚。卵呈暗蓝色，形状为长卵圆形。

你知道吗？白喉噪鹛全球数量尚未量化，在原产地被认为是稀有或者局部常见物种。在中国局部地区比较常见，未发现与之相似的品种。在巴基斯坦可能已经绝迹，在不丹的种群比较富集。

黑褐色的嘴

喉部呈白色

尾羽呈凸尾状

食性：主要以金龟甲等鞘翅目、半翅目昆虫为食。

体重：0.088~0.15千克 | **雌雄差异：**羽色相似 | **栖息地：**低山、丘陵和山脚地带

红头噪鹛

雀形目、噪鹛科、噪鹛属

红头噪鹛体长为22~28厘米，眼先和脸颊为黑色，眉纹沾灰色，头顶为棕红色，颈侧、上背和肩部各羽中央均呈黑色，形成鳞状斑，颏部和喉部均为黑色，下喉和胸部呈淡棕褐色，有近似圆形的黑斑，尾部为暗灰橄榄黄色，脚呈肉褐色。雌鸟和雄鸟羽色相似。

分布区域：分布于中国、尼泊尔、不丹、老挝、越南和马来西亚等地。

生活习性：红头噪鹛属中型鸟类，生性胆怯，善于藏匿，稍有声响，立刻躲进灌丛深处。除了繁殖期成对或单独活动外，其他季节多结成小群，喜欢在林下灌丛或竹丛间穿梭觅食。很少栖息在高的乔木上。活动的时候，会不时地发出低沉、连续的叫声。属留鸟，不迁徙。

栖息环境：主要栖息在海拔300~900米的常绿阔叶林、针阔叶混交林、竹林等山地森林里。巢通常筑在灌木丛中，呈杯状。

繁殖特点：繁殖期为5—7月，每窝通常产卵2~3枚。卵呈蓝绿色，上面有一些黑色或者深紫红色的斑点。

你知道吗？红头噪鹛全球的数量尚未量化，目前在巴基斯坦可能已经绝迹，但在其他地方比较常见。

食性：主要吃昆虫，也吃植物的果实和草籽。

体重：0.065~0.135千克 | **雌雄差异：**羽色相似 | **栖息地：**常绿阔叶林、针叶混交林、竹林、沟谷林

小黑领噪鹛

雀形目、噪鹛科、噪鹛属

小黑领噪鹛的前额和枕部均为橄榄褐色或棕橄榄褐色，后颈为棕色或栗棕色，具有棕色或栗棕色的领环，喉部为白色，胸部和腹部白色微沾棕色；两翅覆羽为橄榄褐色，两胁为棕色或棕黄色，脚为淡褐色或肉褐色。

分布区域： 分布于中国、尼泊尔、不丹、孟加拉国、印度、缅甸、泰国、老挝和越南等地。

生活习性： 小黑领噪鹛飞行迟缓，遇人会立刻躲进密林，喜欢鸣叫。一般结成数只或数十只一起活动，有时也和黑领噪鹛及其他噪鹛混群。

栖息环境： 喜欢栖息在阔叶林、竹林和灌丛等地。

繁殖特点： 繁殖期为4—6月，每窝通常产卵4枚，卵呈深蓝绿色。

食性： 主要以昆虫为食物。

体重： 0.075~0.09千克 | **雌雄差异：** 羽色相似 | **栖息地：** 阔叶林、竹林和灌丛

山蓝仙鹟

雀形目、鹟科、仙鹟属

额头为辉天蓝色

雄鸟

白色的下腹部

淡褐色的脚

山蓝仙鹟雄鸟的面颊、耳羽、额基和头侧呈黑色，额头为辉天蓝色，上体大部分和两翅及尾部表面均为青蓝色或暗蓝色；两翅前部为黑褐色，喉部、胸部、上腹和两胁均为橙棕色或橙色，下腹为白色。雌鸟上体为橄榄褐色或橄榄灰褐色，尾部为暗褐色，颏、喉、胸部均为锈红色，腹部中央为白色。脚呈淡褐色。

分布区域： 分布于中国、尼泊尔、不丹、印度、缅甸、泰国、越南等地。

生活习性： 山蓝仙鹟生性活泼，鸣声婉转动听，经常在山边、林缘矮树上或竹丛与灌丛中活动和觅食。

栖息环境： 经常栖息在常绿和落叶阔叶林、次生林等。

食性： 食物以蚂蚁、甲虫等昆虫和昆虫幼虫为主。

繁殖特点： 繁殖期为4—6月，每窝通常产卵4~5枚，卵呈淡蓝绿色。

体重： 0.012~0.02千克 | **雌雄差异：** 羽色不同 | **栖息地：** 常绿和落叶阔叶林、次生林

盘尾树鹊

雀形目、鸦科、盘尾树鹊属

尾细长而窄

嘴粗厚而呈钩状

盘尾树鹊属雀形目鸦科的珍稀鸟类，体形中等鹊，体长约为 35 厘米，嘴为黑色，粗厚而呈钩状，眼先为蓝色；通体大部分体羽为亮深灰色，而且有铜绿色光泽，尾巴细长而窄，一般在 18 厘米左右，尾端部展开，脚为黑色。雌鸟和雄鸟羽色相同。

分布区域：分布于中国西南部、东南亚至爪哇岛。

生活习性：盘尾树鹊属于近黑色树鹊，飞行时翅膀强劲有力，很少在地面上出现。喜欢单独、成对或结成小群活动，善于攀爬，常在林下的植被觅食，很少到地面活动。不迁徙。

脚呈黑色

栖息环境：主要栖息在次生林、再生竹林、灌丛中。巢通常筑在乔木或者灌木上，有圆顶，看起来像是一个小喜鹊的巢。

繁殖特点：繁殖期为 5—6 月，每窝通常产卵 2~4 枚。卵呈乳白色或者绿色，上面有褐色的斑点。

食性：以蝗虫、螳螂、翅白蚁等昆虫为主。

你知道吗？盘尾树鹊在当地可以飞到海拔 1000 米的高空，经常发出沙哑或无韵律的嘶叫声。

体重：0.048~0.07千克 | **雌雄差异：**羽色相同 | **栖息地：**次生林、再生竹林、灌丛

蓝绿鹊

雀形目、鸦科、绿鹊属

蓝绿鹊体长约为 37 厘米，通体呈草绿色，嘴为红色，头部和颈部是草绿色的，头顶有长长的羽冠，有宽的黑带贯穿两眼，背部、肩部、腰部和尾上覆羽均为绿色；两翅呈栗红色，尾较长且为绿色，具有黑色次端带斑和白色尖端，爪呈红色。雌鸟和雄鸟羽色相似。

分布区域：分布于喜马拉雅山脉、中国南部、东南亚等地。

生活习性：蓝绿鹊属中型鸟类，喜欢隐藏在树丛中，主要在树上或在地上和灌木上觅食。一般单独或成对活动，有时也结成 3~5 只的小群，叫声洪亮。属留鸟，不迁徙。

栖息环境：栖息在亚热带常绿阔叶林、落叶阔叶林和次生林等地带。巢通常筑在树上或者灌木上，也会筑在竹丛上，巢呈杯状。

繁殖特点：繁殖期为 4—7 月，通常每窝产卵 3~7 枚。卵呈灰白色、白色或者淡红色。

食性：以甲虫、蝗虫等昆虫为主，也食小型无脊椎动物。

体重：0.12~0.16千克 | **雌雄差异：**羽色相似 | **栖息地：**亚热带常绿阔叶林、落叶阔叶林、次生林

喜鹊

又称普通喜鹊、欧亚喜鹊、鹊 / 雀形目、鸦科、鹊属

喜鹊体长为 40~50 厘米，头部为黑色，后颈略沾紫，背部稍沾蓝绿色，喉部羽有白色的轴纹，翅膀为黑色，翅下覆羽为淡白色，腰部为灰白色，上腹和胁均为纯白色，下腹和覆腿羽呈污黑色，尾羽较长，呈黑色，有深绿色光泽，脚为纯黑色。雌鸟和雄鸟羽色相似。

分布区域： 分布于欧洲、亚洲等大部分地区。

生活习性： 喜鹊飞翔能力较强，飞行时身体和尾部成直线，尾巴稍微张开，双翅缓慢鼓动着。除繁殖期外常成 3~5 只小群活动，秋季会聚集成大群。性格机警，常成对捕食，分工守卫和觅食。鸣声单调、响亮，当成群时，叫声更加嘈杂。

栖息环境： 适应能力较强，经常在人类活动的地方出没，山区、平原、荒野、农田等地都有它们的踪迹。巢通常筑在高达的树冠顶端，十分显目，雌雄共同搭建，耗时许久，巢的形状为直立的卵形。

繁殖特点： 繁殖期为 3—5 月，每窝通常产卵 5~8 枚。卵呈浅蓝绿色、蓝色或者灰白色，呈卵圆形或者长卵圆形，上面有褐色或者黑色的斑点。雌鸟负责孵化，孵化期约为 17 天，雌雄鸟共同育雏。雏鸟在 30 天左右可以离巢。

你知道吗？ 民间视喜鹊为吉祥的象征，也有很多神话传说。相传喜鹊可以报喜，看到喜鹊则意味着好事将临。而且喜鹊的食物中，大部分都是危害农作物的害虫，所以喜鹊也属于益鸟。

食性： 杂食性，食物主要以蝗虫、蚱蜢、金龟子、象甲等昆虫及其幼虫为主，也会吃植物的果实和种子。

体重： 0.18~0.266千克 | **雌雄差异：** 羽色相似 | **栖息地：** 山区、平原、荒野、农田

灰喜鹊

又称山喜鹊、蓝鹊、长尾鹊 / 雀形目、鸦科、灰喜鹊属

灰喜鹊体长为 33~40 厘米，嘴为黑色，前额、颈项和颊部均为黑色，并带有淡蓝或淡紫蓝色光辉，喉部呈白色，颈侧到胸、腹部的羽色为淡灰色，背部呈灰色；翅膀为淡天蓝色，至腰部覆羽颜色转浅淡，尾部较长，且呈凸状。雌鸟和雄鸟羽色相似。

分布区域：分布于葡萄牙、法国、俄罗斯、日本、中国、蒙古、朝鲜等地。

生活习性：除繁殖期成对活动之外，其他时候会结小群活动，有时甚至会聚集成数十只的大群。容易驯养，飞行迅速，但只做短距离飞行。活动和飞行时都会不停地鸣叫，鸣声洪亮，穿梭在树林之间。不害怕人，受惊时会一哄而散。

栖息环境：主要栖息在低山丘陵和平原地带，也活动于田边和村庄附近。巢通常筑在次生林或人工林里，也会筑在路边和村庄附近，呈浅盘状。

繁殖特点：繁殖期为 5—7 月，每窝通常产卵 4~9 枚。卵为椭圆形，一般为灰色、灰白色、浅绿色或者灰绿色，上面有褐色的斑点。雌鸟负责孵卵，孵化期在 15 天左右。雌雄鸟共同育雏。留巢期约为 19 天。

你知道吗? 灰喜鹊和喜鹊一样，被人们视为吉祥之鸟，但它们也是凶猛和有攻击性的鸟类，经常偷吃其他鸟的幼鸟和卵。它们的差别在于体形，喜鹊在地上与乌鸦相似都为走步，偶尔会跳跃前进；但灰喜鹊会像麻雀一样跳跃，很少会走步。

食性：属杂食性，以椿象、枯叶蛾、蚂蚁等昆虫及其幼虫为主。

体重：0.048~0.07千克 | **雌雄差异：**羽色相似 | **栖息地：**低山丘陵和平原地区

寒鸦

又称慈鸟、小山老鸹、慈乌 / 雀形目、鸦科、鸦属

寒鸦体长约为 35 厘米，与家鸦相比，体形略显得小些；嘴部细小，且为黑色，眼睛似珍珠一样，眼后具有银色的细纹，颈部为灰色，颈后羽毛为灰白色，上体其他部分多呈黑色，胸部与腹部均为灰白色，脚为黑色。雌鸟和雄鸟羽色相似。

分布区域：分布于欧洲、北非、中东至中亚及中国西部等地。

生活习性：寒鸦属于体形略小的鸟类，喜欢群栖生活，一般结成喧闹的小群活动，在野外时常和秃鼻乌鸦混群。叫声为突发而急促的典型鸦叫声，音调较高，激动时会重复鸣叫。在新疆属夏候鸟，在西藏则为冬候鸟。

栖息环境：栖息在海拔 1500 米以下的低山、平原地带，常见于河流、农田和村庄等有人类居住的地方。巢通常筑在树洞、峭壁和高建筑上，呈碗状。

繁殖特点：繁殖期为 4—6 月，每窝一般产卵 4~7 枚。卵呈蓝绿色或者蓝白色，上面有暗褐色和紫色的斑点。雌鸟负责孵卵，孵化期为 17~18 天，雌雄鸟共同育雏。经过 30~35 天的喂养，幼鸟可以离巢。

食性：主要食昆虫和昆虫的幼虫，也会吃部分的植物性食物。

体重：不详 | **雌雄差异：**羽色相似 | **栖息地：**低山、平原地带

渡鸦

又称渡鸟、胖头鸟 / 雀形目、鸦科、鸦属

渡鸦成鸟身长 56~69 厘米，鸟喙厚而略微弯曲，嘴呈黑色，鼻须长而发达，颈部的羽毛长尖，羽衣蓬松，喉部羽长且呈披针状；其通体为黑色，羽毛光亮，带有蓝色或紫色光辉，尾部为楔形，分层明显，脚趾呈黑色。雌鸟和雄鸟羽色相似。

分布区域：分布于北美洲以及印度西北部等地。

生活习性：渡鸦为不丹的国鸟，其行为复杂，智力较强，喜欢独自栖息，也会聚成小群活动觅食。十分嘈杂，能发出响亮而多样的鸣叫声，甚至可以模仿人类的说话。求偶行为非常壮观，会在高空飞翔、表演各种空中特技，飞行有力，甚至会攻击其他猛禽。

栖息环境：可以在不同的气候条件下生存，主要栖息在高山草甸和山区林缘地带。巢一般筑在树顶或悬崖上，呈深碗状。

繁殖特点：雌鸟每次可产卵 3~7 枚，卵呈青绿色，上面有褪色的斑点。雌鸟独自孵卵，孵化期为 18~21 天。雌雄鸟共同育雏，哺育期为 35~42 天，雏鸟在巢内停留约为 1 个月。

食性：杂食性，吃谷物、草莓及水果，同时捕猎无脊椎动物、哺乳动物及鸟类等。

体重：0.6~1.4千克 | **雌雄差异：**羽色相似 | **栖息地：**高山草甸和山区林缘地带

秃鼻乌鸦

又称风鸦、老鸹和山老公 / 雀形目、鸦科、鸦属

秃鼻乌鸦体形略大，嘴呈圆锥形，嘴基部裸露的皮肤呈浅灰白色，成鸟的尖嘴基部的皮肤光秃，常呈白色；头顶呈拱圆形，头部突出，体羽基本为黑色，两翼较长窄，腿部垂羽松散，飞行时尾端楔形较明显，脚为黑色。雌鸟和雄鸟羽色相似。

分布区域： 分布于欧洲、非洲、阿拉伯半岛、印度次大陆及中国的西南地区等地。

生活习性： 秃鼻乌鸦喜欢结群活动，冬季一般会聚集成成千上万只的大群落，经常和寒鸦混群。会在草地和耕地里挖掘蠕虫，有的时候还会刨除植物的种子和马铃薯。其叫声粗重嘶哑。不迁徙。

栖息环境： 主要栖息在平原、丘陵、低山地形的耕作区。巢通常筑在林缘、水塘和河岸附近，一般放在高树上，呈碗状。

繁殖特点： 繁殖期为 3—7 月，每窝通常产卵 3~9 枚。卵呈天蓝色、蓝绿色或者浅绿色，上面有褐色、黄褐色、黑褐色和灰色的深浅两层斑点。雌鸟负责孵化，孵化期为 16~18 天，雌雄鸟共同育雏。经过 29~30 天的喂养，鸟离巢。

头顶拱圆形

嘴呈圆锥形

黑色的脚

食性： 食性较杂，垃圾、腐尸、昆虫、植物种子等都可作为食物。

体重： 不详 | **雌雄差异：** 羽色相似 | **栖息地：** 平原、丘陵、低山地形的耕作区

松鸦

雀形目、鸦科、松鸦属

松鸦体长约为 32 厘米，嘴为黑色，头顶有羽冠，前额、头顶、后颈和颈侧均为红褐色或棕褐色，头顶至后颈部有黑色的纵纹，背部、肩部、腰部均为灰色沾棕；翅膀较短，尾部稍长，羽毛蓬松呈绒毛状，爪为黑褐色。雌鸟和雄鸟羽色相似。

分布区域： 分布于欧洲、西北非、喜马拉雅山脉、中东、东南亚等地。

生活习性： 松鸦是中型鸟类，是山林鸟，大多数时间会在山上，很少在平地见到它们。一般远离人群，除繁殖期可见成对活动外，其他季节多结成 3~5 只的小群游荡。叫声粗犷而单调，当有人靠近时候会停止鸣叫。属留鸟。

栖息环境： 主要栖息在针叶林、针阔叶混交林等森林里，冬季偶尔会活动于林区居民点。巢通常筑在溪流和河岸周围的针叶林和针阔叶混交林，呈杯状，较为隐蔽。

繁殖特点： 繁殖期为 4—7 月，每窝通常产卵 3~10 枚。卵呈灰蓝色、灰黄色或者绿色，上面有紫褐色、灰褐色或者黄褐色斑点。雌鸟负责孵卵，孵化期一般约为 17 天，雌雄鸟共同育雏。留巢期为 19~20 天。

你知道吗？ 松鸦在中国分布较广，种群数量较丰富，是山林中比较常见的鸟。

食性： 杂食性，主要食松子、栗子、浆果、草籽等植物果实和种子，繁殖期也会吃昆虫及其幼虫。

体重： 0.12 ~ 0.19千克 | **雌雄差异：** 羽色相似 | **栖息地：** 针叶林、针阔叶混交林

黄鹡鸰

雀形目、鹡鸰科、鹡鸰属

黄鹡鸰体长约为16厘米，嘴为黑色，眉纹呈白色、黄色或无眉纹，头顶和后颈多为蓝灰色或绿色，额部稍淡，上体为橄榄绿色或灰色，下体呈鲜黄色；胸侧和两胁沾橄榄绿色，飞羽为黑褐色，尾部较长，多呈黑色，脚为黑色。雌鸟和雄鸟羽色相似。

分布区域： 分布于阿富汗、阿尔及利亚、安哥拉、澳大利亚、中国等地。

生活习性： 黄鹡鸰飞行时呈波浪式，经常边飞边叫。喜欢停栖在河边或者河中央的石头上，尾巴会不停地上下摆动。多成对或结成3~5只的小群，迁徙期可见数十只的大群。会迁徙。

栖息环境： 主要栖息在低山丘陵、平原及高原。雌雄鸟共同筑巢，巢通常筑在河边草丛和潮湿的塔头墩边上，偶尔也会筑在村民的柴垛中，呈碗状，隐蔽性较好。

繁殖特点： 繁殖期为5—7月，每窝通常产卵5~6枚。卵呈灰白色，上面有褐色的斑点和斑纹。雌鸟负责孵卵，孵化期为14天，雌雄鸟共同育雏。留巢期约为14天。

你知道吗？ 黄鹡鸰在中国的亚种比较多，各亚种之间的羽色有不同程度上的差异，但是上体主要呈橄榄绿色和草绿色，有些则颜色会比较灰。

食性： 主要以蚁、浮尘子等昆虫为食物。

黑色的嘴

背部呈橄榄绿色或灰色

尾部较长，黑褐色

胸部呈鲜黄色

黑色的脚

体重： 0.016~0.022千克 | **雌雄差异：** 羽色相似 | **栖息地：** 低山丘陵、平原及高原

田鹨

又称大花鹨、花鹨、理氏鹨/雀形目、鹡鸰科、鹨属

田鹨体长约为17厘米，上喙较细长，眉纹呈黄白色或沙黄色，上体多为黄褐色或棕黄色，头顶和背部有暗褐色的纵纹；下体呈白色或皮黄白色，颏部与喉部白色沾棕，两胁为皮黄色或棕黄色，下胸和腹部为皮黄白色或白色沾棕，腿部细长，后趾有长爪。雌鸟和雄鸟羽色相似。

分布区域： 分布于中国、朝鲜、日本、俄罗斯等地。

生活习性： 田鹨属小型鸣禽，飞行呈波浪式，多贴近地面飞行，奔走迅速，停栖时尾部上下摆动。一般单独或成对活动，迁徙季节也成群。有时会和云雀一起在地上觅食。主要为夏候鸟，部分在南方属冬候鸟或者留鸟。

栖息环境： 主要栖息在开阔平原、草地和河滩、农田等地。巢通常筑在湖北岸或者湖边的草地上，呈杯状，一般不易被发现。

繁殖特点： 繁殖期为5—7月，每窝通常产卵4~6枚。卵一般呈灰白色或者绿灰色，上面有黑褐色或者紫灰色的斑点。雌鸟负责孵卵，孵化期为13天，雌雄鸟共同育雏。

上喙较细长

背部有暗褐色的纵纹

食性： 主要以甲虫、蝗虫、蚂蚁等昆虫为食。

腿细长

你知道吗？ 田鹨的上喙较为细长，前端有缺刻。翅尖长，内侧的飞羽非常长，几乎和翅尖平齐。尾细而长，外侧尾羽呈白色。

体重： 0.020~0.043千克 | **雌雄差异：** 羽色相似 | **栖息地：** 开阔平原、草地、河滩

平原鹨

雀形目、鹡鸰科、鹨属

平原鹨体长约为 18 厘米，嘴为暗褐色，喙较细长，先端有缺刻，额部、头顶及后颈均为深褐色，有黑褐色的羽轴纹，上体有不明显的羽轴纹；肩部、背部和腰部为黑褐色，翅膀呈暗褐色，下体大部分呈乳白色，胸部沾棕色，腿部细长。雌鸟和雄鸟体色相似。

分布区域： 分布于欧洲、地中海地区、伊朗北部，阿富汗、巴基斯坦、印度以及中国等地。

生活习性： 平原鹨属小型鸣禽，鸣声响亮，受到惊动时便立即飞到树枝或岩石上。喜欢成对活动和觅食，沿着枝节觅食，主要吃昆虫。会迁徙。

栖息环境： 栖息在开阔平原和低山地带，也会活动在河滩、谷地、沼泽、草地。巢通常筑在水边、湖畔等附近的草地和农田边。

繁殖特点： 繁殖期为 5—7 月，每窝通常产卵 4~6 枚。卵颜色变化比较大，呈白色、淡红色、淡绿色或者褐灰色，上面有暗色斑点。雌雄鸟轮流孵卵、共同育雏，孵化期为 13~14 天。留巢期为 12~14 天。

食性： 主要吃鞘翅目的昆虫及其幼虫，也吃少量植物性食物。

体重： 0.022 ~ 0.03千克 | **雌雄差异：** 羽色相似 | **栖息地：** 开阔平原和低山地带

山鹨

雀形目、鹡鸰科、鹨属

山鹨体长约为 17 厘米，嘴较短而粗，上喙较细长，眉纹呈乳白色或棕白色，耳覆羽为暗棕色，上体呈棕色或棕褐色，黑褐色的两翅，尖且长；下体呈棕白或褐白色微沾灰色，胸部和腹部有较细窄的黑褐色纵纹，尾羽呈黑褐色，脚呈淡肉色。雌鸟和雄鸟羽色相似。

分布区域： 分布于巴基斯坦西北部和北部、喜马拉雅山、尼泊尔东部、中国南部和东南部等地。

生活习性： 山鹨体形较大，经常在地面行走和觅食，遇到干扰则飞到树上。喜欢单独或成对活动，冬季也结成群落，叫声悠远。属留鸟，通常不迁徙，部分会垂直迁徙。

栖息环境： 主要栖息在海拔在 1000~2500 米的山地林缘、灌丛、草地等地带。巢通常筑在林缘或者林间的空地，呈杯状。

繁殖特点： 繁殖期为 5—8 月，每窝通常产卵 4~5 枚。卵呈灰绿色，上面有黑褐色斑点，雌鸟负责孵卵。雌鸟负责孵卵，孵化期为 14 天，雌雄鸟共同育雏。经过大概 15 天的喂养，雏鸟可以离巢。

你知道吗？ 山鹨体形较大，羽毛主要是浓棕黄色带有褐色的纵纹，眉纹呈白色，像理氏鹨及田鹨。

食性： 食物主要为鞘翅目昆虫、鳞翅目幼虫等。

体重： 0.019 ~ 0.033千克 | **雌雄差异：** 羽色相似 | **栖息地：** 山地林缘、灌丛、草地

水鹨

雀形目、鹡鸰科、鹨属

水鹨雄鸟上体为灰褐色或橄榄色，有暗褐色的纵纹，嘴呈暗褐色，上喙较细长，眉纹为乳白色或棕黄色，胸部有黑褐色的纵纹，翅尖长，两翼呈暗褐色，有两道白色的翅斑，尾细长，呈暗褐色，腿部细长，脚呈肉色或暗褐色。

分布区域： 分布于阿富汗、印度、奥地利、英国、法国、中国等地。

生活习性： 水鹨属于小型鸣禽，生性机警，比较活跃。喜欢单独或成对活动，不停地在地上或灌丛中觅食。

栖息环境： 一般栖息在山地、林缘、草原、河谷地带。

繁殖特点： 繁殖期为 4—7 月，每窝通常产卵 4~5 枚。卵呈灰绿色，主要由雌鸟负责孵卵。

嘴呈暗褐色

眉纹为乳白色或棕黄色

背部呈灰褐色或橄榄色

尾细长，呈暗褐色

脚呈肉色或暗褐色

食性： 食物主要为昆虫和植物种子。

体重： 0.018 ~ 0.027千克 | **雌雄差异：** 羽色相似 | **栖息地：** 山地、林缘、草原、河谷地带

粉红胸鹨

雀形目、鹡鸰科、鹨属

粉红胸鹨嘴为黑褐色，上喙较细长，眉纹呈粉红，上体多为橄榄灰色或绿褐色；头顶和背部有明显的黑褐色纵纹，头部的纵纹较细窄，背部的纵纹较宽粗；翅膀尖长，腰部和尾上覆羽纯橄榄灰色，尾部细长，脚趾呈褐色。

分布区域： 分布于欧洲、喜马拉雅山脉南坡以及阿富汗等地。

生活习性： 粉红胸鹨属小型鸣禽，生性活跃，不停地在地上或灌丛中觅食。停栖时，尾部经常有规律地上下摆动，藏身在近溪流处。喜欢成对或结成十几只的小群活动。

栖息环境： 一般栖息在林缘、灌木丛、河谷地带。

繁殖特点： 繁殖期为 5—7 月。雌雄亲鸟共同筑巢，主要由雌鸟负责孵卵。

特征鉴别： 粉红胸鹨的幼鸟和成鸟大致相似，但幼鸟的体色较淡，胸部纵纹与成鸟相比，更加细密，颜色更浅。

食性： 食物主要为鞘翅目昆虫、鳞翅目幼虫。

体重： 0.018 ~ 0.027千克 | **雌雄差异：** 羽色相似 | **栖息地：** 林缘、灌木丛、河谷地带

蓝点颏

又称蓝喉歌鸲、蓝秸芦犒鸟、蓝颏 / 雀形目、鹟科、歌鸲属

蓝点颏雄体长约为13厘米，鸟嘴呈黑色，眉纹呈白色，头部为土褐色，顶部颜色较深，颏部、喉部呈亮蓝色，胸部下侧有黑色横纹和淡栗色宽带各一，腹部为白色，两胁和尾下覆羽呈棕白色，尾羽为黑褐色。雌鸟酷似雄鸟，但颏部、喉部为棕白色，喉部没有栗色的斑块。脚呈肉褐色。

分布区域： 分布于欧洲、非洲北部、亚洲中部等地。

生活习性： 蓝点颏生性胆小，喜欢欢快地跳跃，奔走快速，不停地扭动尾羽。喜欢躲藏在芦苇或矮灌丛下，飞行很低，一般只会短距离飞行。平时的鸣叫声为单音，繁殖期发出嘹亮的歌声。甚至可以模仿昆虫的鸣声。属旅鸟，会迁徙。

栖息环境： 主要栖息在灌丛、芦苇丛、森林和沼泽等地。巢通常筑在灌丛中，后者在树根和洞穴里，隐蔽性很好。

繁殖特点： 繁殖期为5—7月，每窝通常产卵4~7枚。卵呈淡绿色或灰绿色，上面有褐色斑点，钝端比较密集。雌鸟负责孵卵，孵化期为13~15天，雌雄鸟共同育雏。经过14~15天喂养，雏鸟可以离巢。

食性： 主要以金龟甲、椿象、蝗虫等昆虫和昆虫幼虫为食物，也会吃植物的种子。

体重： 0.013~0.022千克 | **雌雄差异：** 羽色略有不同 | **栖息地：** 森林、沼泽及荒漠边缘

乌鸫

又称百舌、反舌、中国黑鸫 / 雀形目、鸫科、鸫属

乌鸫是瑞典的国鸟，体长为23~29.6厘米，眼珠为橘黄色，嘴和眼周为橙黄色。雄鸟喙橙黄色或黄色，雌鸟为黑色；全身大多为黑色、黑褐色或乌褐色，有的沾锈色或灰色，上体包括尾羽均为黑色，颏部缀以棕色羽缘，喉部微染棕色而微带黑褐色的纵纹；下体大部分呈黑褐色，脚为黑色。

分布区域： 分布于欧洲、非洲、亚洲等地。

生活习性： 乌鸫生性胆小，眼光尖锐，反应灵敏，喜欢结成小群在地面上奔跑，夜晚受惊吓时会飞离栖息的地方。鸣声嘹亮而动听，善于模仿其他鸟类的叫声。不迁徙。

栖息环境： 主要栖息在各种不同类型的森林中，比如阔叶林、针叶林和针阔叶混交林。巢通常筑在乔木上或者树干的主干分支处，呈深杯状。

繁殖特点： 繁殖期为4—7月，每窝通常产卵4~6枚。卵呈深蓝灰色或者白色，上面有赭褐色斑点。雌鸟负责孵化，孵化期为14~15天，雌雄鸟共同育雏。

嘴呈黄色
雄鸟
两翅呈黑色
腹部为黑褐色
黑色的脚

食性： 属杂食性，食物主要有蝗虫、甲虫、步行虫等昆虫和幼虫，也会吃植物性果实。

你知道吗？ 雄性的乌鸫除了眼圈和喙外呈黄色，全身都是黑色。

体重： 0.055~0.126千克 | **雌雄差异：** 羽色略有不同 | **栖息地：** 阔叶林、针叶林、针阔叶混交林

斑鸫

雀形目、鸫科、鸫属

斑鸫体长约为 22 厘米，嘴为黑褐色，下嘴基部为黄色，眉纹为白色，从头部至尾部暗橄榄褐色杂有黑色；颏、胸部和两胁均为栗色，有些亚种喉、颈侧、两胁和胸部具有黑色斑点；下体白色居多，两翅和尾羽为黑褐色，尾基部和外侧尾呈棕红色。雌鸟和雄鸟羽色相似。

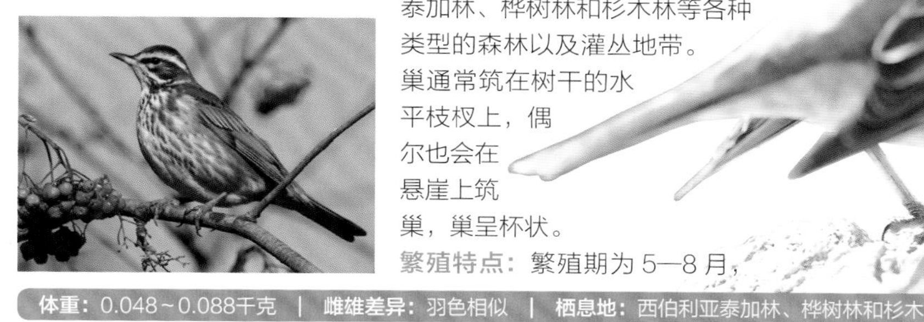

分布区域： 分布于朝鲜、日本、蒙古、西伯利亚、印度北部和巴基斯坦。

生活习性： 斑鸫属中型鸟类，生性活跃，不怕人，喜欢在地上活动和觅食，边鸣叫边跳跃觅食。除繁殖期成对活动外，其他季节多成群，迁徙时会成数十只到上百只的大群。虽成群活动，但个体之间会保持一定的距离，彼此之间会朝着一个方向共同前进。会迁徙，最早会在 3 月末迁来。

栖息环境： 主要栖息在西伯利亚泰加林、桦树林和杉木林等各种类型的森林以及灌丛地带。巢通常筑在树干的水平枝杈上，偶尔也会在悬崖上筑巢，巢呈杯状。

繁殖特点： 繁殖期为 5—8 月，每窝通常产卵 4~7 枚。卵呈淡蓝绿色，上面有褐色的斑点。

你知道吗？ 斑鸫在中国种群数量比较丰富，属于较为常见的冬候鸟和旅鸟。

食性： 主要以蝗虫、金龟子等昆虫和幼虫为食物。

体重： 0.048~0.088千克 | **雌雄差异：** 羽色相似 | **栖息地：** 西伯利亚泰加林、桦树林和杉木林

欧歌鸫

雀形目、鸫科、鸫属

欧歌鸫体长约为 23 厘米，鸟喙为黄色，背部为褐色，上体的颜色由瑞典至西伯利亚逐渐变冷色系，下体多是奶白色或浅黄色，并带有黑色的斑点，翅膀底部覆羽为黄色，脚为粉红色。雌鸟和雄鸟羽色相似。

分布区域： 分布于欧洲、亚洲、东欧、北非等地。

生活习性： 欧歌鸫的叫声很大，叫声独特，短而尖锐。迁徙时声音薄而高，警报声比较短且刺耳。繁殖期单独或者成对活动，不经常聚居，有时在冬天或环境适合觅食时才会走在一起。属候鸟，部分进行迁徙。

栖息环境： 主要栖息在各种不同类型的森林中，比如阔叶林、针叶林和针阔叶混交林，也会活动于疏林、农田和公园周围。巢通常筑在灌木、乔木或藤蔓上，巢呈杯状或者半球形。

繁殖特点： 繁殖期为 4—7 月，每窝通常产卵 4~5 枚。卵为卵圆形，呈淡蓝色或者蓝绿色，上面有黑色的斑点。属于一夫一妻制鸟，成对单独进行筑巢。雌鸟负责孵卵，孵化期为 11~12 天，雌雄鸟共同育雏。留巢期为 14~16 天。

你知道吗？ 欧歌鸫在迁徙时间主要在夜间。

食性： 属杂食性，主要吃昆虫，也会吃无脊椎动物和植物种子。

体重： 0.050~0.107千克 | **雌雄差异：** 羽色相似 | **栖息地：** 各种不同类型的森林

白腰鹊鸲

雀形目、鹟科、鹊鸲属

尾呈凸状

背部有蓝色光泽

嘴呈黑褐色或黑色

雄鸟

棕黄色或肉色的爪

白腰鹊鸲的嘴为黑褐色或黑色，背部和胸部均为黑色，有蓝色光泽，雌鸟该部分则是暗灰色；腹部呈棕色或棕栗色，翅上覆羽为黑色，飞羽为褐色或黑褐色；腰部和尾下覆羽为白色，尾呈凸状，趾和爪呈棕黄色或肉色。

分布区域：中国、印度、尼泊尔、不丹、泰国、马来西亚等地。

生活习性：白腰鹊鸲生性胆怯，喜欢单独活动，经常隐藏在灌木丛中。善于鸣叫，鸣叫时尾巴直竖起来，鸣声清脆婉转。繁殖期时雄鸟的鸣叫声非常悦耳动听，其他季节只在早晚鸣叫。在林下地上或灌木低枝上觅食，不喜欢在有人类居住的附近活动。

食性：食物以甲虫、蜻蜓、蚂蚁等昆虫为主。

栖息环境：栖息在低山、丘陵和山脚平原地带的热带森林中。常见于林缘、路旁的次生林，以及竹林和疏林灌丛地区。通常喜欢在天然树洞中营巢。巢多由草茎、草根、竹叶等材料构成。

繁殖特点：繁殖期为4—6月，每窝通常产卵4~5枚。雌鸟负责孵卵，孵化期12~13天。

体重：0.026~0.036千克 | **雌雄差异：**羽色略有不同 | **栖息地：**低山、丘陵和山脚平原地带

灰背燕尾

雀形目、鹟科、燕尾属

食性：食物以水生昆虫和蚂蚁、蜻蜓幼虫、毛虫、螺类等为主。

背部呈蓝灰色

黑色的嘴

脚趾呈肉白色

灰背燕尾的嘴、额基、眼先和颈侧均为黑色，前额为白色，头顶至背部均为蓝灰色；飞羽为黑色，初级飞羽外翈基部和次级飞羽基部白色，颏部到上喉部均为黑色；下体余部纯白色，腰部和尾上覆羽也为白色，尾羽梯形成叉状，多为黑色，脚趾为肉白色。

分布区域：喜马拉雅山脉至中国南方及中南半岛等地。

生活习性：灰背燕尾喜欢单独或结成对活动。一般停歇在水边或水中石头上，或在浅水中觅食。

栖息环境：一般栖息在水边乱石及山间溪流旁，喜欢在水边乱石上，或在激流中的石头上停歇，经常可以见到它们出没于山林间的溪流附近。巢有很好的隐蔽性，多在森林中水流湍急的溪流旁，或者在山涧溪流两岸的岩石缝隙间营巢。灰背燕尾的巢呈盘状或杯状，多由苔藓和须根编织，垫着细草茎和枯叶。巢上方有突出的天然岩石。

繁殖特点：繁殖期为4—6月，每窝通常产卵3~4枚。卵呈卵圆形、污白色，被有红褐色斑点。

体重：0.027~0.04千克 | **雌雄差异：**羽色相似 | **栖息地：**水边乱石及山间溪流旁

纹胸织雀

雀形目、织雀科、织布鸟属

纹胸织雀的嘴呈黑灰或褐色，非繁殖期成鸟头部为褐色，顶冠有黑色的细纹，眉纹为皮黄色，颈部有近白色块斑，雌雄羽色相似。繁殖期雄鸟的顶冠为金黄色，颏部和喉部多为黑色，胸部有黑色的纵纹，上体呈黑褐色，下体呈白色，脚为浅褐色。

分布区域：主要分布在巴基斯坦至中国西南、东南亚、爪哇及巴厘岛等地。

生活习性：纹胸织雀的体形中等，喜欢在多草沼泽、芦苇地或稻田活动，不停地吱吱叫，叫声好似哨音。繁殖期在树木上筑造大的巢群，或在其他时节结成流动的群。它们的巢称作“吊巢”，和蒸馏瓶或鸭梨相似，十分讲究，高挂在树枝下面，好像摇篮一样。属留鸟。

栖息环境：主要栖息在沼泽、芦苇地或稻田。

繁殖特点：繁殖期为5—7月，每窝通常产卵2~3枚，卵呈淡白色，表面光滑无斑。雌鸟负责孵卵，雄鸟也会参加。孵化期为14~15天，雏鸟晚成性。

食性：主要食谷物、植物种子，繁殖期也吃部分昆虫。

雄鸟（繁殖期）

金黄色的顶冠

眉纹为皮黄色

胸部有黑色的纵纹

脚呈浅褐色

体重：0.01~0.02千克 | **雌雄差异：**羽色相似（非繁殖期） | **栖息地：**沼泽、芦苇地或稻田

黍鹀

雀形目、鹀科、黍鹀属

黍鹀的全身满布纵纹，喙为圆锥形，颊部和耳覆羽呈暗褐色，头顶、背部和肩部为灰褐色至棕褐色，有黑色或黑红色的条纹；上胸有黑色的斑点，下胸和两胁有窄的暗桂红色或暗褐色纵纹，脚为黄色至粉褐色。雌雄羽色相似。

分布区域：分布在欧洲、北非、西非、印度、中国新疆等地。

栖息环境：主要栖息在草地、湿草地、高山草原，在麦田以及谷地和河岸附近的耕地也比较常见。巢通常筑在草丛里，也会筑在苇塘、农田或地面凹坑处，比较隐蔽。由雌鸟负责。

生活习性：黍鹀属于小型鸣禽，鸣叫声粗涩，飞行缓慢。除了觅食之外，喜欢在高的树枝、电线或墙上休息，不喜欢在地上。8月后开始结群活动，冬季常聚集成数百只的大群。

繁殖特点：繁殖期为5—7月，每窝通常产卵4~6枚。一天产一枚卵，卵的颜色变化比较大，有的是污白、淡紫白、蓝白或者红褐色、绿灰色，表面有暗褐色斑纹，钝端一般有环状纹。雌鸟负责孵卵，孵化期为12~13天，留巢期为9~12天。

你知道吗？黍鹀4月中旬开始成对和占区鸣叫。在新疆天山的繁殖期为6—7月。

喙为圆锥形

头顶呈灰褐色或棕褐色

食性：主要食谷物、其他种植物种子和苇实、水果、浆果等，也会吃甲虫等动物性食物。

脚为黄色至粉褐色

体重：0.048~0.05千克 | **雌雄差异：**羽色相似 | **栖息地：**草地、湿草地、高山草原

黄胸鹀

雀形目、鹀科、鹀属

黄胸鹀的喙为圆锥形，额、喉部和颏部均为黑色，头顶与上体呈栗色或栗红色；两翅为黑褐色，翅上有窄的白色横带；下体呈鲜黄色，胸部有深栗色的横带，尾上覆羽为栗褐色，外侧两对尾羽楔状的白斑。雌鸟上体呈棕褐色或黄褐色，有黑褐色的中央纵纹，下体为淡黄色，胸部没有横带。脚为淡褐色。

分布区域： 主要分布在芬兰、俄罗斯、中国、蒙古、朝鲜、日本等地。

生活习性： 黄胸鹀生性胆小，见到人就会飞走。喜欢结成群，尤其是迁徙期间和冬季。叫声低弱，繁殖期间雄鸟高声鸣叫，鸣声多变而悦耳。会进行迁徙。

繁殖特点： 繁殖期为 5—7 月，每窝通常产卵 4~5 枚。卵呈绿灰色，表面有灰褐色或褐色斑纹，为卵圆形。雌雄鸟共同孵卵，孵化期为 12~14 天。

你知道吗？ 黄胸鹀目前为国际濒危物种，种群数量较少，为我国国家一级保护野生动物。

食性： 食物以甲虫、蚂蚁等昆虫和昆虫幼虫为主。

喙为圆锥形

白色的翅斑

鲜黄色的腹部

雄鸟

脚为淡褐色

体重： 0.018~0.029千克 | **雌雄差异：** 羽色不同 | **栖息地：** 灌丛、草甸、草地和林缘地带

黄喉鹀

雀形目、鹀科、鹀属

黄喉鹀的眉纹从额部至枕侧长而宽阔，黑色羽冠短而竖直；颏部为黑色，上喉为黄色，肩部和背部呈栗红色或栗褐色，有黑色羽干纹；胸部缀有半月形黑斑，腰和尾上覆羽呈淡棕灰色。雌鸟和雄鸟大致相似，但羽色较淡，头部的黑色转为褐色，前胸的黑色半月形斑不明显或消失。脚为肉色。

分布区域： 主要分布在俄罗斯、朝鲜、日本和中国等地。

生活习性： 黄喉鹀属小型鸣禽，生性活泼，喜欢在灌丛与草丛中跳跃，多沿地面低空飞行。经常集群活动，迁徙期间多结成 5~10 只的小群。

栖息环境： 主要栖息在阔叶林、针阔叶混交林。

繁殖特点： 繁殖期为 5—7 月，每窝通常产卵 6 枚。卵呈灰白色、白色或乳白色，表面有不规则的黑褐色、紫褐色和黑色斑点和斑纹，呈钝卵圆形和长卵圆形。

短而竖直的黑色羽冠

雄鸟

上喉呈黄色

胸部半月形的黑斑

脚呈肉色

体重： 0.011~0.024千克 | **雌雄差异：** 羽色不同 | **栖息地：** 阔叶林、针阔叶混交林

黄鹀

雀形目、鹀科、鹀属

黄鹀的鸟喙为圆锥形。雄鸟头顶为橄榄绿，顶侧暗橄榄绿色，有黑色的纵纹，眼后纹和颊部、眉纹呈黄色；喉部和腹部呈鲜黄色，腰部和尾上覆羽栗色，两胁和尾下覆羽呈暗黄色。雌鸟和雄鸟羽色不同，头部黄色较少，头顶呈暗灰橄榄褐色，有浓密的黑纹，颊部小黑点较多，直至颏部，胁部的小斑点由黑色转成黄褐色。脚为褐色。

分布区域： 主要分布在欧洲以及蒙古、伊朗、哈萨克斯坦、日本和中国等地。

生活习性： 黄鹀属小型鸣禽，叫声清脆，飞行速度快，经常在地面觅食。非繁殖期经常结群活动。

栖息环境： 主要栖息在林缘、林间空地、林间小道旁。

繁殖特点： 繁殖期为5—7月，每窝通常产卵4~5枚。卵呈白色或者灰色，雌鸟负责孵化。雌雄鸟共同育雏。留巢期为12~13天。

食性： 食物以谷物和草籽为主，育雏期间以昆虫为主。

体重： 约0.03千克 | **雌雄差异：** 羽色不同 | **栖息地：** 林缘、林间空地、林间小道旁

芦鹀

雀形目、鹀科、鹀属

芦鹀的喙为圆锥形，上下喙边缘微向内弯。雄鸟的头部为黑色，颧纹和颈圈为白色，有白色的下髭纹，喉部为黑色。上体呈栗黄色，有黑色的纵纹，翅上小覆羽呈栗色。雌鸟的头部呈赤褐色，有皮黄色的眉纹，头顶和耳羽有杂斑。脚为深褐至粉褐色。

分布区域： 主要分布在欧洲、非洲以及喜马拉雅山脉和秦岭以北。

生活习性： 芦鹀属小型鸣禽，生性活泼，经常在低树和柳丛间飞行。除繁殖期成对外，一般结群生活，迁徙时结成10~20只的小群。在中国部分为留鸟，部分为夏候鸟和冬候鸟。

栖息环境： 平原沼泽地和湖沼沿岸。

繁殖特点： 繁殖期为5—7月，每窝通常产卵4~6枚。卵呈椭圆形，颜色变化比较大，从橄榄灰色到紫土色，表面有分散的暗紫褐色斑点。雌鸟负责孵化，孵化期为13~14天。雌雄鸟共同育雏，留巢期为12~14天。

食性： 属杂食性，食物为苇实、草籽和植物碎片。

体重： 0.015~0.02千克 | **雌雄差异：** 羽色略有不同 | **栖息地：** 平原沼泽地和湖沼沿岸

灰眉岩鹀

雀形目、鹀科、鹀属

灰眉岩鹀的嘴为黑褐色，喙为圆锥形；头侧、眉纹、颊部、枕部、喉部和上胸均为蓝灰色，贯眼纹为黑色或栗色，背上红褐色或栗色，有黑色的中央纹；下胸、腰部、腹部等下体为红棕色或粉红栗色，尾上覆羽呈栗色，脚为肉色。

分布区域：主要分布于西北非、南欧至中亚和喜马拉雅山脉。

生活习性：灰眉岩鹀属小型鸣禽，一般不远飞，叫声洪亮，边鸣唱边抖动身体，扇动尾羽。喜欢成对或单独活动，在非繁殖季节一般成 5~8 只的小群。

栖息环境：栖息在低山丘陵、高山和高原。

繁殖特点：繁殖期为 4—7 月，每窝通常产卵 3~5 枚。卵的颜色变化较大，有白色、灰白色、浅绿色或者土黄色，表面有紫黑色或者暗红褐色斑点，钝端比较密。雌鸟负责孵化，孵化期为 11~12 天，留巢期约为 12 天。

嘴为黑褐色

背部为红褐色或栗色

肉色的脚

食性：主要以草籽、果实、种子和农作物等植物性食物为食。

体重：0.015~0.023千克 | **雌雄差异：**羽色相似 | **栖息地：**低山丘陵、高山和高原

铁爪鹀

雀形目、鹀科、铁爪鹀属

铁爪鹀的嘴为圆锥形，黑色。雄鸟冬羽的眉纹为沙黄色，头部为黑色，颈侧为栗赤色；肩部、背部、腰部和尾上覆羽杂以栗、黄和黑色，胸部、腹部为黄白色；两胁有黑色和栗褐色的条纹。雄性夏羽的头、颈、喉部和胸侧均为黑色；下颏和翕呈浓栗赤；上胸为黑色，下体余部为白色。脚为褐色。

分布区域：主要分布在朝鲜半岛、欧美北部、俄罗斯、日本、蒙古、中国等地。

生活习性：铁爪鹀十分耐寒，善于行走，飞翔时多呈弧形。冬季会集群生活，一般结成 20~30 只的群，有时也会聚集成百余只甚至几百只的大群。

栖息环境：主要栖息在草地、沼泽地、平原田野。

繁殖特点：繁殖期为 6—7 月，每窝通常产卵 5~6 枚。主要由雌鸟负责孵化，孵化期为 9~10 天，雌鸟和雄鸟共同育雏，留巢期为 8~10 天。

特征鉴别：雄性成鸟（夏羽）：头、颈、喉和胸侧均黑色，眉纹及颈侧白色，背部锈赤色具黑纵斑。雌性成鸟（冬羽）：羽色与雄鸟相似，但颜色较淡，前颈微具黑色条纹，下体乳白色，胁部有黑色条纹。

头部为黑色

背部杂以栗、黄和黑色

嘴呈圆锥形，黑色

褐色的脚

雄鸟（冬羽）

食性：食物主要为杂草种子。

体重：0.020~0.034千克 | **雌雄差异：**羽色相似（冬羽） | **栖息地：**草地、沼泽地、平原田野

栗背伯劳

雀形目、伯劳科、伯劳属

栗背伯劳的嘴和前额为黑色，有过眼黑色宽带；头顶至上背逐渐变为青灰色，背部、双翅覆羽和尾上覆羽均为栗色，翅羽为黑褐色，颏部、喉和颊部为纯白色；其余下体近乳白色，胸部和两肋染以锈棕色，尾羽为黑褐色，脚为铅灰色。

分布区域： 主要分布在印度东北部、中国南方以及缅甸等地。

生活习性： 栗背伯劳喜欢独自或结成对活动，多站在小树或灌木顶枝上，鸣声清脆多变，婉转动听。领域性比较强，经常为保卫自己的领域而赶走入侵者。其性凶猛，不仅善于捕食昆虫，也能捕杀小鸟、蛙和蜥蜴等。

栖息环境： 主要栖息在次生疏林、林缘和灌丛。

繁殖特点： 繁殖期为 4—6 月，每窝通常产卵 3~6 枚。卵的颜色变化比较大，呈白色或者乳白色或者淡黄色、淡绿色，表面有红褐色淡灰色、黄褐色或者灰褐色的斑点。

食性： 主要以昆虫为食。

头顶黑的灰色到上背转为灰色，下背、肩至尾上覆栗棕色羽毛。

背覆羽为栗色

头顶为灰色

尾羽为黑褐色

嘴为黑色

铅灰色的脚

体重： 0.026~0.031千克 | **雌雄差异：** 羽色相似 | **栖息地：** 次生疏林、林缘和灌丛

黑额伯劳

雀形目、伯劳科、伯劳属

黑额伯劳的嘴为灰色，额部黑色较多，颏部与喉部为纯白色；翅覆羽和飞羽均呈黑色，羽端为褐色，次级飞羽黑色较浓；腹侧和胁羽染粉褐色，尾上覆羽为暗褐灰色，中央两对尾羽为纯黑色，脚为黑色。

分布区域： 主要分布在非洲南部、欧洲中部以及俄罗斯、阿富汗、中国等地。

生活习性： 黑额伯劳飞行时不像其他伯劳那样波动，站立姿势十分端直，尾部直下。叫声粗哑，略像鸫鸟，经常在平原、山地、森林草原和耕作区出没。

栖息环境： 主要栖息在森林草原和耕作区、阔叶树。在阔叶树和灌木上筑巢。

繁殖特点： 每窝通常产卵 5~6 枚，卵呈淡黄色或淡棕色，雌雄亲鸟负责孵卵，孵化期为 15 天。

食性： 主要食昆虫，偶尔也会吃浆果或者其他果实。

体重： 不详 | **雌雄差异：** 羽色相似 | **栖息地：** 森林草原、耕作区、阔叶树

红尾伯劳

雀形目、伯劳科、伯劳属

红尾伯劳的嘴为黑色，头顶呈灰色或红棕色，具有白色的眉纹；上体多为棕褐或灰褐色，喉部和颊部呈白色，两翅呈黑褐色，内侧覆羽呈暗灰褐色；上背和肩部均为暗灰褐色，下背和腰部呈棕红色；棕褐色的尾羽有暗褐色的横斑，脚为铅灰色。雌鸟和雄鸟羽色相似。

分布区域： 主要分布于印度、菲律宾以及巽他群岛、马鲁古群岛等地。

生活习性： 红尾伯劳生性活泼，经常在枝头跳跃或飞行，单独或结成对活动。繁殖期间抬头翘尾，高声鸣唱，叫声粗犷响亮。

栖息环境： 主要栖息在平原、丘陵至低山区。

繁殖特点： 繁殖期 5—7 月，每年繁殖一窝，每窝通常产卵 5~7 枚。卵为椭圆形，呈乳白色或灰色，表面有大小不一的黄褐色斑点。雌鸟负责孵卵，孵化期为 14~16 天。雌鸟和雄鸟共同育雏，育雏期为 14~18 天。

食性： 食物以金龟、蝗虫、地老虎、蜥蜴等为主。

体重： 0.023~0.044千克 | **雌雄差异：** 羽色相似 | **栖息地：** 平原、丘陵至低山区

灰背伯劳

雀形目、伯劳科、伯劳属

灰背伯劳前额为黑色，头顶部和背部呈暗灰色，喉部呈白色；胸下白色和锈棕色混杂，翅膀覆羽和飞羽均为深黑褐色；下体近白色，腰部和尾上覆羽有狭窄的棕色带。雌鸟的羽色和雄鸟相似，但额基的黑羽较窄，头顶灰羽染浅棕，肩羽染棕色；下体呈污白色，胸部、胁部染锈棕色。腿为黑色。

分布区域： 主要分布在印度、中国以及中南半岛等地。

生活习性： 灰背伯劳叫声粗哑喘息，喜欢在树梢的干枝或电线上休息。

栖息环境： 主要栖息在山地疏林、农田及农舍附近。

繁殖特点： 繁殖期为 5—7 月，每窝通常产卵 4~5 枚，卵呈淡青色或浅粉色。

食性： 食物以蝗虫、蝼蛄、蚱蜢和蚂蚁等昆虫为主。

体重： 0.04~0.054千克 | **雌雄差异：** 羽色相似 | **栖息地：** 山地疏林、农田及农舍附近

白喉红臀鹎

雀形目、鹎科、鹎属

白喉红臀鹎的前额、头顶、枕为黑色，有光泽，眼先和眼周为黑色，下颏和上喉呈黑色，背、肩部呈褐色或灰褐色；双翅为暗褐色，下喉为白色，其余下体呈污白色或灰白色；腰部为灰褐色，尾羽为黑褐色，脚为黑色。

分布区域： 分布于中国、印度、越南、老挝、泰国、缅甸、印度尼西亚等地。

生活习性： 白喉红臀鹎生性活泼，善于鸣叫，鸣声清脆响亮，喜欢在相邻的树木或树头间来回飞行。晚上常结成群栖息，成 3~5 只或十多只的小群。

栖息环境： 主要栖息在次生阔叶林、竹林、灌丛。

繁殖特点： 繁殖期为 5—7 月，每窝通常产卵 2~3 枚。卵呈玫瑰红色或者粉红色，表面有暗玫瑰红色或者紫红色斑点。

食性： 属杂食性，以浆果、榕果种子等植物性食物为主，也吃昆虫。

体重： 0.028~0.052千克 | **雌雄差异：** 羽色相似 | **栖息地：** 次生阔叶林、竹林、灌丛

白头鹎

雀形目、鹎科、鹎属

又称白头翁、白头婆，是中国特有鸟类，白头鹎体长 17~22 厘米，嘴为黑色，额部至头顶纯黑色，富有光泽；白色的枕环显眼，耳羽后部有白斑；颏和喉部均为白色，胸部为灰褐色，形成淡色的宽阔胸带；背部和腰部羽毛大部为灰绿色，腹部为白色或灰白色，缀有黄绿色的条纹，脚为黑色。

分布区域： 主要分布在东亚、中国大陆长江以南等地。

生活习性： 白头鹎属小型鸣禽，善于鸣叫，鸣声婉转多变。喜欢结成 3~5 只或十多只的小群活动，一般在灌木和小树上活动，是农林益鸟。主要为留鸟，一般不迁徙。

栖息环境： 主要栖息在疏林荒坡、果园、村落、农田。

食性： 杂食性，食物以金龟甲、蜂等昆虫和幼虫为主，包括植物的果实和种子。

繁殖特点： 繁殖期为 4—8 月，每窝通常产卵 3~5 枚，卵呈粉红色，表面有紫色斑点。

体重： 0.026~0.043千克 | **雌雄差异：** 羽色相似 | **栖息地：** 疏林荒坡、果园、村落、农田

红耳鹎

又称红颊鹎、高髻冠、高鸡冠 / 雀形目、鹎科、鹎属

红耳鹎的嘴为黑色，头顶有高耸的黑色羽冠，眼后下方有深红色的羽簇，喉部和颊部呈白色；后颈至尾上覆羽等其余上体呈棕褐色或土褐色，胸部有黑色的细线，胸部两侧各有较宽的暗褐色或黑色横带；两胁沾浅褐色或淡烟棕色，脚为黑色。

繁殖特点：繁殖期为 4—8 月，每窝通常产卵 2~4 枚，卵呈粉红色，表面有暗红色和淡紫色的斑点。

分布区域：主要分布于孟加拉国、柬埔寨、中国、印度、缅甸、泰国、越南等地。

生活习性：红耳鹎属小型鸟类，生性活泼，经常结成十余只的小群活动；善于鸣叫，叫声轻快悦耳，喜欢一边跳跃活动觅食，一边鸣叫。

栖息环境：主要栖息在雨林、季雨林、常绿阔叶林。

食性：食物以植物性食物为主，喜欢啄食树木种子。

体重：0.026~0.043千克 | **雌雄差异：**羽色相似 | **栖息地：**雨林、季雨林、常绿阔叶林

白喉冠鹎

雀形目、鹎科、冠鹎属

白喉冠鹎的嘴为深蓝灰色，头顶为褐色或红褐色，眼周和颊部等头侧呈灰色或褐灰色；上体为橄榄绿褐色，喉部和颏部呈白色；飞羽为暗褐色，翼上覆羽为橄榄绿褐色，下体其他部分为橄榄黄色，胸部、两胁沾灰褐色。尾羽为棕褐色。

分布区域：主要分布在缅甸、泰国、老挝、越南、中国等地。

生活习性：白喉冠鹎生性活跃，喜欢结成小群，在乔木树冠层活动，很少到地面活动，可以持续地发出断续的高叫声。

栖息环境：阔叶林、次生林、常绿阔叶林。

繁殖特点：它们多在林下灌木或藤条上筑窝，繁殖期为 5—6 月，每窝通常产卵 2~4 枚。

嘴呈深蓝灰色
喉部为白色
尾上覆羽呈棕色

食性：食物以植物的果实与种子等植物性食物为主，包括象甲、瓢甲和蝗虫。

体重：0.045~0.06千克 | **雌雄差异：**羽色相似 | **栖息地：**阔叶林、次生林、常绿阔叶林

黄绿鹎

雀形目、鹎科、鹎属

黄绿鹎的头顶后部暗褐色沾橄榄绿色，上体呈橄榄绿褐色，喉部、颏部为淡灰色或灰白色；胸部为灰褐色，背部、肩部和腰部等上体均为橄榄绿褐色；腹部为暗黄色，翅上覆羽为橄榄褐色，尾下覆羽为鲜黄色。

栖息环境： 主要栖息在次生阔叶林、常绿阔叶林。

繁殖特点： 繁殖期为4—6月，每窝通常产卵2~4枚。卵呈淡粉红色、暗红褐色或者紫黑色，为长椭圆形。

分布区域： 主要分布在印度、孟加拉国、缅甸、泰国、老挝、越南、印度尼西亚和中国等地。

生活习性： 黄绿鹎生性活泼，善于鸣叫，叫声短促而沙哑，喜欢在高大乔木树冠层或灌木上活动和觅食，有时候也会停歇在草地或者电线上，结成几只或十几只的小群活动。

翅上覆羽呈橄榄褐色

喉淡呈灰色或灰白色

暗黄色的腹部

食性： 食物以核果、浆果、草籽等植物果实与种子为主。

体重： 0.03~0.04千克 | **雌雄差异：** 羽色相似 | **栖息地：** 次生阔叶林、常绿阔叶林

丝光椋鸟

又称牛屎八哥、丝毛椋鸟 / 雀形目、椋鸟科、椋鸟属

丝光椋鸟雄鸟嘴为朱红色，头部和颈部均为白色；羽毛狭窄而尖长，颈基部的羽色较暗，肩外缘为白色；背部呈深灰色，两翅和尾均为黑色，有蓝绿色的金属光泽；胸部和两胁呈灰色，腰部覆羽为淡灰色，腹部至尾下覆羽呈白色。脚为橘黄色。雌鸟头顶前部为棕白色，后部为暗灰色，上体为灰褐色，下体则为浅灰褐色，其他和雄鸟一样。

分布区域： 主要分布在日本、越南、中国等地。

生活习性： 丝光椋鸟生性较胆怯，见人便飞走，鸣声响亮，除繁殖期成对活动外，多成3~5只的小群活动，经常在地面觅食。属留鸟，部分迁徙。

栖息环境： 主要栖息在开阔平原、农作区和丛林间。

食性： 主要以昆虫为食，尤其喜食地老虎、甲虫、蝗虫等农林业害虫，也吃桑葚、榕果等植物果实与种子。

繁殖特点： 繁殖期为5—7月，每窝通常产卵5~7枚。卵呈淡蓝色，为长卵圆形，表面光滑无斑。雌鸟负责孵卵，孵化期为12~13天。

体重： 0.065~0.083千克 | **雌雄差异：** 羽色相似 | **栖息地：** 开阔平原、农作区和丛林间

灰头椋鸟

雀形目、椋鸟科、椋鸟属

繁殖特点： 繁殖期为4—7月，每窝通常产卵3~5枚，卵呈淡蓝色或者蓝绿色，为长卵圆形或者尖卵圆形。

灰头椋鸟的嘴尖端为橙黄色，头顶和枕部羽毛长而窄，喉部和胸部均有白色的羽干纹，颏部和喉部呈白色；飞羽呈黑色，下体近白色，腰部和尾上覆羽为棕灰或褐灰色；腹部缀有浅棕黄色，脚为橄榄黄色或黄褐色。

分布区域： 主要分布在中国、印度、孟加拉国、缅甸、泰国以及中南半岛等地。

生活习性： 灰头椋鸟属于中小型鸟类，一般在大树顶端停歇，结成十几只或二十几只的小群活动，有时也和其他椋鸟混群。群鸟一起进食时候会发出吱吱的叫声。

栖息环境： 主要栖息在阔叶林和次生杂木林。

食性： 食物以昆虫为主，包括螟蛾幼虫、蚂蚁、虻、胡蜂等，也吃植物果实和种子。

嘴尖端为橙黄色

喉部为白色

脚为橄榄黄色或黄褐色

体重： 0.031~0.048千克 | **雌雄差异：** 羽色相似 | **栖息地：** 阔叶林和次生杂木林

黑领椋鸟

雀形目、椋鸟科、椋鸟属

繁殖特点： 繁殖期为4—8月，每窝通常产卵4~6枚，卵呈卵圆形，卵呈白色或者淡蓝绿色。

黑领椋鸟的嘴为黑色，眼周裸皮为黄色，头部为白色，上胸到后颈部均为黑色，形成宽阔的黑色领环；背部呈黑褐色或褐色，两翅为黑色，腰部和初级覆羽均为白色；尾上覆羽为黑褐色或褐色，有灰色或白色的尖端。脚为绿黄色或褐黄色。雌鸟和雄鸟羽色相似。

分布区域： 主要分布在中国、缅甸、泰国、越南以及中南半岛等地。

生活习性： 黑领椋鸟经常会发出嘈杂的叫声，能学习发声说话，多在地面觅食。喜欢成对或结成小群活动，有时会和八哥混群；不时在空中飞行，休息时和夜间多在高大的乔木上停栖。

栖息环境： 主要栖息在山脚平原、草地、农田。

食性： 食物以甲虫、蝗虫等昆虫为主，也会吃植物的果实和种子。

体重： 0.13~0.18千克 | **雌雄差异：** 羽色相似 | **栖息地：** 山脚平原、草地、农田

紫翅椋鸟

又称欧洲八哥 / 雀形目、椋鸟科、椋鸟属

紫翅椋鸟体形中等，嘴为黄色，头部、喉部及前颈部均为辉亮的铜绿色，背部、肩部、腰部及尾上的覆羽以紫铜色居多；羽端为淡黄白色，双翅为黑褐色，并缀以褐色宽边；腹部为沾绿色的铜黑色，脚为浅红色。雌鸟和雄鸟羽色相似。

分布区域：主要分布在欧亚大陆及非洲北部、中国等地。

生活习性：紫翅椋鸟平时结小群活动，迁徙时集大群，喜欢在树梢或较高的树枝上栖息，在阳光下沐浴、理毛。在新疆北部为夏候鸟，在台湾为冬候鸟。

栖息环境：主要栖息在果园、耕地、开阔多树的村庄。

繁殖特点：每年繁殖一次，繁殖期为 4—6 月，每窝通常产卵 4~7 枚。卵的颜色变化比较大，呈乳黄色、翠绿色或者浅绿蓝色。孵化期为 12 天。

食性：食物较杂，以黄地老虎、草地螟和尺蠖、红松叶蜂等害虫为主。

体重：0.06~0.078千克 | **雌雄差异：**羽色相似 | **栖息地：**果园、耕地、开阔多树的村庄

家八哥

雀形目、椋鸟科、八哥属

家八哥眼周裸皮为橙黄色，嘴为橙黄色或亮黄色，头部和颈部呈黑色，微有蓝色光泽；后颈下部和上胸渐变为黑灰色，背部为葡萄灰褐色；飞羽黑褐色，白色翅斑明显，胸部和两胁为淡褐色，腹和尾下覆羽为白色，尾呈黑色，爪为黄色。雌鸟和雄鸟羽色相似。

分布区域：主要分布在中国、印度、阿富汗、塔吉克斯坦等地。

生活习性：家八哥属于中型鸟类，和人类居住的环境联系紧密，多停在树上或电线杆休息。喜欢结成群活动，有时也和斑椋鸟混群，主要在地上活动和觅食。

栖息环境：农田、草地、果园和村寨。

繁殖特点：繁殖期为 3—7 月，每窝通常产卵 4~6 枚，卵呈淡蓝色，表面光滑有光泽。雌鸟和雄鸟轮流孵卵，孵化期为17~18天。雌雄鸟共同育雏。

食性：食物主要有蝗虫、蚱蜢等昆虫和昆虫幼虫。

体重：0.1~0.12千克 | **雌雄差异：**羽色相似 | **栖息地：**农田、草地、果园和村寨

鹩哥

雀形目、椋鸟科、鹩哥属

鹩哥体形较大，嘴峰为橘红色，头、颏、喉部为紫黑色，头后部有两片橘黄色肉垂；后颈、肩部和两翅内侧覆羽均为辉紫铜色，前胸为铜绿色；下背部、腰部和尾上覆羽均为金属绿色，飞羽为黑色，腹部为蓝紫铜色，腿为柠檬黄色。雌鸟和雄鸟羽色相似。

分布区域：主要分布在中国、印度、缅甸、泰国以及中南半岛等地。

生活习性：鹩哥一般结成对活动，有时结成 3~5 只的小群，社会性行为极强。鸣声清脆、响亮，能模仿其他鸟类鸣叫，甚至能模仿人类的语言。

栖息环境：主要栖息在次生林、常绿阔叶林、落叶。

繁殖特点：繁殖期为 4—6 月，每窝通常产卵 2~3 枚，卵呈蓝绿色，有些表面有深栗色或者红褐色的斑点。

食性：食物以蝗虫、蚱蜢、白蚁等昆虫为主。

体重：0.16~0.26千克 | **雌雄差异：**羽色相似 | **栖息地：**次生林、常绿阔叶林、落叶

黄腰太阳鸟

雀形目、太阳鸟科、太阳鸟属

黄腰太阳鸟的嘴细长而向下弯曲。雄鸟额部和头顶前部为金属绿色，后部为橄榄褐色，喉部为鲜红色，耳羽、颈侧、背部、肩部和翅上覆羽均为深朱红色或暗红色，腰部为亮黄色，尾上覆羽为金属绿色，中央的一对尾羽较长。雌鸟上体为灰橄榄绿色，腰部和尾上覆羽为橄榄黄色，下体灰色沾橄榄黄色。

背部呈深朱红色或暗红色

嘴细长而向下弯曲

雄鸟

中央一对尾羽较长

分布区域：主要分布于中国以及东南亚等地。

生活习性：黄腰太阳鸟为新加坡的国鸟，生性活泼，行动灵巧。喜欢在花丛与枝叶间活动和觅食，一般独自或成对活动。属留鸟。

栖息环境：主要栖息在次生林、竹林和常绿阔叶林。

繁殖特点：繁殖期为 4—7 月，每窝通常产卵 2~3 枚，卵呈乳白色、白色或者灰色，表面有紫褐色的斑点。

食性：食物以甲虫、蚂蚁、寄生蜂和小蜘蛛等昆虫和花蜜为主。

体重：0.005~0.01千克 | **雌雄差异：**羽色不同 | **栖息地：**次生林、竹林和常绿阔叶林

绿喉太阳鸟

雀形目、太阳鸟科、太阳鸟属

绿喉太阳鸟的嘴为黑色。雄鸟前额至后颈和喉部为辉绿色，颈侧和背部呈暗红色；两肩和下背为橄榄绿色，两翅为暗褐色；翅膀表面为橄榄绿色，黄色的胸部带有细的红色纵纹，腰部呈鲜黄色；后胁为黄沾绿色或橄榄黄色，脚为黑色或黑褐色。

分布区域： 主要分布在中国、尼泊尔、不丹、孟加拉国、缅甸、印度、越南、泰国、老挝等地。

生活习性： 绿喉太阳鸟喜欢独自或结成对活动，也成分散的小群，多在花朵盛开的树上活动和觅食。属留鸟，部分会做季节性的垂直游荡。

栖息环境： 常绿或落叶阔叶林。

繁殖特点： 繁殖期为 4—6 月，每窝通常产卵 2~3 枚，卵呈梨形或卵圆形，白色。

头顶蓝色，颜色鲜艳美丽

背部呈暗红色

嘴为黑色

黄色的胸部

脚为黑色或黑褐色

雄鸟

食性： 食物以花蜜为主，也吃昆虫。

体重： 0.005~0.009千克 | **雌雄差异：** 羽色不同 | **栖息地：** 常绿或落叶阔叶林

黄腹花蜜鸟

雀形目、太阳鸟科、花蜜鸟属

黄腹花蜜鸟体形小，虹膜为深褐色，嘴部为黑色。雄鸟上体多为橄榄绿色，繁殖期后金属紫色缩小，颏部到胸部均为金属黑紫色，具有绯红染灰色的胸带; 肩部色斑为艳橙黄色，喉部中心的条纹狭窄，腹部呈黄白色。雌鸟羽毛没有黑色，上体为橄榄绿色，下体为黄色，一般有浅黄色的眉纹。

分布区域： 主要分布在印度、印度尼西亚、中国、澳大利亚等地。

生活习性： 黄腹花蜜鸟生性吵闹，叫声有韵律，喜欢结成小群在树丛间跳来跳去，雄鸟有时来回追逐。一般在林园、沿海灌丛及红树林活动或觅食。属留鸟，不迁徙。

栖息环境： 主要栖息在开阔山林区。

繁殖特点： 繁殖期为 3—5 月，每窝通常产卵 2~3 枚，卵呈梨形，为暗灰色，上面有棕色斑点。

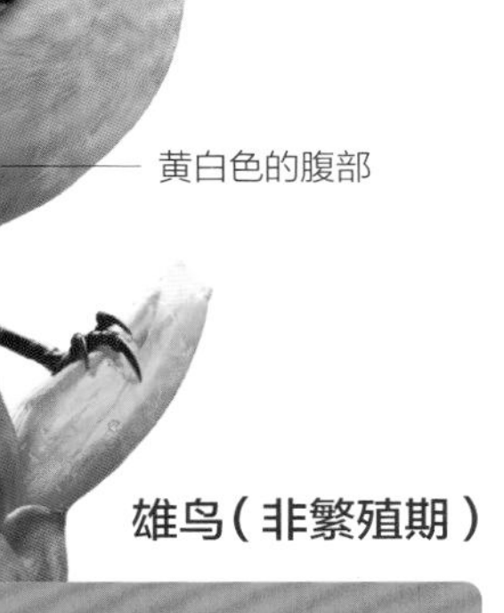

雄鸟（非繁殖期）

食性： 主要食花蜜，也会吃部分浆果和昆虫。

体重： 不详 | **雌雄差异：** 羽色不同 | **栖息地：** 开阔山林区

理氏鹨

雀形目、鹡鸰科、鹨属

理氏鹨体形相对较大，身长 18 厘米左右，虹膜通常为褐色，上嘴为褐色，下嘴带些黄；眉纹为浅皮黄色，上体大部分具有褐色的纵纹，胸部的深色纵纹明显，下体多为皮黄色；腿部细长且为褐色，有纵纹；脚为黄褐色，后爪为肉色。雌鸟和雄鸟羽色相似。

分布区域： 主要分布在印度、中国、蒙古，以及中亚、西伯利亚、东南亚、马来半岛及苏门答腊岛等地。

生活习性： 理氏鹨属体形较小的鸟类，是常见的季候鸟，冬季向南迁徙，喜欢单独或成小群活动。善于飞行，飞行呈波状，受惊时发出哑而高的长音，站在地面时姿势直挺，经常在开阔草地出没。

栖息环境： 主要栖息在开阔沿海或山区草甸、草地。

繁殖特点： 繁殖期为 5—7 月，每窝产卵为 4~6 枚，卵的颜色变化比较大。雌鸟负责孵化，孵化期为 13 天。

眉纹为浅皮黄色

上嘴呈褐色

腿部细长

脚为黄褐色

食性： 主要食昆虫。

体重： 0.025~0.036千克 | **雌雄差异：** 羽色相似 | **栖息地：** 开阔沿海或山区草甸、草地

河乌

雀形目、河乌科、河乌属

河乌的嘴比较窄而直挺，上嘴端部微下曲或有缺刻，眼圈为灰白色；额头、后颈和上背均为暗棕褐色，下背到尾上覆羽呈石板灰色，喉部和胸部呈白色，腹部和两胁浓棕褐沾黑褐色；双翅为褐色，短小而圆；尾部较短，为褐灰色。雌鸟和雄鸟羽色相似。

分布区域： 主要分布在古北界、喜马拉雅山脉、缅甸东北部和中国西部等地。

生活习性： 河乌为挪威的国鸟，潜水能力强，能在水流中逆水前进，飞行较迅速。喜欢独自或成对在距水面较近处活动，冬季聚成小群觅食。会在河流浅水处向乱石缝中寻找食物，到深水处时候会潜入大石缝里觅食。

栖息环境： 主要栖息在森林及开阔区域的山间溪流。

繁殖特点： 繁殖期为 4—7 月，每窝通常产卵 4~5 枚，卵呈纯白色。雌鸟负责孵卵，孵化期为 16~18 天，育雏期 23 天。

上背呈暗棕褐色

嘴比较窄

胸部为白色

尾部较短

腹部为浓棕褐沾黑褐色

食性： 食物以水生昆虫及其他幼虫为主。

体重： 0.055~0.075 千克 | **雌雄差异：** 羽色相似 | **栖息地：** 森林及开阔区域的山间溪流

戴菊

雀形目、戴菊科、戴菊属

嘴为黑色

羽冠为橙黄色

雄鸟

淡褐色的脚

戴菊雄鸟的头顶为橙黄色的羽冠，两侧有明显的黑色冠纹，背部和肩部均为橄榄绿色；两翅覆羽和飞羽呈黑褐色，下体污白色，羽端沾有少许黄色；腰部覆羽呈黄绿色，尾羽为黑褐色，尾外侧羽缘为橄榄黄绿色。雌鸟与雄鸟大体相似而羽色较暗。

分布区域： 主要分布于欧洲、亚洲等地。

生活习性： 戴菊生性活泼好动，行动敏捷，叫声尖细。白天多动，喜欢在针叶树枝间跳跃或飞行，除繁殖期单独或结成对活动外，其他时间多结群。主要为留鸟，部分会游荡或迁徙。

食性： 食物以鞘翅目昆虫和幼虫为主。

栖息环境： 主要栖息在针叶林和针阔叶混交林。

繁殖特点： 繁殖期为5—7月，每窝通常产卵7~12枚，卵呈白玫瑰色，上面有细褐色的斑点。雌鸟和雄鸟共同觅食喂养雏鸟，每天喂食时间长达14~15个小时，经过16~18天幼鸟就可以离巢。

体重： 0.005~0.006千克 | **雌雄差异：** 羽色略有不同 | **栖息地：** 针叶林和针阔叶混交林

银胸丝冠鸟

雀形目、阔嘴鸟科、丝冠鸟属

银胸丝冠鸟头顶为灰棕色，黑色眉纹比较宽；嘴部宽阔，为天蓝色；上背呈烟灰色，胸部呈淡棕黄色；两翅覆羽为黑色，翼缘为白色；下背至尾上覆羽均呈栗色，颏部和喉部接近白色，腹部缀葡萄红色，尾羽为黑色，呈凸尾形。雌雄毛色相似，但雌鸟上胸有银白色环带。

分布区域： 主要分布在孟加拉国、不丹、柬埔寨、中国、印度、印度尼西亚、马来西亚、缅甸等地。

生活习性： 银胸丝冠鸟属热带森林鸟类，一般在树冠层下活动，喜欢静栖，不善于跳跃和鸣叫，结成10~20只的群活动。属留鸟，不迁徙。

栖息环境： 主要栖息在热带和亚热带山地森林。

繁殖特点： 每窝通常产卵4~5枚，卵呈白色，表面有红褐色的斑点，雌雄亲鸟轮流孵卵。

食性： 食物以椿象、甲虫、蝗虫、象甲等昆虫为主。

体重： 0.021~0.039千克 | **雌雄差异：** 羽色相似 | **栖息地：** 热带和亚热带山地森林

鹪鹩

突胸总目、鹪鹩科、鹪鹩属

鹪鹩的眉纹多为乳黄白色，头侧为浅褐色，有棕白色的细纹，体色多为褐色或棕褐色；上体为棕褐色，下背至尾部及两翅满布黑褐色的横斑，胸部以下也杂有黑褐色的横斑；翅膀短小而圆，下体为浅棕褐色，尾巴短而高翘。雌鸟和雄鸟羽色相似。

分布区域： 主要分布于非洲西北部以及印度北部、缅甸东北部等地。

生活习性： 鹪鹩生性活泼，飞行较低，经常从低枝逐渐跃向高枝，鸣声清脆响亮，冬季在缝隙内群栖。通常单独或者成双以家庭为单位进行活动，看到人的时候就会隐匿起来。

栖息环境： 主要栖息在森林、灌木丛、小城镇和郊区的花园。

繁殖特点： 繁殖期为 5—7 月，每窝通常产卵 5~6 枚，卵呈白色。

食性： 鹪鹩是农林益鸟，食物主要为毒蛾、天牛、蜘蛛等。

体重： 0.008~0.013千克 | **雌雄差异：** 羽色相似 | **栖息地：** 森林、灌木丛、小城镇和郊区的花园

禾雀

雀形目、文鸟科、禾雀属

禾雀体长 13~14 厘米，虹膜为红色，嘴呈深粉红，头部为黑色，脸颊部带有显著白色斑块；上体到胸部呈灰色，腹部为粉红色；尾下覆羽多为白色，尾部为黑色，脚为红色。亚成鸟的头部偏粉色，顶冠为灰色，胸部呈粉红。雌鸟和雄鸟羽色相似。

分布区域： 分布于爪哇和巴厘岛的特有品种，广泛引种东南亚和澳大利亚等地。

生活习性： 禾雀是知名的观赏鸟类，喜欢聚集成大群栖息，在树枝上相互紧靠，在园林和农耕地聚集成大群活动，是具有高度社群性的鸟类。它们经常低声吱叫，叫声轻柔。

栖息环境： 草甸、灌丛的空旷林地。

繁殖特点： 每窝产卵 4~7 枚，小禾雀在孵化出之后 7~8 个月发育成熟。

嘴呈深粉红色

脸颊有显著的白斑

食性： 主要以禾本科和其他草类的种子为食物。

腹部呈粉红色

红色的脚

体重： 0.024~0.03千克 | **雌雄差异：** 羽色相似 | **栖息地：** 草甸、灌丛的空旷林地

旋木雀

又称爬树鸟、普通旋木雀 / 雀形目、旋木雀科、旋木雀属

旋木雀的嘴部细长且下弯，眉纹宽阔且为白色，头部和上部都有多色斑驳；上体以棕褐色为主，各羽都有淡色轴纹；喉咙、腹部和尾下覆羽均为纯白色，下体近白色，尾部呈楔形，脚为褐色，后趾和爪比较长。雌鸟和雄鸟羽色相似。

分布区域：主要分布在欧洲大部、亚洲部分地区以及太平洋沿岸等地。

生活习性：旋木雀飞行能力不强，善于在树干上垂直攀爬，白天表现活跃，夜间结成群休息。会垂直向树干上方爬行觅食，爬到树梢的时候会俯冲到另一个新树的底部，继续攀爬。为全年常驻同一个地方的留鸟。

栖息环境：主要栖息在针叶林、针阔叶混交林。

食性：食物以昆虫、蜘蛛和其他节肢动物为主。

繁殖特点：繁殖期为 3—6 月，每窝通常产卵 1~6 枚，卵呈白色，雌雄亲鸟轮流喂养后代。孵卵期为 13~17 天，抚育期为 13~18 天。

体重：约0.01千克 | **雌雄差异：**羽色相似 | **栖息地：**针叶林、针阔叶混交林

灰腹绣眼鸟

雀形目、绣眼鸟科、绣眼鸟属

灰腹绣眼鸟的嘴和眼先为黑色，上体从前额到尾上覆羽均为黄绿色；脸颊、耳羽等头侧为黄绿色，喉部和上胸为鲜黄色，飞羽呈黑褐色，下胸和两胁渐变淡灰色，腹部呈灰白色；尾呈暗褐或黑褐色，尾下覆羽为鲜黄色，脚为暗铅色或蓝铅色。雌鸟和雄鸟羽色相似。

分布区域：主要分布于中国、巴基斯坦、孟加拉国、缅甸、泰国、马来西亚、印度尼西亚和菲律宾等地。

生活习性：灰腹绣眼鸟属于小型鸟类，叫声轻柔，生性活泼，行动敏捷，经常在树冠层枝叶间穿梭。除繁殖期间独自或成对活动外，其余季节多结群。属留鸟，部分会在冬季游荡。

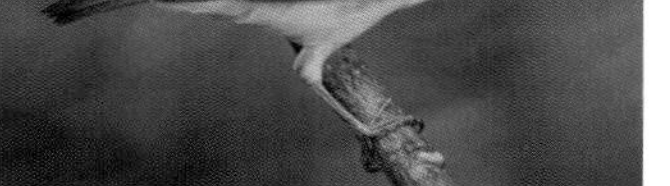

栖息环境：主要栖息在低山丘陵和山脚平原地带的常绿阔叶林以及次生林。巢通常筑在常绿阔叶林、河谷以及林缘灌木丛里，呈杯状。

繁殖特点：繁殖期为 4—7 月，每窝通常产卵 3 枚。卵呈淡蓝色，表面光滑无斑。雌鸟和雄鸟轮流进行孵卵，孵化期为 10~11 天。雌鸟和雄鸟共同育雏，10~11 天后可以飞出。

食性：食物以甲虫、蚂蚁等昆虫和昆虫幼虫为主。

体重：0.007~0.012千克 | **雌雄差异：**羽色相似 | **栖息地：**低山丘陵和山脚平原地带

草地鹨

雀形目、鹡鸰科、鹨属

食性： 食物主要有鳞翅目幼虫、蝗虫等昆虫，也吃苔藓、杂草种子等。

草地鹨的嘴为淡褐色，喙较细长，眉纹呈乳白色，上体呈橄榄褐绿色或橄榄色，有黑褐色的纵纹，翅膀尖且长，下体呈皮黄白色，胸部和两肋带暗褐色的纵纹，尾呈暗褐色，腿较细长。雌鸟和雄鸟羽色相似。

分布区域： 主要分布于中东以及土耳其、中国等地。
生活习性： 草地鹨生性机警，多在地上奔跑和觅食。喜欢在针叶、阔叶、杂木等种类树林或附近的草地栖息，也好结群活动。
栖息环境： 主要栖息在河流、湖泊、草地、沼泽。
繁殖特点： 繁殖期为4—7月，每窝通常产卵4~6枚。

体重： 0.015~0.02千克 | **雌雄差异：** 羽色相似 | **栖息地：** 河流、湖泊、草地、沼泽

领岩鹨

又称岩鹨、大麻雀、红腰岩鹨 / 雀形目、岩鹨科、岩鹨属

领岩鹨体长约为18厘米，嘴细尖，嘴基较宽，头部为灰褐色；颏部和喉部均为灰白色，腰部为栗色，上腹和两肋为栗色，有较宽的白色边缘；下腹部为淡黄褐色，各羽均有暗色的横斑；尾方形或稍凹，尾羽呈黑褐色，有较淡的淡黄褐色边缘。

分布区域： 主要分布于印度、孟加拉国、不丹、中国、菲律宾、文莱、新加坡等地。
生活习性： 领岩鹨为高山鸟，鸣叫声清脆悦耳，生性活泼而机警，比较羞怯，遇人常躲进灌木丛中。除繁殖期成对或单独活动外，其余季节多成家族群或小群活动。在中国主要为留鸟。

栖息环境： 主要栖息在高山针叶林带、多岩地带。
繁殖特点： 繁殖期为6—7月，每窝通常产卵3~4枚，卵呈青色。

头部呈灰褐色
嘴细尖，嘴基较宽
黑褐色的尾羽
上腹部为栗色

食性： 食物以甲虫、蚂蚁等昆虫为主。

体重： 0.01~0.02千克 | **雌雄差异：** 羽色相似 | **栖息地：** 高山针叶林带、多岩地带

第二章

走禽

走禽善于行走或快速奔跑，
也称路禽或陆禽。
走禽中的白腹锦鸡和红腹锦鸡在中国传统文化中都是富贵和吉祥的象征，多被用于绘画作品，
最著名的是宋徽宗赵佶所绘的《芙蓉锦鸡图》；
而孔雀被视为百鸟之王，是吉祥、华贵的象征。

鸵鸟

又称非洲鸵鸟 / 鸵鸟目、鸵鸟科、鸵鸟属

鸵鸟身高可达 2.5 米，是最大的一种鸟，头小，宽而扁平，眼球巨大，带着浓黑的眼睫毛，颈部长而无毛。雄性成鸟全身大多为黑色，翼端及尾羽末端的羽毛为白色，且呈波浪状，腿较长，多为淡粉红色。雌鸟体形略小，两翼退化，全身羽毛多数为灰褐色，嘴壳及双腿无桃红色。鸵鸟后肢甚粗大，只有两趾，是目前世界上唯一的两趾鸟。

分布区域：分布于从塞内加尔到埃塞俄比亚的非洲东部地区。

生活习性：鸵鸟体形巨大，全身有黑白色的羽毛，不能飞，羽毛主要用于保温。鸵鸟是群居、日行性走禽类，适合在沙漠荒原中生活，经常 5~50 只结成群生活，与食草动物相伴。有发达的气囊和很好的循环系统，以此来调节体温，所以能够很好地适应干旱天气，具有很高的耐热性。它们的嗅觉和听觉灵敏，擅长奔跑，跑时以翅扇动相助。不迁徙。

栖息环境：主要栖息在沙漠、草地和荒原地带。巢一般筑在地面，所有的雌鸟会将卵生在一个巢中。

繁殖特点：繁殖期内一雄多雌，每只雌鸟通常产卵 10~12 枚，卵多为乳白色。雌鸟在白天孵卵，雄鸟在夜间孵卵，孵化期较长，为 40~42 天。

食性：杂食性，以植物的果实和叶为主，也会吃昆虫、小型爬行类和哺乳类动物。

你知道吗？非洲鸵鸟全身的羽毛都是绒羽，而且羽毛质地细致、柔软，且保暖性好，可用来制作高贵的服饰和头饰。皮可用来制成非常好的皮革，制成之后产品的使用年限也很长，而且随着时间的增长，产品的表面会更加光亮。

你知道吗？非洲鸵鸟目前是鸵鸟目中仅存的一个种，是世界上最大的一种鸟，也是现存鸟类中唯一的二趾鸟类。很早以前鸵鸟是会飞的，变成今天这样与其生活环境的变化有着密切关系，它也代表着草原和荒漠的动物向高大和善于奔跑方向的进化。

体重：60~160千克 | **雌雄差异：**雌雄不同 | **栖息地：**沙漠、草地、荒原

美洲鸵鸟

又称大美洲鸵鸟、美洲大鸵鸟 / 美洲鸵鸟目、美洲鸵鸟科、美洲鸵鸟属

美洲鸵鸟体长为 80~132 厘米，身高约为 1.6 米。翅羽蓬松而粗糙。头部较小，颈部较长，体形略显纤细。喙扁平，呈灰色。体羽轻软，为暗灰色，头顶黑色，腿比较细长，呈灰白色，脚上有三趾。雌鸟和雄鸟羽色相似。

分布区域：分布于南美洲的玻利维亚、巴拉圭、巴西、乌拉圭等地。

生活习性：美洲鸵鸟是美洲最大的鸟类，不能飞行，喜欢结群。在繁殖季节，如有别的雄鸵鸟靠近伴侣，雄鸵鸟就会和对方决斗，拍打翅膀，用力踢对方，并发出“隆隆”的吼叫声。走路的时候总是紧闭双翼，前后摇摆颈项，跨一步有 1 米多远，气度非凡。奔跑的时候背部双翼伸展开，踩踏力十分惊人。美洲鸵鸟善于奔跑，会游泳，不迁徙。

栖息环境：主要栖息在丛林、草原和灌丛中。

繁殖特点：繁殖期为 5—10 月，每只雄鸟可以拥有 5~6 只雌鸟，雌鸟都产卵在同一个巢里，每个巢有 20~50 枚卵，卵呈金黄色。雄鸟在地面上筑巢，并且负责孵卵，孵化期约为 6 周，在这期间，雄鸟很少进食，基本不会离开巢。雄鸟非常保护幼鸟，若是有鸟靠近半步，都会被其攻击。

食性：食性很杂，主要以植物的茎、叶、果实和小动物等为食物。巢通常筑在地面上。

你知道吗？美洲鸵鸟是美洲大陆上最大的鸟类，也是世界上最大的鸟类之一。养殖美洲鸵鸟具有经济效益高、饲养成本低等优点。美洲鸵鸟全身许多部分都有很高的经济价值：它的肉在外观上与牛肉相似，富含蛋白质、脂肪，且胆固醇含量低，同时无药物残留，符合现代人的膳食要求；它的皮轻柔有弹性、透气性能好，是世界上最名贵的皮革之一。

体重：0.06~0.1千克 | **雌雄差异：**羽色不同 | **栖息地：**丛林、草原和灌丛

松鸡

又称普通松鸡、西方松鸡 / 鸡形目、雉科、松鸡属

松鸡喙较短，呈圆锥形，雄鸟体长为 87~125 厘米，羽毛鲜艳，生有大肉冠；喉部为黑色，从额部直到尾上覆羽均为石板灰色，胸部泛有蓝绿色的光泽；腹部有白色斑点，尾巴长而宽阔，脚强健，被羽毛。雌鸟上部体羽锈褐色，具黑色及黄褐色横斑，下体颜色较淡。

分布区域： 分布于欧洲、亚洲等地。

生活习性： 松鸡善于行走，翅膀较短，因为身体笨拙，所以它们除了上树和下树以外很少飞行。飞行时候上升速度比较慢，达到一定的高度时会展开双翅从高向低滑翔。不迁徙。

栖息环境： 栖息在云杉、冷杉和落叶松等针叶林带。巢一般筑在山坡的向阳面或者树根旁。

繁殖特点： 松鸡为一雄多雌制，每窝通常产卵 6~9 枚。卵呈浅黄色，上面有大小不一样的褐色斑点，由雌鸟负责孵卵。雄鸟之间会因为争夺雌鸟或者领地而争斗，巢很简陋。筑巢、产卵、育雏都由雌鸟独自承担，孵化时人走到巢边都不会出窝。

你知道吗？ 松鸡雌鸟在交配之前会选择雄鸟，交尾之后就离开求偶的地方。雄鸟在求偶场中会保持一定的距离，彼此之间很难看到对方的表演，但是可以听到彼此的求偶声音。

松鸡在世界上的分布范围很广，但是各地的种群数量处于下降状态，英国从 20 世纪 70 年代开始急剧下降，德国以及中欧各国已经接近灭绝，在中国种群数量极为稀少。

圆锥形的短喙

雄鸟

食性： 食性较广，以植物性食物为主。

尾长而宽阔

脚上被有羽毛

体重： 1.7~5.05千克 | **雌雄差异：** 羽色不同 | **栖息地：** 落叶松、云杉、冷杉和落叶松等针叶林带

花尾榛鸡

又称飞龙、松鸡、树鸡 / 鸡形目、雉科、榛鸡属

花尾榛鸡雄鸟头顶为棕褐色，有褐色斑，喉部为黑色，后颈和上背部均为棕黄色，缀有栗褐色的横斑；下背部到尾上覆羽则为棕灰色，肩羽为棕褐色，暗棕褐色的胸部有白色羽缘；两胁杂以红棕色，中央的一对尾羽呈棕褐色，缀有细斑，脚呈黄色。雌鸟与雄鸟相似，唯喉与颏呈棕白色。

分布区域：分布于欧亚大陆北部。

生活习性：花尾榛鸡是林栖的鸟类，鸣叫声高亢，飞行速度较快。除繁殖期以外，一般结成小群活动，它们多在清晨开始各自分开觅食，平时隐藏在树枝杈间，有人靠近时依然不动。在林间走动缓慢，受惊时会疾跑。属留鸟，不迁徙。

栖息环境：主要栖息在松林、云杉、冷杉等针叶林里。巢通常筑在山坡阳面或者树根旁。

繁殖特点：以一雄一雌制为主，繁殖期为 4—5 月。卵为淡褐色，上面有大小不一样的淡肉桂色和褐色的斑点。不允许其他的雄鸟进入自己的领地，否则会发生斗争。雌鸟负责孵卵，孵化期为 25 天左右。

你知道吗？繁殖期雄鸟之间常发生格斗，不让其他雄鸟进入自己的巢区。雌鸟不会参加格斗，它们可以在任一巢区觅食。发情时雌雄鸟形影不离，并且相互鸣叫呼唤。这个时候雌鸟会比较机警，稍有响动，就独自飞走。

头顶呈棕褐色，杂有褐斑

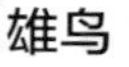

雄鸟

喉部为黑色

食性：主要以植物的嫩枝、嫩芽和种子等为食物。

黄色的脚

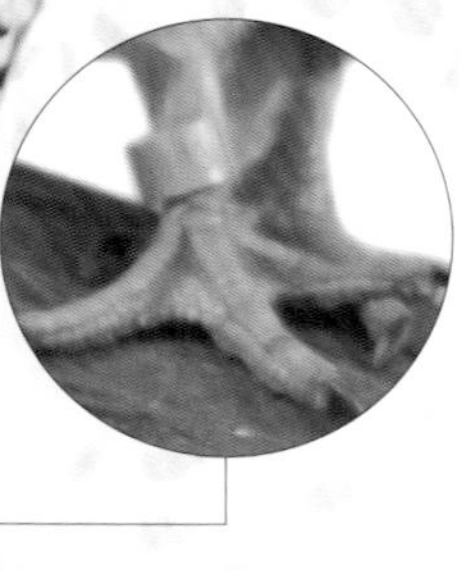

体重：0.3 ~ 0.5千克 | **雌雄差异：**羽色相似 | **栖息地：**松林、云杉、冷杉等针叶林

鸸鹋

又称澳洲鸵鸟 / 鹤鸵目、鸸鹋科、鸸鹋属

鸸鹋是世界上第二大的鸟类，高为 150~185 厘米，身体健壮，它的嘴短、扁，喙为灰色，灰色的羽毛长而卷曲，从颈部向身体的两侧覆盖，羽毛有纤细垂羽。头和颈部均被有羽毛，为暗灰色，颈部裸露的皮肤为蓝色，翅膀隐藏在残留的羽毛下。腿长，灰色，长有鳞片，足有三趾。雌鸟和雄鸟羽色相似。

分布区域：分布于澳大利亚大陆和塔斯马尼亚岛。
生活习性：擅长奔跑，寿命约为 10 年，是澳大利亚的国鸟。在民间，鸸鹋和袋鼠共同被视为澳大利亚的象征。鸸鹋的翅膀退化，无法飞翔。跑速每小时可达 70 千米，当它陷入困境时会用大脚踢人。性情友善，若不激怒它们，从来不会啄人。不迁徙。
栖息环境：主要栖息在澳洲的森林、草原、半沙漠地区。
繁殖特点：一般两只雄鸟配三只雌鸟，每窝通常产卵 7~10 枚，卵呈暗绿色。雄鸟负责孵卵，在两个多月的孵化期内，基本上不吃也不喝，完全依靠消耗自身体内的脂肪以此来维持生命，所以每次孵化之后，雄鸟的体重也会下降很多。
你知道吗？科学研究表明，经过数十万年的地质和气候的变迁，鸸鹋最初的原始形态仍没有改变，这种适应能力在自然界的进化史中算是非常罕见的。

食性：食性较杂，喜欢吃树叶、野果、青草和昆虫等。

体重：30 ~ 45千克 | **雌雄差异：**羽色相似 | **栖息地：**森林、草原、半沙漠地区

鹤鸵

又称食火鸡 / 古颚总目、鹤鸵科、鹤鸵属

鹤鸵是世界上第三大的鸟类，高可达 1.7 米，其头顶有高高的、半扇状的角质盔能保护光秃的头部，头颈裸露部分主要为蓝色，颈侧和颈背为紫色、红色或橙色，前颈部有两个鲜红色的大肉垂。成鸟的羽毛为发状，呈亮黑色，足有三趾。鹤鸵雌鸟体形比雄鸟大。

分布区域：分布于大洋洲东部、新几内亚和澳大利亚北部等地。

生活习性：鹤鸵通常单独或者成对生活，不能飞，能在丛林中的小道上迅速奔跑，它还擅长跳跃，鸣叫声粗如闷雷。它的爪子像匕首一样锋利，能挖取人的内脏，被列为“世界上最危险的鸟类”。鹤鸵休息地点和活动通道比较固定，对发光的东西很好奇。害怕日光，所以经常在早晨和傍晚外出觅食。不迁徙。

栖息环境：一般栖息在热带雨林，巢通常筑在地面上。

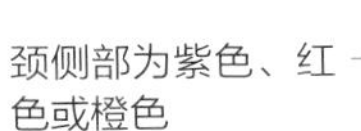

食性：它们主要以浆果为食物，也食用昆虫、小鱼和鼠类等。

繁殖特点：繁殖期为 3—9 月，一个雌鸟配多只雄鸟，每窝通常产卵 3~6 枚，卵呈绿色。

体重：约70千克 | **雌雄差异：**羽色相似 | **栖息地：**热带雨林

红腹锦鸡

又称金鸡、鷩雉、采鸡 / 鸡形目、雉科、锦鸡属

红腹锦鸡体长为 59~110 厘米。雄鸟嘴呈黄色，头部有金黄色的丝状羽冠，上体除上背部为浓绿色外，其余为金黄色；后颈被有橙棕色的扇状羽，缀有黑边；下体为深红色，黑褐色的尾羽缀有桂黄色的斑点，脚为黄色。雌鸟与雄鸟相比颜色暗淡，大部分体羽呈暗棕色，有黑褐色横斑。

分布区域：红腹锦鸡为中国特有的鸟种，分布于中国甘肃和陕西南部的秦岭地区。

生活习性：白天一般在地上结群活动，生性机警，善于奔走，在树林里能自如飞行。听觉和视觉很灵敏，稍微有一点声响，就会逃走。白天一般在地上活动，中午在隐蔽处休息，晚上会栖息在树上。不迁徙。

栖息环境：主要栖息在海拔 500~2500 米的阔叶林、针阔叶混交林和竹丛等地。

繁殖特点：繁殖期为 4—6 月，一雄多雌制，每窝通常产卵 5~9 枚。卵为椭圆形，呈浅黄褐色，表面光滑无斑。雄鸟进行求偶时非常好看，羽毛呈蓬松状，十分华丽。巢十分简陋，只是一个圆形的浅土坑。

你知道吗？雄性红腹锦鸡的外表非常美丽，它们的皮可供出口，活鸟可供展览，所以偷猎者热衷于捕猎它们。

食性：主要食植物的叶、果实和种子等，也会吃昆虫。

体重：0.55 ~ 0.75千克 | **雌雄差异：**羽色不同 | **栖息地：**阔叶林、针阔叶混交林、竹丛

棕胸竹鸡

鸡形目、雉科、竹鸡属

棕胸竹鸡的嘴呈褐色，眉纹为白色或皮黄色，眉纹下方有一道黑纹或栗纹；喉部和颈侧均为茶黄色，胸部呈栗棕色，胸部和颈部有由栗色条纹形成的项围，两胁和腹部有粗大的黑斑；尾较长，脚为暗绿褐色或绿灰色。雌鸟和雄鸟羽色相似。

眉纹呈白色或皮黄色

胸部呈栗棕色

腹部有粗大黑斑

暗绿褐色或绿灰色的脚

分布区域： 主要分布在中国、越南、缅甸等地。

生活习性： 棕胸竹鸡为小型鸡类，数量少，经常结成小群栖息和活动，晚上在竹林或树枝上休息，飞行速度快，但不能持久。

栖息环境： 主要栖息在山坡森林、灌丛、草丛。巢一般筑在草地或者竹林中。

繁殖特点： 繁殖期为 4—7 月，每窝通常产卵 3~7 枚。孵化期为 17~18 天，孵化出来之后不久就可以活动。

食性： 杂食性，主要以植物的幼芽、浆果、种子等为食物，也吃各种昆虫等。

体重： 0.25 ~ 0.36千克 | **雌雄差异：** 羽色相似 | **栖息地：** 山坡森林、灌丛、草丛

岩鸽

食性： 主要以植物种子、果实、球茎、块根等为食。

又称野鸽子、横纹尾石鸽、山石鸽 / 鸽形目、鸠鸽科、鸽属

岩鸽雄鸟的嘴为黑色，头部、颈和上胸为石板蓝灰色，颈和上胸缀有金属铜绿色，颈后缘和胸上部还有紫红色光泽，形成颈圈状；上背和两肩大部分为灰色，下背为白色；腰部为暗灰色，从胸部以下为灰色，尾呈石板灰黑色，脚趾为暗红或朱红色。雌鸟和雄鸟羽色相似。

头部为石板蓝灰色

颈部缀金属铜绿色

嘴为黑色

胸上部有紫红色的颈圈

脚趾呈暗红或朱红色

尾呈石板灰黑色

分布区域： 主要分布于中国、蒙古、朝鲜、阿富汗等地。

生活习性： 岩鸽一般成群活动，喜欢结成小群到山谷和平原上觅食，生性较温顺。叫声为“咕咕”，鸣叫的时候会频繁地点头。

栖息环境： 主要栖息在山地岩石、峭壁、高山。巢通常筑在山地的岩石缝中和悬崖峭壁的洞穴里。

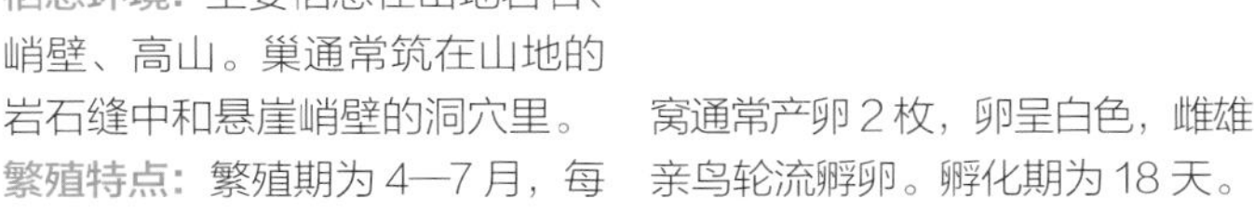

繁殖特点： 繁殖期为 4—7 月，每窝通常产卵 2 枚，卵呈白色，雌雄亲鸟轮流孵卵。孵化期为 18 天。

体重： 0.18 ~ 0.3千克 | **雌雄差异：** 羽色相似 | **栖息地：** 山地岩石、峭壁、高山

灰山鹑

鸡形目、雉科、山鹑属

灰山鹑体长约为 30 厘米，脸和喉部偏橘黄色。雄鸟头顶、枕和后颈均为暗灰褐色；上背、下颈和前胸有两侧均为灰色，杂有棕褐色；下胸有栗色的倒“U”形斑块，下体近白色；两肋有栗色的宽横纹，尾羽为锈红色，尾下有棕白色的羽毛，脚为暗棕色。雌鸟和雄鸟羽色相似。

分布区域：分布于斯堪的纳维亚半岛、葡萄牙、英国、西班牙和法国等地。

生活习性：灰山鹑的体形中等，生性活泼，善于奔跑。一般在早晨和黄昏觅食。除繁殖期以外一般成群活动，飞行速度快，呈直线飞行，但一般飞不远便落入草地中，飞行不高。主要在早晨和黄昏觅食，中午一般在阴凉处休息。属留鸟。

栖息环境：主要栖息在低山丘陵、平原、高山、荒坡等地。巢通常筑在有灌丛的沟谷、溪流和干草地，雌雄共同筑巢，巢的结构相对较简单。

繁殖特点：一雄一雌制，每窝通常产卵 10~20 枚，产卵一般一天产 1 枚。雌雄亲鸟共同孵卵，或仅由雌鸟孵卵。卵的颜色为灰色或者灰绿色。雌雄鸟共同孵卵，孵化期为 21~26 天，雌鸟非常恋巢。雏鸟孵出之后即可跟随亲鸟活动。

头顶呈暗灰褐色

喉部偏橘黄色

前胸为灰色，混以棕褐色

暗棕色的脚

食性：以植物的嫩枝、叶片、嫩芽、果实等植物性食物为主。

体重：0.35~0.42千克 | **雌雄差异：**羽色相似 | **栖息地：**低山丘陵、平原、高山、荒坡

鹌鹑

又称普通鹌鹑、鹑鸟、奔鹑 / 鸡形目、雉科、鹌鹑属

鹌鹑雄鸟体形较小，嘴呈蓝色，夏羽头顶、后颈和枕部均黑褐色，眉纹白色，颏、喉及颈的前部暗褐色，颈部有一黑褐宽条，上背部浅黄栗色，有黄白色羽干纹，下背部及尾羽均为黑褐色，脚趾为淡黄色；冬羽与夏羽略似，唯颏及喉部棕白色，且杂以栗色，颈部宽条不明显。雌鸟和雄鸟羽色相似。

分布区域：分布于欧洲、非洲、亚洲等地。

生活习性：鹌鹑善于隐藏，除了繁殖期外，喜欢结成小群活动；除迁徙期外，很少会起飞。翼羽较短，不能高飞和久飞，一般昼伏夜出，喜欢夜间迁徙，迁徙时多集群。属候鸟，会迁徙。

栖息环境：主要栖息在有茂密野草的平原、荒地、丘陵、沼泽等地。巢通常筑在草地、农田和灌丛，一般会利用地面的凹坑。

繁殖特点：一雄多雌制，繁殖期为5—7月，每窝通常产卵 7~15 枚。

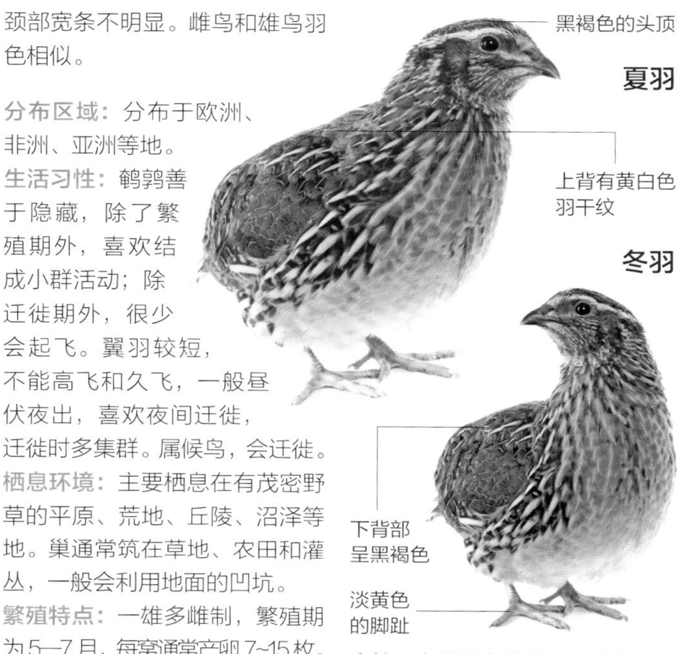

食性：主要以杂草种子、豆类、昆虫及幼虫等为食物。

体重：0.07~0.1千克 | **雌雄差异：**羽色相似 | **栖息地：**平原、荒地、丘陵、沼泽

黑长尾雉

又称帝雉 / 鸡形目、雉科、长尾雉属

黑长尾雉体长为 53~88 厘米，雄鸟的头部、颈部和上背部均为紫蓝色，上背部有宽阔的钢蓝色羽缘，下背部和腰部为浓黑色；翅上覆羽黑色，深蓝色的胸部富有光泽；腹部为黑色，黑色的长尾缀有数道白色的横斑，脚为绿褐色。雌鸟体形稍小，体羽橄榄褐色，翅和腹有棕褐色斑纹。

分布区域： 分布于中国台湾。

生活习性： 黑长尾雉是大型的鸟类，生性机警，行走时昂着头，一般单独活动，夜晚会飞到树枝上过夜。活动高峰期通常为早上 7~8 点和下午 4~5 点，一般雄鸟会在雌鸟周围，充当"保护者"。行走时比较沉稳，昂首慢步，很少出声，谨慎而机警。如发现有人出现时，雌鸟会立刻快步逃离或飞走，雄鸟的反应则较为镇定，会在原处呆立片刻，再缓慢向前行走。不迁徙。

栖息环境： 主要栖息在针叶林和混交林地带。巢通常筑在地面或者树干上，比较隐蔽。

繁殖特点： 繁殖期为 4—8 月，每窝通常产卵 3~5 枚。卵呈乳白色至淡褐色。雌鸟负责孵卵，孵化期为 28 天，此时雌鸟整日不离巢。

你知道吗？ 成熟雄鸟的换羽在 7—10 月完成，这段时间对于雌鸟来说是抚育幼鸟的重要阶段。

食性： 杂食性，以地表植物的叶片、幼芽和草籽等为主，也会啄食昆虫。

体重： 不详 | **雌雄差异：** 羽色不同 | **栖息地：** 针叶林及混交林地带

蓝鹇

又称蓝腹鹇、台湾蓝腹鹇、华鸡 / 鸡形目、雉科、鹇属

蓝鹇体长为 50~80 厘米，雄鸟白色的羽冠较短，额部的肉冠和脸部的肉垂呈红色，后颈和颈侧为蓝黑色；上背部为白色，下背部和腰部均为黑色；下体为黑褐色，胸部有暗蓝色的光泽；中央的一对尾羽为白色，余下的为黑色，脚和趾为红色。雌鸟无肉冠，体羽灰褐色，有规则斑纹。

分布区域： 分布于中国台湾山地地区。

生活习性： 蓝鹇是台湾特有鸟种，喜欢单独活动，早晨和黄昏时最活跃。活动时昂首阔步，沿着固定的路线进行，生性机警，受惊后则迅速奔跑。善于奔跑，也能飞行和跳跃。没有领域性行为。属留鸟，不迁徙。

栖息环境： 主要栖息在阔叶林或次生阔叶林。巢通常筑在原始阔叶林中，一般为地上的凹坑或者在地上挖一个浅坑，比较简陋。

繁殖特点： 一雌一雄制，繁殖期为 2—7 月，每窝通常产卵 3~7 枚。卵呈乳白色略带淡黄色。孵化期为 26~29 天。

你知道吗？ 蓝鹇于 1862 年在中国台湾被发现，当时种群数量较为丰富，但随着经济迅速发展，适合蓝鹇生存的栖息环境所剩无几，它们的生存受到了严重威胁，现已很少见到。

食性： 主要以植物的果实和种子为食，也吃部分昆虫。

体重： 不详 | **雌雄差异：** 羽色不同 | **栖息地：** 阔叶林或次生阔叶林

灰孔雀雉

又称诺光贵、孔雀雉 / 鸡形目、雉科、灰孔雀雉属

灰孔雀雉属国家一级保护动物，体长为 50~67 厘米，雄鸟嘴为黑色，头上有发状的羽冠，上体呈乌褐色，背部有白色的较大的斑点，上背部和肩部都有紫色或翠绿色的眼状斑，颏、喉部均为白色，其余下体为乌褐色，尾羽端部有一对椭圆形的、辉紫绿色眼状斑，脚为黑褐色。雌鸟和雄鸟羽色相似。

分布区域：分布于印度、缅甸、泰国、越南、中国等地。
生活习性：生性机警，经常独自或结成对活动，上午和下午活动比较多，夜晚在树上休息。它们一般用嘴啄食，不经常起飞，很少会飞到树上。叫声响亮、短促，且越叫越亮。雄鸟活动的时候非常谨慎，遇到危险一般会不动，然后注意观察，之后立即躲入灌丛或草丛中。不迁徙。
栖息环境：主要栖息在海拔约为 1500 米的热带雨林和竹林等地。

食性：以蠕虫、昆虫以及植物的茎、叶片、果实等为食。

繁殖特点：繁殖期为 4—6 月，每窝产卵 2~5 枚。卵呈灰黄白色，表面光滑无斑，雌鸟负责孵卵。雄鸟会在雌鸟面前求偶炫耀，巢通常筑在茂密深林里，偏简陋。雌鸟负责孵卵，孵化期为 21 天。

你知道吗？灰孔雀雉是非常稀少的鸡类，因为赖以生存的生态环境遭到破坏，大面积热带雨林和季雨林被砍伐，很大程度上破坏了它们的栖息条件，它们的分布区也正在迅速消失和减少，在云南西双版纳的密度为每公顷 0.01~0.02 只，在海南岛不超过 2700 只，在西藏东南部不足 100 只。人类的捕杀也对灰孔雀雉构成很大的威胁。所以目前灰孔雀雉数量已相当稀少，处于十分濒危的境地。

体重：0.46 ~ 0.7千克 | **雌雄差异：**羽色相似 | **栖息地：**海拔约为1500米的热带雨林和竹林

白冠长尾雉

又称地鸡、长尾鸡、山雉 / 鸡形目、雉科、长尾雉属

白冠长尾雉雄鸟头顶、颈部和颈后均为白色，双眼下方有白斑；肩部、背部均为金黄色；下体为栗褐色，胸部的两肋有粗大的白色斑块；尾羽极长，脚为灰褐色或褐色。雌鸟头顶与后颈呈暗褐色，大部分体羽灰褐色，有黑色或棕色斑纹。

分布区域： 分布于中国中部和北部的河南、陕西、湖北、湖南、安徽等地。

生活习性： 白冠长尾雉体形优雅，羽色亮丽，是中国的特产珍禽。它们生性机警，听力和视力都很好，听到声响便会远远逃走。善于奔跑和飞行，稍有动静就会逃走，飞行能力强、速度快，飞行距离也较长。不迁徙。

栖息环境： 主要栖息在山地森林中。巢通常筑在林下或者草丛中。

繁殖特点： 繁殖期为 3—6 月，每窝通常产卵 6~10 枚，由雌鸟负责孵化。卵呈油灰色、橄榄褐色、淡青灰色、青黄色和皮黄色等不同类型，带有稀疏的淡蓝色或灰褐色的斑点或者无斑。领域性强，求偶期间若有入侵者，双方常常会发生比较激烈的争斗。雌鸟负责孵卵，孵卵期为 24~25 天，非常恋巢，若有人靠近，甚至会做出与之搏斗的姿势。

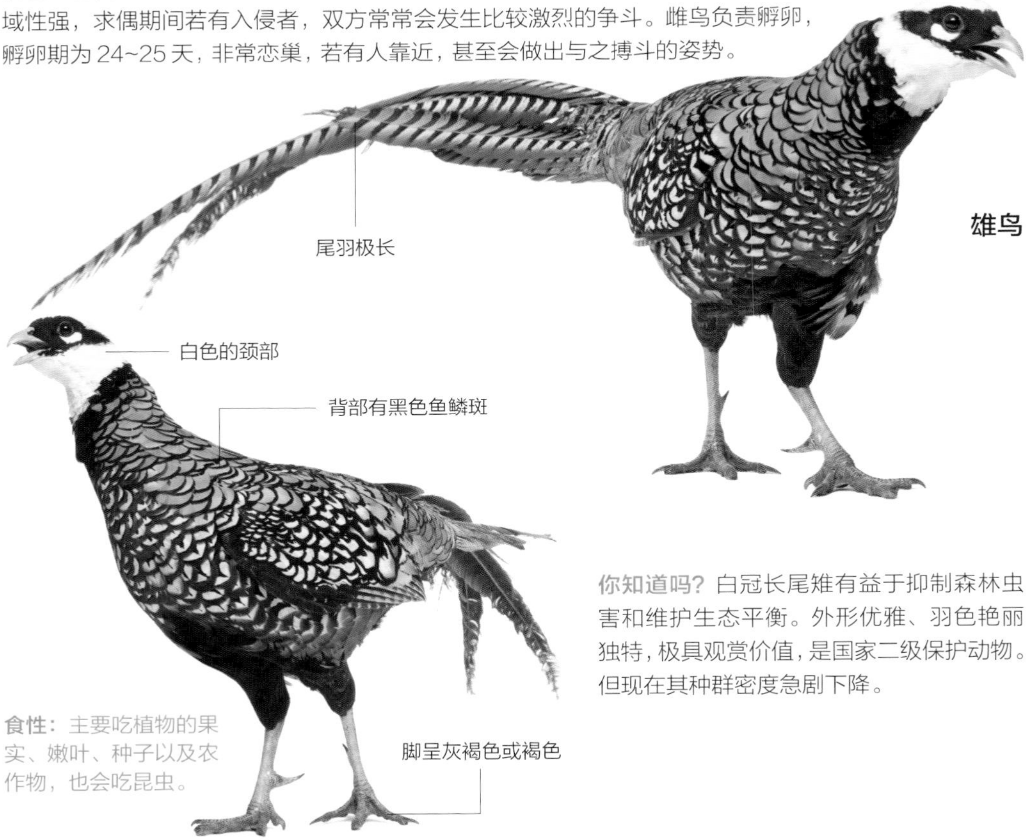

尾羽极长

雄鸟

白色的颈部

背部有黑色鱼鳞斑

你知道吗？ 白冠长尾雉有益于抑制森林虫害和维护生态平衡。外形优雅、羽色艳丽独特，极具观赏价值，是国家二级保护动物。但现在其种群密度急剧下降。

食性： 主要吃植物的果实、嫩叶、种子以及农作物，也会吃昆虫。

脚呈灰褐色或褐色

体重： 0.01~0.02千克 | **雌雄差异：** 羽色相似 | **栖息地：** 山地森林中

绿孔雀

又称爪哇孔雀、越鸟、龙鸟 / 鸡形目、雉科、孔雀属

绿孔雀体长为 180~230 厘米，雄鸟的羽毛呈翠蓝绿色，头顶的一簇冠羽直立，冠羽中部呈辉蓝色，羽缘为翠绿色；后颈、上背和胸部呈金铜色，下背和腰部为翠绿色，腹部和两肋为暗蓝绿色；绿褐色的羽毛有 100~150 根，缀有绚丽的椭圆形的眼状斑，斑的中心有暗紫色小斑，雌鸟则无尾屏，脚为褐色。雌鸟和雄鸟羽色相似。

分布区域：分布于柬埔寨、印度尼西亚、老挝、缅甸、泰国、越南，中国云南等地。

生活习性：绿孔雀为大型鸟类，生性机警，善于奔走，一般结群活动，也会单独和成对活动。行走时步伐矫健，不善飞行。一般在白天活动，晚上在树上栖息。属留鸟，会开屏。

栖息环境：沿河的低山林地及灌丛。巢通常筑在灌丛或者草丛地上，一般为地上的凹坑。

繁殖特点：繁殖期为 3—6 月，每窝通常产卵 4~8 枚。

直立的冠羽

食性：以川梨、黄泡果实、枝叶、豌豆、蘑菇、稻谷等为主，也会吃动物性食物。

背部为褐色

羽端有眼状斑

华丽的尾屏

头顶有 1 簇直立的冠羽

暗蓝绿色的腹部

尾羽很长

褐色的脚

体重：6 ~ 8千克 | **雌雄差异：**羽色相似 | **栖息地：**沿河的低山林地及灌丛

绿脚山鹧鸪

鸡形目、雉科、山鹧鸪属

绿脚山鹧鸪头顶到后颈呈橄榄褐色，喉部和头部的两侧为白色，缀有黑色的斑点；颈部有一个锈黄色的项圈；上体和胸部为棕褐色或橄榄褐色，夹杂有黑色的波浪状斑或横斑；腹部为深锈黄色，脚为暗绿色至浅绿色。雌鸟和雄鸟羽色相似。

分布区域：分布于缅甸、老挝、泰国、中国云南等地。

生活习性：绿脚山鹧鸪生性胆小，常成对或结小群活动，一般会躲在树林下和灌丛中，很少起飞，不易被发现。它们觅食时常结成对或结成小群，活动时经常鸣叫，叫声高而急促。在林下地面落叶层中觅食，中午天热的时候则休息或到小溪边喝水。不迁徙。

栖息环境：常绿灌丛、燕麦地、落叶林。巢通常筑在树林的地面上，多为天然凹坑。

繁殖特点：繁殖期为 4—6 月，每窝通常产卵 3~5 枚。雌鸟负责孵卵，雄鸟负责警戒，雏鸟孵出不久之后即可随亲鸟活动。

食性：主要以植物种子和白蚁、甲虫等昆虫为食。

体重：0.25 ~ 0.3千克 | **雌雄差异：**羽色相似 | **栖息地：**常绿灌丛、燕麦地、落叶林

斑尾林鸽

鸽形目、鸠鸽科、鸽属

斑尾林鸽体长为 40~45 厘米，雄鸟的头部和颈部为暗灰色，颈侧部有一个皮黄色斑，嘴基为橙色或橙红色；上背、肩部和翅上覆羽为淡土褐色，下背、腰部和尾上覆羽为暗灰色；胸部为葡萄粉红色，腹部为鸽灰色，脚趾为珊瑚红色。雌鸟和雄鸟羽色相似。

分布区域： 分布于欧洲以及中国、巴基斯坦、尼泊尔等地。

生活习性： 斑尾林鸽喜欢成群活动，生性胆小，飞行速度慢，喜欢在开阔地区的树上栖息。常在树丛和灌木丛或地上和田间觅食，起飞的时候翅膀响动大。属留鸟，不迁徙。

栖息环境： 主要栖息在山地阔叶林、混交林、针叶林中。巢通常筑在僻静的茂密森林中，结构松散且简陋。

繁殖特点： 繁殖期为 4—7 月，每窝通常产卵 2 枚，卵呈白色。雌鸟和雄鸟轮流孵化，孵化期为 17 天。

你知道吗？ 成鸟的雌雄鸟一旦被放在一个只有筑巢材料的笼子里，雄鸟就会开始求爱。一边鞠躬点头，一边叫个不停。之后便会选定筑巢区域，同时发出特殊的叫声，很快便会筑成一个简易的巢。之后雌鸟会对巢更加依恋，生下蛋之后即开始孵化。

食性： 主要以植物橡实、桑葚、种子等为食。

体重： 0.53 ~ 0.63千克 | **雌雄差异：** 羽色相似 | **栖息地：** 山地阔叶林、混交林、针叶林

欧鸽

鸽形目、鸠鸽科、鸽属

欧鸽体长约为 31 厘米，嘴基为红色，颈为蓝灰色，蓝灰色的后颈有绿色和轻微淡紫红色的光泽，喉部为鸽灰色；背部、肩部为蓝灰色，下背和两翅内侧覆羽为暗灰色；鸽灰色的胸部缀有淡紫色或葡萄粉红色，腰部为淡灰色，脚为粉红色。雌鸟和雄鸟羽色相似。

分布区域： 分布于欧洲、非洲以及伊朗、中国等地。

生活习性： 欧鸽一般成群活动和栖息，在非繁殖期到开阔的原野活动和觅食。飞行速度较快，能听到翅膀的振动声，喜欢在林冠层和地面觅食。不喜欢在枝树繁茂的地方筑巢，但在悬崖上有洞的海岸却很常见。迁徙期间，喜欢在橡子比较丰富的地方停留，以补充食物。属留鸟。

栖息环境： 主要在山地森林和落叶阔叶林。巢通常筑在树洞、岩棚，比较简陋。

繁殖特点： 繁殖期为 4—7 月，每窝通常产卵 2 枚，卵呈白色，雌雄亲鸟轮流孵卵。雌鸟和雄鸟轮流孵卵，孵化期为 16 天。

你知道吗？ 欧鸽的颈部呈蓝灰色，上体主要是暗灰色，腰和尾上覆羽灰色较淡，颈部后侧有蓝绿色的金属光泽，非常好看，也是欧鸽比较特别的地方。

后颈呈蓝灰色，有光泽

食性： 主要以植物幼芽、嫩叶和种子等为食物，也会吃小型无脊椎动物。

粉红色的脚

体重： 约0.3千克 | **雌雄差异：** 羽色相似 | **栖息地：** 山地森林、落叶阔叶林

山斑鸠

又称斑鸠、金背斑鸠、麒麟鸠 / 鸽形目、鸠鸽科、斑鸠属

山斑鸠体长约为 32 厘米，嘴为铅蓝色，前额和头顶前部为蓝灰色，头顶后部为沾栗的棕灰色，颈基两侧各有一块黑羽，形成黑灰色的颈斑；下体为葡萄酒红褐色，喉部为棕色沾染粉红色；上背为褐色，下背和腰部均为蓝灰色，脚为洋红色。雌鸟和雄鸟羽色相似。

分布区域：分布于印度、日本、中国等地。

生活习性：山斑鸠一般成对或成小群活动，在地面活动时比较活跃，以小步迅速前进，边走边觅食。飞翔时两翅频繁鼓动，直而迅速，有的时候会滑翔，尤其是从树上往地面飞行的时候。迁徙。

栖息环境：主要栖息在丘陵、平原、阔叶林、混交林。巢通常筑在树上，也会筑在竹林或者灌木丛，呈盘状。

繁殖特点：繁殖为 4—7 月，每窝通常产卵 2 枚。卵为椭圆形，呈白色，表面光滑无斑。雌雄鸟轮流孵卵，孵化期为 18~19 天，孵化期间非常恋巢。

颈基两侧有黑灰色的颈斑

上背部为褐色

嘴呈铅蓝色

洋红色的脚

食性：主要以植物的果实、种子嫩叶和幼芽为食，偶尔会吃昆虫。

体重：0.17~0.32千克 | **雌雄差异：**羽色相似 | **栖息地：**丘陵、平原、阔叶林、混交林

欧斑鸠

鸽形目、鸠鸽科、斑鸠属

欧斑鸠体长约为 27 厘米，头顶到后颈为蓝灰色，嘴为灰黑色；喉部为淡葡萄酒白色，颈两侧下部各有数条黑色块斑，胸部为深葡萄酒色；上背部为浅褐色，下背、腰部和尾上覆羽与上背同色，但褐色更深，尾呈扇形，脚为紫红色。雌鸟和雄鸟羽色相似。

分布区域：分布于欧洲、非洲北部以及蒙古、伊朗等地。

生活习性：欧斑鸠一般独自或结成对活动，很少成群，白天多数时间在树上栖息和活动。太阳升起的时候开始觅食，在开阔的地上、林间空地和路边觅食。属夏候鸟，迁徙。

栖息环境：主要栖息在平原、阔叶林、混交林。巢通常筑在森林林缘地带或者农田边，呈平盘状。

繁殖特点：繁殖期为 5—8 月，每窝通常产卵 2 枚。卵呈白色，表面光滑无斑，并且富有光泽。雌雄亲鸟轮流孵卵，孵化期为 13~14 天，之后雌雄鸟共同抚育。大概 18 天后，幼鸟即可离巢。

灰黑色的嘴

颈两侧下部有黑色块斑

紫红色的脚

尾呈扇形

食性：食植物的果实和种子，也吃少量的动物性食物。

体重：0.12~0.15千克 | **雌雄差异：**羽色相似 | **栖息地：**平原、阔叶林、混交林

灰斑鸠

鸽形目、鸠鸽科、斑鸠属

灰斑鸠的头顶前部呈灰色，向后转为浅粉红灰色，嘴近黑色；后颈基处有一道半月形的黑色领环，背部、腰部、两肩均为淡葡萄色，中央尾羽为葡萄灰褐色，喉部为白色，其余下体淡粉红灰色；胸部带粉红色，两肋为蓝灰色，脚和趾均为暗粉红色。雌鸟和雄鸟羽色相似。

分布区域：分布于欧洲东南部、中亚以及印度、缅甸、日本、中国等地。

生活习性：灰斑鸠是群居物种，在食物充足的地方会形成大的群落，在人类的居住区周围经常能发现它们。多成小群活动，叫声为“咕咕”声，偶尔也会发出巨大、刺耳的鸣叫声，尤其是在夏季着陆的时候。会进行迁徙。

栖息环境：主要栖息在平原、山麓、树林和农田。巢通常筑在树上或者灌丛中，这种鸟对人类不戒备，在人类居住的地方经常可以发现它们。

繁殖特点：繁殖期为4—8月，每窝通常产卵2枚。卵呈乳白色，形状为卵圆形。雌鸟主要负责孵卵，雄鸟经常在巢附近休息和警戒，孵化期为15~17天，孵出之后雌雄鸟共同喂养。经过15~17天的喂养，幼鸟可以离巢。

食性：主要吃各种植物的果实和中西们也会吃农作物的谷粒和昆虫。

后颈基处有半月形的黑色领环

嘴近黑色

胸部呈淡粉红灰色

暗粉红色的脚趾

体重：0.15~0.2千克 | **雌雄差异：**羽色相似 | **栖息地：**平原、山麓、树林、农田

珠颈斑鸠

又称中斑、花斑鸠、珍珠鸠/鸽形目、鸠鸽科、珠颈斑鸠属

俗称“野鸽子”，珠颈斑鸠体长为27~33厘米，前额呈淡蓝灰色，头部为鸽灰色，嘴为暗褐色；上体大都为褐色，下体呈粉红色；后颈有一大块黑色的领斑，上面满是白色或黄白色珠状似的细小斑点；两肋、翅下覆羽和尾下覆羽均为灰色，尾较长，脚为紫红色。雌鸟和雄鸟羽色相似。

分布区域：分布于中国、印度、斯里兰卡、孟加拉国、缅甸、印度尼西亚以及中南半岛等地。

生活习性：珠颈斑鸠一般成小群活动，有时也和其他斑鸠混群活动，栖息场地比较固定。飞行速度较快，喜欢栖息在相邻的树枝头。生性胆小，如果有人靠近，经常以背相向。有多种叫声，连续而低沉。属于温驯的鸟类，突然的噪声会使它们惊起。飞行姿势与凤头鸠很像，着陆时尾巴会上倾。属留鸟，不迁徙。

栖息环境：主要栖息在平原、草地、丘陵、农田地带。巢通常筑在树枝杈或者灌木丛间，呈盘状。筑巢时通常雄鸟先去寻找合适的位置，然后带雌鸟去选择，一起筑巢。

繁殖特点：繁殖期为5—7月，每窝通常产卵2~3枚。

食性：以植物种子如稻谷、玉米、小麦、芝麻等为食。

后颈布满珠状似的小斑点

暗褐色的嘴

脚呈紫红色

背部为褐色

尾较长

体重：0.12~0.2千克 | **雌雄差异：**羽色相似 | **栖息地：**平原、草地、丘陵、农田

第三章

游禽

善于游泳和潜水，一般会群居，
游禽的体形较大，羽色丰富，喜欢成群活动。
在野外容易被观察到，因此容易被捕猎者捕捉，
一些地方的人会利用善于捉鱼的游禽如鸬鹚等进行捕鱼。
而游禽中的鸳鸯由于总是被看作是坚贞爱情的象征，
经常出现在文学作品中。
事实上，鸳鸯并未选择终生配偶制，
而是在繁殖季节临时结成配偶。

皇帝企鹅

又称帝企鹅 / 企鹅目、企鹅科、王企鹅属

皇帝企鹅体积庞大，身长超过 90 厘米，体重高达 50 千克，是世界上体形最大的企鹅。皇帝企鹅全身羽毛颜色主要为黑白两色，脖子下面有橙黄色的羽毛，颜色越来越浅，耳朵后部颜色最重，为鲜黄橘色，喙为橙色，颈部为淡黄色，全身色泽美丽。雌鸟和雄鸟羽色相似。

分布区域： 分布于南极和附近海域。

生活习性： 身体脂肪较多，耐寒性高，靠着翅膀在海洋里游泳捕食，是海底猎食高手。其游泳速度极快。此类企鹅可以在冰上直立行走，也可以用股部着地，靠翅膀在地面上滑行。主要在南极冰面上群体繁殖，彼此之间用声音来辨识亲属。为群居性动物，恶劣的天气来临时，会挤在一起御寒。属旅鸟，部分迁徙。

栖息环境： 海洋和冰面。

繁殖特点： 皇帝企鹅是一夫一妻制，每对夫妻都会在早冬时期进行交配，通常雌企鹅在 5 月份产蛋，之后雌企鹅需去海中找食物，雄企鹅负责孵卵。是唯一一种可以在南极洲冬季繁殖的企鹅。

你知道吗？ 皇帝企鹅身上的羽毛可以分为内外两层，外层为细长的管状结构，内层为纤细的绒毛，这些都是很好的保温组织，可以防止冷空气侵入以及组织热量的散失，从而维持体温、抵御风寒。

食性： 食甲壳类动物。

你知道吗？ 目前由于海水温度的不断升高，导致食物来源急剧下降，栖息环境正在恶化，这些都严重威胁了皇帝企鹅的生存。

体重： 20~45千克 | **雌雄差异：** 羽色相似 | **栖息地：** 海洋和冰面

阿德利企鹅

又称阿黛利企鹅 / 企鹅目、企鹅科、阿德利企鹅属

阿德利企鹅体长约为 74 厘米，眼圈呈白色，嘴呈黑色，嘴角有羽毛，其羽毛由黑、白两种颜色组成。它们的头部、背部、尾部、翼背面以及下颌均为黑色，其余部分呈白色，腿较短，爪为黑色。雌雄相同。

分布区域： 分布在南极洲、南乔治亚岛和南桑威奇群岛等地。
生活习性： 阿德利企鹅善于游泳和潜水，有一定的攻击性，其全身羽毛较厚，像动物的皮毛一样，保暖性很强。生活在南极一带，喜欢结群生活。旅鸟，会迁徙。
栖息环境： 主要栖息在海岸和附近岛屿。
繁殖特点： 繁殖期在南极的夏天，群体筑巢繁殖，每只鸟都会寻找原有的配偶进行繁殖。通常情况下，每一对阿德利企鹅都会哺育两只幼鸟。但每窝通常只有一只小企鹅可以存活，因为阿德利企鹅会发生幼崽争夺的情况，当企鹅父母回家的时候发现幼崽在争夺，不会前去劝阻，而是故意奔跑，看哪只孩子更加强壮，就认为它存活概率更高，此时就会把食物喂给它，而落后的那一只若是下一次追不上就会长不大，从而活不过冬季了。这也是一般只有一只幼崽存活的原因。
你知道吗？ 阿德利企鹅名字来源于南极的阿德利地，该地是以法国探险家迪蒙·迪尔维尔的妻子名字命名的。

食性： 以磷虾、乌贼、海洋鱼类为主。

体重： 约4.5千克 | **雌雄差异：** 雌雄相同 | **栖息地：** 海洋和附近岛屿

麦哲伦企鹅

又称麦氏环企鹅 / 企鹅目、企鹅科、环企鹅属

麦哲伦企鹅属中等身材，身高约为 70 厘米。它们的头部大部分为黑色，胸前有两条完整的黑环图案，有一条白色的宽带，从眼后过耳朵延伸至下颌附近，腹部为白色，脚蹼呈黑色，有脚趾。雌鸟和雄鸟羽色相似。

分布区域： 分布于阿根廷、智利以及南美洲南海岸、富克兰群岛沿海等地。

生活习性： 麦哲伦企鹅是航海家麦哲伦最早发现的，是温带企鹅中最大一个种类，是群居性动物，通常在水深小于 50 米的浅水区觅食。适应气候变化的能力较强，若感觉太热，会伸出脚蹼以散热。有不少天敌，海里的主要有大海燕、海狮和海豹。会进行迁徙。

食性： 以鱼、虾和甲壳类动物为主。

栖息环境： 主要栖息在近海小岛、灌木或草丛。

繁殖特点： 一夫一妻制，雌企鹅在每年的 10 月中旬开始产蛋，一般每窝有 2 只，每枚蛋重 125 克。雄企鹅会为了雌企鹅和巢穴而发生争斗。雌雄鸟轮流进行孵化，孵化期为 40~42 天。刚孵化出来的雏鸟处于半睡眠状态，非常弱小，完全依靠亲鸟的照顾。

你知道吗？ 企鹅在很大程度上依靠视线来寻找食物并在水下航行。在对视网膜的研究中发现，它们缺乏感知红色的能力，但是非常擅长感知蓝色或绿色光谱。这可能是因为在深海中存在很多蓝色和绿色，但是红色却很少。

体重： 0.01~0.02千克 | **雌雄差异：** 羽色相似 | **栖息地：** 近海小岛、灌木和草丛

鸳鸯

又称官鸭、匹鸟、邓木鸟 / 雁形目、鸭科、鸳鸯属

鸳鸯是合成词，鸳指雄鸟，鸯指雌鸟。鸳鸯体长为 38~45 厘米，雄鸟的嘴为红色，羽色鲜艳，额和头顶中央为翠绿色，头部有艳丽的冠羽，眼后有宽阔的白色眉纹，翅上有一对栗黄色扇状的羽毛，像帆一样，脚为橙黄色。雌鸟的嘴为黑色，头部和上体均为灰褐色，眼周为白色，后面连有一道白色的眉纹，胸部呈暗棕色。

分布区域： 分布于中国、日本、韩国、朝鲜等地。

生活习性： 飞行本领较强，善于游泳和潜水，经常到陆地上活动和觅食。除繁殖期外喜欢成群活动，一般有二十多只，有时也同其他野鸭混群。生性机警，善于躲藏。吃饱之后在返回栖息的地方时会先在上空盘旋侦查，确保安全之后才会一起落下歇息。会迁徙到东北繁殖，在贵州也有部分鸳鸯为留鸟，不迁徙。

栖息环境： 主要栖息在山地、水塘、河流、湖泊中。巢通常筑在天然树洞里，材料较为简陋。

繁殖特点： 繁殖期为 4—5 月，每窝通常产卵 7~12 枚，卵呈白色，形状为卵圆形，表面光滑无斑。雌鸟负责孵卵，孵化期为 28~30 天，其间十分恋巢。雏鸟孵出之后第二天就可以从高高的树洞中跳到草地上，并不停地鸣叫。

你知道吗？ 由于鸳鸯是出双入对的，所以经常出现在古代文学作品和神话传说中，代表着爱情。此外，鸳鸯是中国传统的出口鸟类之一，曾经在中国数量种群很大，但现在由于森林砍伐以及捕猎，其种群数量日趋减少。已列入世界濒危鸟类名单。

雄鸟头部艳丽的冠羽

嘴呈红色

雌鸟头部呈灰褐色

橙黄色的脚

食性： 杂食性，既吃动物性食物，也吃植物性食物。

体重： 0.43～0.59千克 | **雌雄差异：** 羽色不同 | **栖息地：** 山地、水塘、河流、湖泊

绿头鸭

又称大绿头、对鸭、大麻鸭 / 雁形目、鸭科、鸭属

绿头鸭体长为 47~62 厘米，雄鸟的嘴为黄绿色，头部和颈部均为灰绿色，颈部有一个白色的领环，上体呈黑褐色，胸部为栗色，翅、两肋和腹部均为灰白色，腰和尾上覆羽为黑色，脚为橙黄色。雌鸟嘴黑褐色，体羽呈黑褐色或浅棕色，杂有暗褐色斑纹。雄雌鸟两翅都有紫蓝色翼镜。

分布区域： 分布于欧洲、亚洲等地和美洲北部的温带水域。

生活习性： 绿头鸭是大型鸭类，很少潜水，游泳时尾巴露出水面，善于在水中觅食、嬉戏和求偶等。生性好动，叫声响亮清脆。它们常梳理羽毛，睡觉或休息时会彼此看护。少部分为留鸟，其余为旅鸟，需要迁徙。

栖息环境： 主要栖息在淡水湖、江河、湖泊等水域。筑巢环境多样，池塘、河流等水域的岸边草丛或者芦苇滩、大树上都可以。

繁殖特点： 繁殖期为 4—6 月，每窝通常产卵 7~11 枚，卵呈白色或绿灰色。雌鸭负责孵卵，孵化期为 24~27 天。雏鸟早成性，出生不久之后就可以跟着亲鸟活动和觅食。

你知道吗？ 绿头鸭是中国饲养家鸭的祖先，有控制大脑部分睡眠、部分清醒的习性，即它们可以在睡觉的时候睁一只眼闭一只眼。此习性可以帮助它们在危险的环境中逃离被捕食。

雄鸟

食性： 杂食性，以植物为主要食物。

体重： 1~1.3千克 | **雌雄差异：** 羽色略有不同 | **栖息地：** 淡水湖、江河、湖泊

赤麻鸭

又称黄鸭、黄凫、渎凫 / 雁形目、鸭科、麻鸭属

赤麻鸭体长为 51~68 厘米，雄鸟的嘴为黑色，头顶为棕白色，颊、喉部、前颈及颈侧均为淡棕黄色，下颈基部在繁殖季节有一个窄的黑色领环；胸部、上背及两肩均为赤黄褐色，下体为棕黄褐色，尾为黑色，脚为黑色。雌鸟羽色和雄鸟相似，但体色稍淡，颈基没有黑色领环。

分布区域： 分布于欧洲东南部、亚洲中部和东部等地。

生活习性： 赤麻鸭体形较大，繁殖期结成对，非繁殖期以家族群和小群生活。生性机警，人难以接近。飞行的时候会边飞边叫，一般呈直线或者横排队列飞行前进，途中会不断停歇和觅食。属旅鸟，10 月末会从繁殖地迁往过冬的地方。

栖息环境： 主要栖息在江河、湖泊、草原和农田等地。巢通常筑在平原的天然洞穴或者其他的废弃洞穴中。

繁殖特点： 繁殖期为 4—6 月，每窝通常产卵 8~10 枚，卵呈淡黄色、椭圆形。雌鸟负责孵卵，孵化期为 27~30 天。雏鸟在亲鸟的带领下大概 50 天即具备飞翔能力。

黑色的嘴

雄鸟

下颈基部的黑色领环

食性： 以水生植物叶、芽、谷物等为食物，也会吃昆虫和软体动物等食物。

头顶为棕白色

黑色的脚

你知道吗? 赤麻鸭曾经在中国种群数量十分丰富，在长江中下游地区也非常普遍。但自 20 世纪以来，由于过度狩猎以及生态环境被破坏，目前种群数量日趋减少。2020 年 9 月，国家林业和草原局发布规定禁止对其以食用为目的进行养殖。

体重： 约1.5千克 | **雌雄差异：** 羽色相似 | **栖息地：** 江河、湖泊、草原、农田

斑嘴鸭

又称谷鸭、黄嘴尖鸭、火燎鸭 / 雁形目、鸭科、鸭属

斑嘴鸭的上嘴为黑色，先端黄色，脸至上颈侧、眼先、眉纹、颏和喉均为淡黄白色。雄鸟从额到枕均为棕褐色，从嘴基经眼至耳区有棕褐的色纹；上背部灰褐沾棕，有棕白色羽缘，下背部呈褐色；腰部、尾上覆羽和尾羽均为黑褐色，脚为橙黄色。雌鸟和雄鸟羽色相似。

分布区域： 主要分布于西伯利亚东南部以及中国、朝鲜等地。

生活习性： 斑嘴鸭善于游泳和行走，很少潜水，活动时经常成对或分散成小群，叫声响亮而清脆，飞往附近农田和沼泽地上寻食。每年的 3 月份开始会从中国南方越冬地北迁，秋季开始会南迁。也有部分在中国的东南沿海和中国台湾地区终年留居，不迁徙。

栖息环境： 主要栖息在淡水湖畔、江河、湖泊、水库。巢通常筑在水域岸边的草丛或者芦苇丛中。

繁殖特点： 繁殖期为 5—7 月，每窝通常产卵 8~14 枚，卵呈乳白色，表面光滑无斑，由雌鸟负责孵卵，孵化期为 24 天。

黑色的上嘴，先端为黄色

羽缘棕白色

橙黄色的脚

食性： 主要以植物、无脊椎动物和甲壳动物为食物。

体重： 0.89 ~ 1.35千克 | **雌雄差异：** 羽色相似 | **栖息地：** 淡水湖畔、江河、湖泊、水库

翘鼻麻鸭

又称白鸭、翘鼻鸭 / 雁形目、鸭科、麻鸭属

翘鼻麻鸭的头和上颈部为黑色，有绿色光泽，嘴向上翘，呈红色。繁殖期雄鸟上嘴基部有一个红色瘤状物，从背部至胸部有一条宽的栗色环带，肩羽为黑色，腹部中央有一条黑色的纵带，其余体羽均为白色，脚呈肉红色或粉红色。雌鸟羽色稍淡，头与颈无绿色光泽，嘴基无肉瘤，栗色环带较窄。

分布区域： 主要分布于中国、瑞典、英国、法国、欧洲中部、地中海和里海沿岸等地。

生活习性： 翘鼻麻鸭喜欢成群生活，飞行疾速，善于游泳和潜水。3 月初开始会北迁繁殖，9 月末会离开繁殖地前往越冬地。迁徙路线主要沿着海岸以及河流进行，沿途会不断停歇与觅食。

栖息环境： 主要栖息在淡水湖泊、河口、盐池、盐田。

繁殖特点： 每窝通常产卵 7~12 枚，卵呈浅黄色或奶白色，椭圆形，雌鸟负责孵卵。孵化期为 27~29 天。

食性： 主要以水生昆虫、软体动物、小鱼等为食物。

体重： 0.6 ~ 1.7千克 | **雌雄差异：** 羽色略有不同 | **栖息地：** 淡水湖泊、河口、盐池、盐田

白眉鸭

又称巡凫、小石鸭、溪的鸭 / 雁形目、鸭科、鸭属

白眉鸭雄鸭体长为34~41厘米，嘴为黑色，头部为巧克力色，颈部呈淡栗色，有白色的细纹，眉纹白色，延伸到头后。上体为棕褐色，翅为蓝灰色，胸部为棕黄色，杂以暗褐色的波状斑，脚为蓝灰色。雌鸟上体黑褐色，下体淡白色，有棕色斑纹。

分布区域： 分布于西伯利亚、英国、芬兰、中国等地。

生活习性： 白眉鸭是中等体形的戏水型鸭，经常成对或小群活动，迁徙和越冬期间会聚集成大群。性格胆小机警，喜欢在水草隐蔽处活动，如有声响，会立刻从水里冲出，直飞而起，起飞和降落都很灵活。属旅鸟，会迁徙。

雄鸟
白色的眉纹宽而长
嘴呈黑色
胸部为棕黄色

栖息环境： 主要栖息在湖泊、江河、沼泽、池塘等水域。巢的隐蔽性很好，通常筑在水岸的草丛或者地上。

食性： 主要食水生植物的叶、茎等，也会吃一些软体动物和甲壳类等水生动物。

繁殖特点： 繁殖期为5—7月，每窝通常产卵8~12枚。卵为长卵圆形，呈草黄色或黄褐色。雌鸟负责孵卵，孵化期为21~24天。雏鸟早成性，孵出不久之后就可以跟着亲鸟活动。

体重： 0.26~0.4千克 | **雌雄差异：** 羽色略有不同 | **栖息地：** 湖泊、江河、沼泽、池塘

白眼潜鸭

又称白眼凫 / 雁形目、鸭科、潜鸭属

白眼潜鸭体长为33~43厘米，嘴呈黑灰色或黑色，眼为白色，头、颈和胸部均为暗栗色；颏部有三角形的白色小斑；上体为暗褐色，上腹部和尾下覆盖白色羽毛，两肋为红褐色。雌鸟和雄鸟羽色相似。

分布区域： 分布于中国、德国、匈牙利、西班牙、土耳其、克什米尔、伊朗等地。

生活习性： 白眼潜鸭属中型潜鸭，善于潜水，但在水下停留的时间较短。它们生性胆小，喜欢成对或结成小群活动。多在清晨和黄昏觅食、活动，经常在有芦苇和水草的水面活动，并潜伏在其中。属旅鸟，会迁徙。

头部呈暗栗色
嘴呈黑灰色或黑色
上腹部呈白色

栖息环境： 主要栖息在淡水湖泊、江河和池塘。巢通常筑在水边的芦苇丛和附近的草地上，属于浮巢。

食性： 杂食性，主要食水生植物，也会食软体类动物等动物性食物。

繁殖特点： 繁殖期为4—6月，每窝通常产卵7~11枚。刚产出的卵呈淡绿色或乳白色，之后会逐渐变成淡褐色。雌鸟负责孵卵，孵化期为25~28天。雏鸟早成性，50~60天即可飞翔。

你知道吗？ 白眼潜鸭曾经在中国内蒙古和西北地区是比较常见的一种潜鸭，但现在已经很少见，其种群数量在明显减少。

体重： 0.5~1千克 | **雌雄差异：** 羽色相似 | **栖息地：** 淡水湖泊、江河、池塘

赤膀鸭

又称青边仔、祭凫 / 雁形目、鸭科、鸭属

赤膀鸭雄鸟的嘴为黑色，繁殖时期头顶为棕色，杂有黑褐色的斑纹；颈部领圈为棕红色，上体为暗褐色，背上部有白色波状细纹；腹部为白色，胸部为暗褐色，有新月形白斑。雌鸟的嘴为橙黄色，上体呈暗褐色，有浅棕色的边缘，翅上没有棕栗色的斑。脚为橙黄色或棕黄色。雌鸟和雄鸟羽色相似。

分布区域： 主要分布在中国、冰岛、英国、荷兰、德国、俄罗斯、加拿大和美国等地。

生活习性： 赤膀鸭属中型鸭类，生性胆小，一般成小群活动，也会和其他的野鸭混在一起。经常在水边觅食，觅食的时候会把头沉入水中，有时会头朝下，倒在水中取食。一般在清晨和黄昏觅食，白天一般会在开阔的水面休息。春季经常见于华北地区，3月末到4月中旬常见于东北地区，其中会有部分留在当地进行繁殖，部分继续北迁。

栖息环境： 主要栖息在江河、湖泊、水库、河湾。巢通常筑在水边的草丛或者灌木丛中。

食性： 食物以水生植物为主，也会到岸上或者农田中觅食青草。

体重： 0.7~1千克 | **雌雄差异：** 羽色相似 | **栖息地：** 江河、湖泊、水库、河湾

瘤鸭

雁形目、鸭科、瘤鸭属

瘤鸭的体长为48~60厘米，雄鸭的嘴呈黑色，上嘴基部有一个黑色的肉质瘤，此亦为瘤鸭两性区别的标志。它的头、颈部均为白色，缀有带紫色光泽的黑斑点，上体为黑色，泛有蓝绿色和紫色的光泽，下体为白色，两胁缀有淡灰色的斑，尾羽为深褐色，脚为铅色。雌鸟和雄鸟羽色相似。

分布区域： 主要分布在非洲撒哈拉沙漠以南和马达加斯加，以及斯里兰卡、印度、缅甸、泰国、中国等地。

生活习性： 瘤鸭属大型鸭类，善于游泳，游泳轻快，尾巴总是抬得很高，经常聚集成数十只的大群活动。它们一般在白天觅食，飞行有力且快。在中国偶尔见于福州。属于迷鸟，一般不迁徙。

栖息环境： 主要栖息在森林、湖泊、河流、水塘。

繁殖特点： 繁殖期为6—9月，每窝通常产卵8~12枚，卵呈白色或淡黄白色，雌鸟负责孵卵。

食性： 食物主要为青草、稻谷、植物种子等。

体重： 1.2~2.5千克 | **雌雄差异：** 羽色相似 | **栖息地：** 森林、湖泊、河流、水塘

针尾鸭

又称尖尾鸭、长尾凫 / 雁形目、鸭科、鸭属

暗褐色的头部

嘴呈黑色

尾羽呈灰褐色

雄鸟

针尾鸭雄鸭的嘴为黑色，夏羽背部有波状横斑，横斑上淡褐色和白色相间；头部呈暗褐色，颈侧有一条白色的纵带和下体相连接，正中间的一对尾羽较长；腰部为褐色，尾羽为灰褐色，脚呈灰黑色。雌鸟和雄鸟羽色相似。

分布区域： 主要分布在欧亚大陆北部、北美洲西部、北非、中美洲等地。

生活习性： 针尾鸭是中型游禽，游泳轻快，飞翔时快速而有力。它们白天一般躲在有水的芦苇丛中，黄昏和夜晚到水边浅水处觅食。每年的 2 月末会开始迁离中国南方的越冬地，4 月到达中国北部的繁殖地，也有少数个体会继续留在辽宁省。

栖息环境： 主要栖息在海湾、海港、内陆河流、湖泊。

食性： 食物以草籽和其他水生植物和种子等为主。

繁殖特点： 繁殖期为 4—7 月，每窝通常产卵 6~11 枚，卵呈乳黄色。雌鸟负责孵卵，孵化期为 21~23 天。

体重： 0.5 ~ 1千克 | **雌雄差异：** 羽色相似 | **栖息地：** 海湾、海港、内陆河流、湖泊

赤颈鸭

雁形目、鸭科、鸭属

赤颈鸭雄鸟嘴峰为蓝灰色，先端黑色；头部和颈部为棕红色，额至头顶有乳黄色纵带；背部和两胁为灰白色，杂有暗褐色的细纹；胸部呈棕灰色，胸前部缀有褐色斑点；腹部为纯白色，脚为铅蓝色。雌鸟上体大都为黑褐色，上胸为棕色，其余下体均为白色。

分布区域： 主要分布在欧亚大陆北部。

生活习性： 赤颈鸭善于游泳和潜水，飞行有力，除繁殖期外经常结成群活动。一般在水边浅水处水草丛中或沼泽地上觅食。

栖息环境： 主要栖息在江河、湖泊、水塘、河口。

繁殖特点： 繁殖期为 5—7 月，每窝通常产卵 7~11 枚，卵呈白色或乳白色，雌鸟负责孵卵。孵化期为 22~25 天。

食性： 以植物性食物为主。

头部呈棕红色

头顶有乳黄色纵带

嘴峰呈蓝灰色

雄鸟

铅蓝色的脚

体重： 0.5 ~ 0.9千克 | **雌雄差异：** 羽色略有不同 | **栖息地：** 江河、湖泊、水塘、河口

帆背潜鸭

雁形目、鸭科、潜鸭属

又称美洲矶雁，帆背潜鸭身长为 48~56 厘米。雄鸟的嘴较长，黑色；虹膜为红色，头部较大，呈棕色，头部近前额及近头顶处渐黑；胸部为黑色，背部有鞍形的灰白色斑块；腹部、背部均为白色，尾部呈黑色。雌鸟的虹膜深褐色，羽色比雄鸟羽色褐且黯。脚为蓝灰色。

分布区域： 主要分布在美国、加拿大、格陵兰岛、墨西哥以及百慕大群岛等地。

生活习性： 帆背潜鸭是大型的潜鸭，比较安静，喜欢收拢翅膀潜水。它们常在清晨和黄昏时，在水边浅水处植物茂盛的地方觅食。生性胆小机警，起飞的时候会在水面急速拍打一阵之后才会起飞，在空中飞行快而有力。

栖息环境： 主要栖息在开阔湖泊、潟湖。巢通常筑在水边的芦苇丛或者蒲草丛里。

繁殖特点： 繁殖期为 5—7 月，每窝通常产卵 8~10 枚，雌鸟负责孵卵，卵呈橄榄色，雌雄亲鸟共同养育雏鸟。

食性： 杂食性，食物多为水生植物和鱼虾、贝壳类等。

头部为棕色

嘴长，呈黑色

黑色的胸部

雄鸟

脚为蓝灰色

体重： 0.8~1.6千克 | **雌雄差异：** 羽色略有不同 | **栖息地：** 开阔湖泊、潟湖

绿翅鸭

又称小凫、小水鸭、小麻鸭、八鸭 / 雁形目、鸭科、鸭属

绿翅鸭体长为 37 厘米。雄鸟繁殖羽嘴为黑色，头至颈部为深栗色；头顶两侧有一条绿色带斑，一直延伸至颈侧；下背和腰部为暗褐色，内侧外翈为翠绿色；下体为棕白色，脚呈黑色。雌鸟上体呈暗褐色，下体淡棕色或白色，均有褐斑。

分布区域： 分布于美洲、亚洲、欧洲和非洲等地。

生活习性： 绿翅鸭是小型鸭类，性喜集群，尤其在迁徙季节和冬季，一般成数百只的大群活动。飞行快速而有力，常成直线或者"V"形，两翅鼓动非常快。在水面起飞非常灵活，但在陆地行走时有些笨拙。属旅鸟，会迁徙。

栖息环境： 主要栖息在湖泊、水塘、江河、港湾等地。巢比较隐蔽，通常筑在水域附近或者灌木草丛中。

繁殖特点： 繁殖期为 5—7 月，每窝通常产卵 8~11 枚，卵呈白色或淡黄白色。雌鸟负责孵卵，孵化期为 21~23 天。雏鸟早成性，孵出不久就可以行走和游泳。大概 30 天可以飞翔。

头部为深栗色

嘴呈黑色

宽阔的绿色带斑

雄鸟

胸部为棕白色，杂有黑色小圆点

黑色的脚

食性： 主要食植物性食物，也吃螺、软体动物等。

体重： 约0.5千克 | **雌雄差异：** 羽色不同 | **栖息地：** 湖泊、水塘、江河、港湾

赤嘴潜鸭

又称红嘴潜鸭 / 雁形目、鸭科、潜鸭属

赤嘴潜鸭体长为 45~55 厘米，雄鸟的嘴为赤红色，头部呈浓栗色，有淡棕黄色的羽冠；上体为暗褐色，翼镜为白色；下体为黑色，两肋为白色，腰和尾上覆羽为黑褐色；尾羽呈灰褐色，脚为土黄色。雌鸟全体呈褐色，头的两侧、颈侧以及颏、喉部均为灰白色。

分布区域： 分布于欧洲中部、亚洲中部等地。

生活习性： 赤嘴潜鸭是大型鸭类，生性迟钝，不怕人，不善于鸣叫。它们喜欢成对或结成小群活动。主要潜水取食，一般在清晨和黄昏觅食。属旅鸟，会迁徙。

栖息环境： 主要栖息在淡水湖泊、江河、河流中。巢通常筑在湖心岛上或者芦苇丛中，比较密集。

繁殖特点： 繁殖期为 4—6 月，每窝通常产卵 6~12 枚，卵呈浅灰色或苍绿色。主要由雌鸟孵卵，孵化期为 26~28 天。

头部呈浓栗色
嘴为赤红色
背部为暗褐色
黑色的胸部
雄鸟
土黄色的脚

食性： 以藻类、眼子菜和其他水生植物的嫩茎为主。

你知道吗？ 赤嘴潜鸭曾经在中国种群数量比较丰富，曾见过成百上千只的大群，但现在种群数量已经明显减少。

体重： 0.9~1.2千克 | **雌雄差异：** 羽色不同 | **栖息地：** 淡水湖泊、江河、河流

丑鸭

又称晨凫 / 雁形目、鸭科、树鸭属

丑鸭体长为 33~54 厘米，雄鸟上体为石板蓝色，从嘴基到枕部有一条黑色的纵带，两侧从嘴基到头顶有白色带斑；腹部为淡灰色，两肋为栗红色；尾呈黑褐色。雌鸟上体暗褐而沾橄榄色，两翅及尾羽为暗褐色，下体为污白色，两肋、尾下覆羽均为淡褐色。脚呈灰褐色。

背部为石板蓝色
嘴基到头顶有白色带斑
雄鸟
两肋呈栗红色
灰褐色的脚

分布区域： 分布于中国、日本、冰岛以及格陵兰岛、千岛群岛、阿拉斯加海岸等地。

生活习性： 丑鸭经常成对或结成小群活动，一般在白天觅食，善于潜水，飞行迅速，但通常不高飞。游泳的时候尾巴垂直竖起，也很善于潜水，潜水时间比较长，但是通常不潜水，经常在湍急的江河中觅食。属旅鸟，会迁徙。

栖息环境： 主要栖息在山区急流、江河以及近海岛屿。巢通常筑在水边灌木丛或者岩石的缝隙中。

繁殖特点： 繁殖期为 6—8 月，每窝通常产卵 4~8 枚，卵呈乳白色。雌鸟负责孵卵，孵化期为 28~30 天。在雌鸟的带领下，大概经过 40 天雏鸟就可以飞翔。

食性： 主要食动物性食物。

体重： 0.5~0.7千克 | **雌雄差异：** 羽色不同 | **栖息地：** 山区急流、江河、近海岛屿

长尾鸭

雁形目、鸭科、长尾鸭属

长尾鸭是一种极为罕见的冬候鸟，雄鸟夏羽大部分为黑褐色，头和颈部黑色，从嘴基起围绕眼区有淡棕白色脸斑，腹部、下胁和尾下覆羽为白色；上背部有棕黄色宽边，尾羽特长，腿褐色。雄鸟冬羽头顶、后颈、喉部白色，上背白色，下背、腰及尾上覆羽为褐色。雌鸟冬羽前额、头顶黑褐色，其余头、颈白色，上胸、背部、翅和尾部黑褐色。雌鸟夏羽更褐，头顶和耳部的褐斑更大。

食性： 主要食甲壳类、小鱼和软体动物等动物性食物。

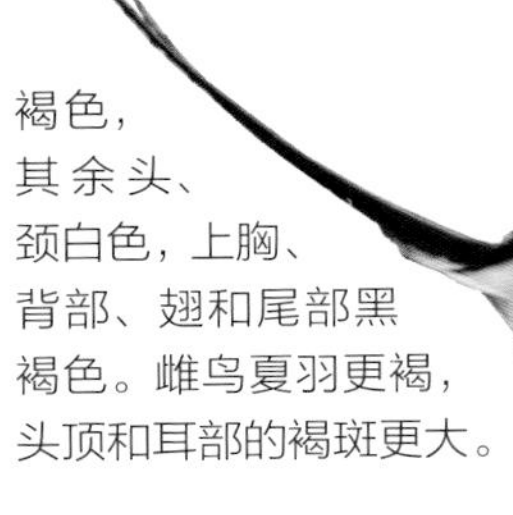

分布区域：分布于北半球，包括北美洲北部、格陵兰岛、欧洲和亚洲北部以及白令海中的岛屿等地。

生活习性： 长尾鸭除繁殖期外经常结成群在沿海水面和海岛周围海面上活动。飞行速度很快，善于游泳和潜水，通常在水里活动，很少到陆地上。常在岩礁附近深水处潜水取食，每次的潜水时间较长。会进行迁徙。

栖息环境： 主要栖息在苔原、潟湖、水塘、湖泊等水域。巢通常筑在北极苔原，或者在河岸和湖心岛，比较简陋。

繁殖特点： 繁殖期为 6—8 月，每窝通常产卵 6~8 枚。

体重： 0.5~1千克 | **雌雄差异：** 羽色不同 | **栖息地：** 苔原、潟湖、水塘、湖泊

琵嘴鸭

又称铲土鸭、宽嘴鸭 / 雁形目、鸭科、鸭属

背部呈暗褐色，有淡棕色羽缘

暗绿色的头部有光泽

雄鸟

白色的胸部

橙红色的脚

嘴呈黑色，大而扁平

琵嘴鸭雄鸭的嘴呈黑色，大而且扁平；头部到上颈部为暗绿色，背部为暗褐色；背两边以及外侧肩羽和胸部均为白色，腰部呈暗褐色，腹部和两胁均为栗色。雌鸟嘴为黄褐色，上体为暗褐色，头顶至后颈杂有浅棕色的纵纹，下体为淡棕色，下腹和尾下覆羽有褐色的纵纹。脚为橙红色。

分布区域： 全世界都有分布。

生活习性： 琵嘴鸭属中型鸭类，喜欢成对或结成小群活动，它们行动极为谨慎，飞行力不强，但飞行速度快。每年秋季的时候会经过华北返回长江以南越冬。

栖息环境： 主要栖息在河流、湖泊、水塘、沼泽。

繁殖特点： 每窝通常产卵 7~13 枚，卵呈淡黄色或淡绿色，雌鸟负责孵卵。孵化期为 22~28 天。

食性： 主要以植物为主食，也吃无脊椎动物和甲壳动物等。

体重： 约0.5千克 | **雌雄差异：** 羽色不同 | **栖息地：** 河流、湖泊、水塘、沼泽

普通秋沙鸭

雁形目、鸭科、秋沙鸭属

暗红色的嘴
头部呈黑褐色，有金属光泽
雄鸟
胸部为白色
白色的腹部

普通秋沙鸭雄鸟的嘴呈暗红色，头、颈粗大，头部和上颈为黑褐色，有绿色的金属光泽；下颈部、胸部、下体和体侧为白色，背部为黑色；腰部和尾部为灰色。雌鸟的额、头顶、枕和后颈为棕褐色，头侧、颈侧以及前颈为淡棕色，肩羽为灰褐色，颏、喉部为白色，身体两侧呈灰色，余同雄鸟。脚为红色。

分布区域： 主要分布于欧洲北部、西伯利亚、北美洲北部以及中国西北和东北地区等地。

生活习性： 普通秋沙鸭喜欢结成小群活动，迁徙期间和冬季常聚集成上百只的大群。游泳时颈部伸得很直，有时候会把头浸到水中。休息的时候一般会游荡在岸边。飞行快且直，翅膀扇动较快，会发出振动翅膀的声音。

栖息环境： 主要栖息在湖泊、江河、水库、池塘。巢通常筑在水边的老龄树上的树洞里。

繁殖特点： 繁殖期为 5—7 月，每窝产卵 8~13 枚，卵呈乳白色，雌鸟负责孵卵。孵化期为 32~35 天。

食性： 食物以小鱼和软体动物、甲壳类等为主，偶尔也会吃植物性食物。

体重： 0.6 ~ 2千克 | **雌雄差异：** 羽色不同 | **栖息地：** 湖泊、江河、水库、池塘

栗树鸭

又称树鸭、尼鸭、啸鸭 / 雁形目、鸭科、树鸭属

栗树鸭体长为37~42厘米，头顶为深褐色，头部和颈皮为黄色；嘴形广而平，呈黑色，肩部、背部均为褐色，有棕色的扇贝形纹；腰部呈黑色，尾上覆羽、下胸和腹部均为栗色；腿较长，呈黑色。雌鸟和雄鸟羽色相似。

分布区域： 分布于巴基斯坦、中国、斯里兰卡、印度、泰国以及中南半岛等地。

生活习性： 栗树鸭体形中等，潜水能力较强。生性比较机警，经常结成几只到数十只的群体活动和觅食。停歇时候身体挺直，经常有几只不时地四处张望，遇到人会立即起飞，之后会随着其他树鸭一起起飞。飞行能力弱，飞行速度不时很快，飞行时候经常边飞边发出轻而尖的声音。长江中下游地区为夏候鸟，云南、福建等地为留鸟，还有部分为冬候鸟。

繁殖特点： 繁殖期为 5—7 月，求偶和交配都是在水中进行，每窝通常产卵 8~14 枚，卵呈白色。雌雄共同孵化，孵化期为 27~30 天。

食性： 主要以稻谷、作物幼苗等为食，也吃动物性食物。

体重： 0.4 ~ 0.6千克 | **雌雄差异：** 羽色相似 | **栖息地：** 池塘、湖泊、水库、林缘沼泽

鹊鸭

雁形目、鸭科、鹊鸭属

又称喜鹊鸭、金眼鸭、白脸鸭，鹊鸭雄鸟的嘴短粗而色黑，眼为金黄色，头部为黑色，两颊近嘴基处有大块的白色圆斑；颈部较短，上体为黑色，颈部、胸部、腹部以及两胁、体侧均为白色；尾较尖，脚为橙黄色。雌鸟的头和上颈为褐色，颈的基部有一圈污白色的颈环。上体为淡黑褐色，两胁为暗灰色，其余下体同雄鸟。

分布区域：主要分布于北美洲北部、西伯利亚、欧洲中部和北部、亚洲等地。

食性：食物主要为昆虫及其幼虫、小鱼、蛙等。

生活习性：鹊鸭属中型鸭类，除繁殖期以外，它们经常结成群活动，生性机警。游泳时尾部翘起。善于潜水，一次可以潜泳约 30 秒。飞行快而有力，起飞的时候需要翅膀在水面不停拍打以及助跑才可以从水面上飞起。春季从越冬地迁往北方的繁殖地，秋季会从繁殖地南迁，经常沿着河流进行迁飞。

栖息环境：主要栖息在溪流、水塘、水渠、湖泊。巢通常筑在岸边的天然树洞中。

繁殖特点：繁殖期为 5—7 月，每窝通常产卵 8~12 枚，卵呈淡蓝绿色。雌鸭负责孵卵。雄鸭会在雌鸭孵卵不久之后离开去换羽。孵化期为 30 天。孵卵的前期雌鸭一般在早晨和下午离巢觅食，后期则很少离巢或者基本不离巢。

你知道吗？鹊鸭飞行的时候，头以及上体为黑色，下体为白色，翅膀上有大型的白斑，特征明显，非常容易识别，是中国东部沿海和内陆湖泊与沼泽地区较常见的一种野鸭，数量丰富。1986 年以来，发现冬季和迁徙期间，鹊鸭较为常见在松花江和鸭绿江、辽东半岛沿海和鸭绿江下游，但是种群不大，常见为 20~30 只一群。

金黄色的眼

黑色的头部

橙黄色的脚

黑色的背部

两颊近嘴基处的白色圆斑

雄鸟

体重：0.5~1千克 | **雌雄差异：**羽色不同 | **栖息地：**溪流、水塘、水渠、湖泊

大天鹅

又称咳声天鹅、喇叭天鹅、黄嘴天鹅 / 雁形目、鸭科、天鹅属

大天鹅体长为 120~160 厘米，全身的羽毛均为雪白色，雌雄同色，嘴为黑色，上嘴基部呈黄色，黄斑沿两侧向前延伸到鼻孔下面，腿和蹼也均为黑色。雌鸟较雄鸟略小些，只有头部稍有棕黄色。

分布区域： 分布于北欧、亚洲北部等地。

生活习性： 大天鹅的体形高大，是世界上飞得最高的鸟类之一。除繁殖期外多成群生活，它们生性机警，善于游泳，游泳时脖颈伸向天空，与水面垂直。属候鸟，会迁徙。迁徙时以小家族为单位，飞行时多呈“一”字形、“人”字形或“V”形队列。早晨和黄昏时候觅食，栖息地很固定，视力也很好。有时候会边飞边叫，叫声单调粗哑。

栖息环境： 主要栖息在湖泊、水塘、河流、水库等水域。巢通常筑在水域岸边的干地上或者干芦苇上，雌鸟单独筑巢。

繁殖特点： 繁殖期为 5—6 月，每窝通常产卵 4~7 枚，卵呈白色或微带黄灰色。雌鸟负责孵卵，伏孵化期为 31 天或者 35~40 天。

雌雄鉴别： 雄鸟体形比较大，躯体粗圆，颈部较长，胆子比较大，行走时候步伐较大。雌鸟个体稍矮，面颊和头部略为狭窄，性情温顺，胆子较小，很少有攻击行为。

食性： 主要以水生植物叶、茎、种子为食。

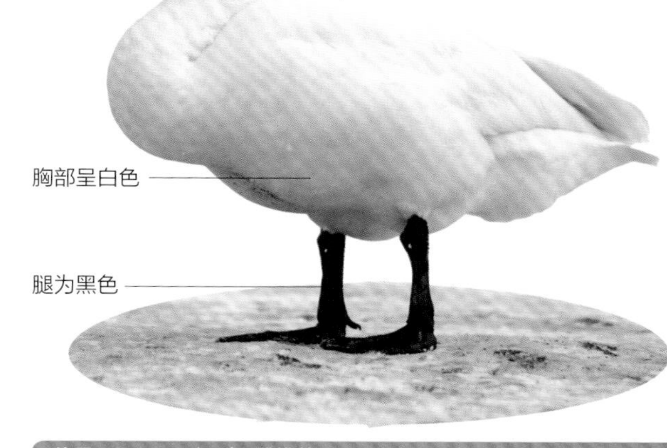

你知道吗？ 大天鹅保持着稀有的“终身伴侣制”，在南方越冬时取食和休息都成双成对。雌天鹅在产卵时，雄天鹅会在旁边守卫，遇到敌害的时候，它会拍打翅膀上前迎敌，与对方搏斗。它们不仅在繁殖期互相帮助，平时也是成双成对活动，如果其中一只死亡，另一只会终生单独生活。

体重： 8～12千克 | **雌雄差异：** 羽色相同 | **栖息地：** 湖泊、水塘、河流、水库

小天鹅

又称短嘴天鹅、啸声天鹅、苔原天鹅 / 雁形目、鸭科、天鹅属

小天鹅体长为110~130厘米，全身羽毛洁白，脖颈较长，头顶到枕部常略沾有棕黄色；嘴端为黑色，嘴基黄色，上嘴基部两侧黄斑向前延伸最多到鼻孔，腿、脚蹼和爪子均为黑色。雌鸟和雄鸟羽色相同。

分布区域： 分布于北欧、亚洲北部等地。

生活习性： 小天鹅为大型水禽，喜欢结群生活，除了繁殖期以外，经常结成小群或以家族群的形式活动。它们比较谨慎，远离人群和其他危险物。在水中游泳或者休息的时候也会在距离岸边比较远的地方。生性活泼，叫声清脆，游泳时总是将脖子竖直起来。旅鸟，会迁徙。

白色的颈部

嘴端为黑色

黑色的腿

栖息环境： 主要栖息在湖泊、水塘、沼泽、河流等地。巢通常筑在湖泊、水塘之间的苔原地上，呈盘状。

繁殖特点： 在北极苔原带繁殖，繁殖期为6—7月，每窝通常产卵2~5枚，卵呈白色。雌鸟负责孵卵，雄鸟负责警戒，孵化期为29~30天。雏鸟为早成鸟，孵出之后不久就可以行走。

雪雁

雁形目、鸭科、雁属

又称雪鹅、白雁，雪雁身长66~84厘米，嘴呈粉红色，嘴裂为黑色，喙边缘为锯齿状，体羽为纯白色，头部和颈部有时染有不同程度的锈色；翼翅尖为黑色，腿较短，呈粉红色，前趾有蹼。有时会出现蓝色型雪雁，头部和上颈部均为白色，其余的体羽多呈黑色。雌鸟和雄鸟羽色相同。

分布区域： 主要分布于加拿大、中国、印度、日本、韩国、美国等地。

生活习性： 雪雁喜欢群居，群体为几只到几千只。体形较大，善于游泳，一般结群生活，飞行时翅膀拍打有力，有时会发出高亢的鼻音。它们每年会换羽一次，迁徙飞行时成有序的"一"字形、"人"字形等队列。有迁徙的习性，而且迁飞的距离也比较远。

食性： 主要以食物为食。

栖息环境： 主要栖息在苔原、沼泽地、沙洲、湿草甸。

繁殖特点： 繁殖期为5—6月，每窝通常产卵4~6枚。

你知道吗？ 繁殖季节，在格陵兰岛的西北部、加拿大和阿拉斯加的北部以及西伯利亚的东北部都有它们的踪迹。非繁殖雪雁会远离繁殖群体及其所在地，另外寻找更加安全的区域。

体重： 2.5~2.7千克 | **雌雄差异：** 羽色相同 | **栖息地：** 苔原、沼泽地、沙洲、湿草甸

鸿雁

又称原鹅、奇鹅、黑嘴雁 / 雁形目鸭科雁属

鸿雁雄鸟上嘴基部有一个疣状突，雌鸟的疣状突不明显。鸿雁从额基、头顶到后颈正中央呈暗棕褐色，额基和嘴间有一条棕白色的细纹，嘴为黑色，背部、肩部、腰部、翅上有暗灰褐色的羽毛；前颈和颈侧为白色，前颈下部和胸部均为肉桂色，尾下覆羽为白色，两胁为暗褐色，脚为橙黄色或肉红色。雌鸟和雄鸟羽色相似。

分布区域： 主要分布于中国以及西伯利亚、堪察加半岛和库页岛等地。

生活习性： 鸿雁属大型水禽，喜欢结群生活，在迁徙季节常聚集成数十甚至数百只的大群。它们善于游泳，飞行力较强，飞行时排成“一”字形或“人”字形队形，休息时群中会有几只“哨鸟”负责警戒，不时观望。

栖息环境： 主要栖息在开阔平原、湖泊、水塘、河流。巢通常筑在草原湖泊的岸边以及芦苇丛里，环境比较偏僻。

繁殖特点： 繁殖期为 4—6 月，每窝通常产卵 4~8 枚，卵呈乳白色或淡黄色，雌鸟负责孵卵。孵化期为 28~30 天。

食性： 它们主要以芦苇、藻类等植物性食物为食

体重： 2.8~5千克 | **雌雄差异：** 羽色相似 | **栖息地：** 开阔平原、湖泊、水塘、河流

黑雁

雁形目、鸭科、黑雁属

黑雁体长 56~61 厘米。头部为黑褐色，颈部、嘴呈黑色，颈部两侧缀有一个白色的横斑；胸部为黑褐色，背和两翅均为灰褐色；上腹部灰褐色，两肋较淡；下腹部为白色，尾上的羽毛为白色，脚呈黑褐色。雌鸟和雄鸟羽色相似。

分布区域：主要分布在北极圈以北、北冰洋沿岸及其附近岛屿等地。

生活习性：黑雁的体形中等，生性活跃，善于游泳和潜水，在地上奔跑速度快；喜欢结成群活动和休息。黑雁的体形中等，生性活跃，善于游泳和潜水，在地上奔跑速度快；喜欢结成群活动和休息。在中国属冬候鸟。

栖息环境：主要栖息在海湾、沿海草场、海港以及河口。

繁殖特点：繁殖期为 6—8 月，每窝通常产卵 3~6 枚，卵呈淡黄色、淡绿白色或橄榄褐色。雌鸟负责孵化，孵化期为 22~28 天。

食性：主要以植物性食物为食。

黑色的嘴

颈部有白色横斑

背部为灰褐色

黑褐色的脚

体重：1.1~1.7千克 | **雌雄差异：**羽色相似 | **栖息地：**海湾、沿海草场、海港、河口

斑头雁

又称白头雁、黑纹头雁 / 雁形目、鸭科、雁属

斑头雁的头部和颈侧为白色，头顶有两道黑色的带斑，后颈呈暗褐色，嘴呈橙黄色，嘴甲呈黑色；背部呈淡灰褐色，腰部和尾上覆羽均为白色，胸部和上腹部均为灰色；下腹和尾下覆羽均为污白色，尾部有白色的端斑，脚和趾为橙黄色。雌鸟和雄鸟羽色相似。

分布区域：主要分布于阿富汗、孟加拉国、不丹、中国等地。

生活习性：斑头雁喜欢结成群，在繁殖期、越冬期以及迁徙期间都成群活动。它们生性机警，善于游泳，但多数时间生活在陆地上；善于行走和奔跑，飞行能力较强。

栖息环境：主要栖息在河流、咸水湖和沼泽地带。

繁殖特点：4 月中旬至 4 月末开始产卵，每窝产卵 2~10 枚，卵呈白色卵圆形。雌鸟负责孵化，孵化期为 28~30 天。

食性：主要以植物的叶、茎、青草等为食物。

体重：2~3千克 | **雌雄差异：**羽色相似 | **栖息地：**河流、咸水湖、沼泽地带

白额雁

又称花斑雁、明斑雁 / 雁形目、鸭科、雁属

白额雁体长为 64~80 厘米，嘴呈肉色或粉红色，喙扁平，从上嘴基部至额部有宽阔的白斑；头顶和后颈部均为暗褐色，颈部较长，背部、肩部和腰部均为暗灰褐色；腹部为污白色，缀有黑色的斑块；脚为橄榄黄色。雌鸟和雄鸟羽色相似。

分布区域： 主要分布在西伯利亚北极海岸到白令海峡、北美洲北部、欧洲西部、格陵兰岛西部等地。

生活习性： 白额雁喜欢结群生活，善于行走、奔跑和游泳，飞行时经常成“一”字形、“人”字形等有序队列。一般在白天觅食，喜欢陆地上生活。在中国为冬候鸟。

栖息环境： 主要栖息在湖泊、水库、河湾和水塘。

繁殖特点： 繁殖期为 6—7 月，每窝通常产卵 4~5 枚，卵呈卵白色或淡黄色。雌鸟负责孵化，大约经过 45 天的育雏，幼鸟可以飞翔。

食性： 它们主要以马尾草、芦苇等植物性食物为主。

体重： 2~3.5千克 | **雌雄差异：** 羽色相似 | **栖息地：** 湖泊、水库、河湾、水塘

小白额雁

又称弱雁 / 雁形目、鸭科、雁属

小白额雁的体长为 53~66 厘米，眼圈为金黄色，嘴呈肉色或玫瑰肉色，喙扁平，边缘为锯齿状，基和额部有白色的斑块；颈部较长，头顶、后颈部和上体均为暗褐色，腹部有近黑色的斑块，腿为橘黄色。雌鸟和雄鸟羽色相似。

分布区域： 主要分布于欧洲和亚洲的北部地区等地。

生活习性： 小白额雁善于行走，奔跑速度快，还善于游泳和潜水。它们经常结成群活动，白天觅食，夜晚一般在水面过夜。飞行时候队伍有时会杂乱无章，尤其在刚起飞或者短距离飞行的时候。

栖息环境： 主要栖息在湖泊、沼泽、鱼塘以及苔原。

繁殖特点： 繁殖期为 6—7 月，每窝通常产卵 4~7 枚，卵呈淡黄色或者赭色。雌鸟负责孵卵，雄鸟在附近警戒。孵化期为 25 天。

食性： 主要以植物的芽苞、叶片和嫩草、谷类等为食物。

体重： 1.4~2.3千克 | **雌雄差异：** 羽色相似 | **栖息地：** 湖泊、沼泽、鱼塘、苔原

灰雁

又称大雁、沙鹅、灰腰雁、红嘴雁 / 雁形目、鸭科、雁属

灰雁体长为 70~90 厘米，嘴呈肉色，有扁平的喙，边缘为锯齿状；颈部较长，头顶和后颈均呈褐色，嘴基有一条白色窄纹；背部和两肩均为灰褐色，腰部为灰色；胸部和腹部均为污白色，两肋呈淡灰褐色，脚为肉色。雌鸟和雄鸟羽色相似。

分布区域：主要分布在亚洲北部、欧洲北部、中亚等地。

生活习性：灰雁属大型的雁类，身体肥胖。它们生性机警，行动灵活，善于游泳和潜水，除繁殖期外经常结群活动，迁徙飞行时多成“一”字形或“人”字形等有序队列。3 月末到 4 月初会从中国的南方迁徙到北部地区繁殖，9 月末迁往南方越冬。

栖息环境：主要栖息在湖泊、水库、河口以及湿草原。

繁殖特点：繁殖期为 4—6 月，每窝通常产卵 4~8 枚，卵呈白色。雌鸟负责孵化，孵化期为 27~29 天。

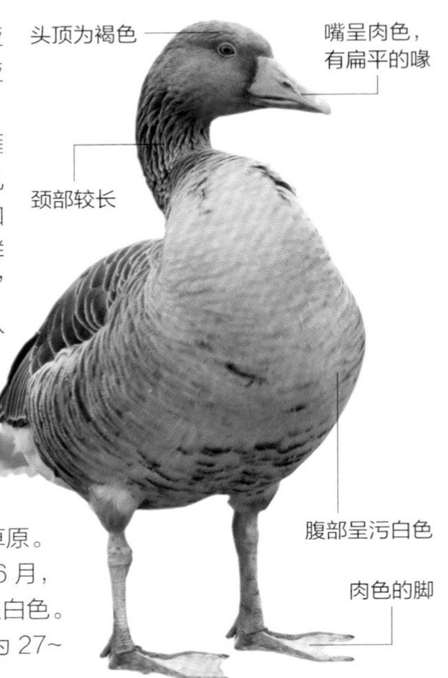

食性：主要以各种水生和陆生植物的叶、茎等为食物。

体重：2.5~4千克 | **雌雄差异：**羽色相似 | **栖息地：**湖泊、水库、河口、湿草原

加拿大黑雁

又称加拿大雁、黑额黑雁 / 雁形目、鸭科、黑雁属

加拿大黑雁体长为 90~100 厘米，翼展为 160~175 厘米，身体大部分为灰色，头部和颈部均为黑色，虹膜褐色，嘴为黑色，咽喉延至喉间的白色横斑比较明显。加拿大黑雁的下腹部和尾下覆羽均为白色，黑色的尾较短，脚为黑色。雌鸟和雄鸟同形同色。

头部为黑色
黑色的颈部较长
喉咙有白色横斑
背部呈黑色
尾呈黑色，较短
下腹部为白色
黑色的脚
尾下覆羽呈白色

分布区域：主要分布在北美洲等地。

生活习性：加拿大黑雁的体形中等，不怕严寒，是典型的冷水性海洋鸟，一共有 11 个亚种，是加拿大的国鸟。它们善于游泳和潜水，飞行速度很快，飞行呈斜线或“V”形等。喜欢结群，迁徙时经常聚集成大群活动。当加拿大黑雁受到别的生物威胁时，会发出“嘶嘶”的叫声来警告对方。

繁殖特点：繁殖期为 3—8 月，每窝通常会产卵 4~7 枚。卵呈白色或淡黄白色，雌雁负责孵卵，孵化期为 25~30 天。

食性：食物以青草或水生植物的嫩芽、叶片、茎等为主，也食用一些水栖无脊椎动物。

体重：4.3~5千克 | **雌雄差异：**同形同色 | **栖息地：**海湾、海港、河口、苔原洼地

豆雁

又称大雁、麦鹅 / 雁形目、鸭科、雁属

豆雁体长为 69~80 厘米，头部和颈部均为棕褐色，喙扁平，边缘为锯齿状；肩部、背部均为灰褐色，羽缘呈淡黄白色；胸部为淡棕褐色，腹部为污白色，两肋有灰褐色的横斑，翅上覆羽灰褐色；尾呈黑褐色，脚为橙黄色。雌鸟和雄鸟羽色相似。

分布区域： 分布于中国、俄罗斯、冰岛以及格陵兰岛东部等地。

生活习性： 豆雁是大型雁类，喜欢结成群活动，迁徙时一般聚集成数十、数百只的大群，飞行时常成“一”字形、“人”字形等队列。性格机警，不好接近，距离人 500 米外就会起飞。迁徙一般在晚上进行，白天会停下来休息和觅食。经常和鸿雁在一起栖息。属冬候鸟，会迁徙。

栖息环境： 主要栖息在湖泊或森林河谷地区。巢通常筑在苔原沼泽地上，也会筑在海边的岸石上。

繁殖特点： 一夫一妻制，每窝通常产卵 3~8 枚，卵呈乳白色或淡黄白色。雌鸟单独孵卵，孵化期为 25~29 天。雏鸟早成性，孵出之后就可以跟随亲鸟在附近水域活动。

喙扁平，边缘为锯齿状

褐色的头部

食性： 食物以植物嫩叶、嫩芽等植物性食物为主。

你知道吗？ 豆雁是中国传统的狩猎鸟类，分布广、数量大，但近年来已经有所下降。此鸟晚间休息时，经常有 1 只或数只雁警卫，四处张望，一旦发现有异常情况，会立即发出报警声，雁群听到声音会立即起飞，边飞边鸣，不断地在上空盘旋，直到危险消失或确定安全时才飞回原处。

脚为橙黄色

腹部呈污白色

体重： 2.2 ~ 4千克 | **雌雄差异：** 羽色相似 | **栖息地：** 湖泊或森林河谷

卷羽鹈鹕

鹈形目、鹈鹕科、鹈鹕属

卷羽鹈鹕体长为160~180厘米，颈部较长，长而粗的嘴呈铅灰色，嘴缘的后半段为黄色，全身羽毛呈灰白色；头部有卷曲的冠羽，枕部的羽毛长而卷曲，眼周裸露的皮肤呈乳黄色或肉色；尾羽短且宽，脚为蓝灰色。雌鸟和雄鸟羽色相似。

分布区域： 分布于欧洲东南部、非洲北部和亚洲东部等地。

生活习性： 卷羽鹈鹕喜欢结成群生活，会游泳却不会潜水，善于在地面行走。飞行时姿态优美。其脖子常弯曲成“S”形，缩在肩部，鸣叫声低沉。属旅鸟，会迁徙。

栖息环境： 主要栖息在江河、沼泽与沿海地带。巢通常筑在靠近水的树上。

繁殖特点： 繁殖期为4—6月，每窝通常产卵3~4枚，卵呈淡蓝色或微绿色。雌雄鸟轮流进行孵化，孵化期为30~32天。幼鸟可以在12周左右起飞，在14~15周之后独立。

你知道吗？ 卷羽鹈鹕在“世界自然保护联盟”濒临灭绝物种危急清单中属于“易危”物种，数量呈逐年递减趋势。据统计，全球此鸟的数量在1万到2万只，其中有4000~5000对配偶。卷羽鹈鹕的栖息地分布广泛，而且非常分散。渔民捕杀、栖息地破坏、水污染及滥捕滥渔等都是卷羽鹈鹕数量减少的重要原因，应当加强保护。

颈部较长

背部呈灰白色

嘴缘后半段为黄色

食性： 以鱼类、甲壳类以及软体动物等为主。

蓝灰色的脚

体重： 11~15千克 | **雌雄差异：** 羽色相似 | **栖息地：** 江河、沼泽与沿海地带

斑嘴鹈鹕

又称淘河、塘鹅 / 鹈形目、鹈鹕科、鹈鹕属

斑嘴鹈鹕的嘴长且粗，呈粉红的肉色，喉囊为紫色。其夏羽上体为淡银灰色，后颈的淡褐色羽毛较长，至枕部形成冠羽，下体呈白色，腰部、两胁和尾下覆羽等处缀有葡萄红色。冬羽头部、颈部、背部为白色，腰部、下背、两胁和尾下覆羽也为白色，但露出黑色的羽轴，翅膀和尾羽为褐色；下体均为淡褐色。脚为黑褐色。雌鸟和雄鸟羽色相同。

食性：食物以鱼为主，也吃蛙类、蜥蜴、甲壳类等。

分布区域：主要分布在缅甸、印度、伊朗、斯里兰卡、菲律宾和印度尼西亚等地。

生活习性：斑嘴鹈鹕单独或成小群生活。善于游泳，喜欢在水面上空飞行。游泳时脖子伸得直，嘴斜朝下。

栖息环境：主要栖息在沿海海岸、江河、湖泊和沼泽。

繁殖特点：每窝通常产卵 3~4 枚，卵呈乌白色，雌雄亲鸟轮流孵卵，孵化期约为 30 天。

体重：约5千克 | **雌雄差异：**羽色相同 | **栖息地：**沿海海岸、江河、湖泊、沼泽

白鹈鹕

又称犁鹕、淘鹅 / 鹈形目、鹈鹕科、鹈鹕属

白鹈鹕全身呈白色，颈部细长，头部、颈部和冠羽缀有粉黄色，有时扩展到上背和肩部；铅蓝色的嘴长而粗直，嘴下有一个橙黄色的皮囊；繁殖期头后部有一簇白色的冠羽，胸部有一簇披针形的黄色羽毛，脚为肉色。雌鸟和雄鸟羽色相似。

嘴长而粗直

颈细长，呈白色

白色的胸部

肉色的脚

食性：主要以鱼类为食。

分布区域：主要分布在欧洲南部、非洲大部分国家、亚洲中部和南部等地。

生活习性：白鹈鹕属大型水禽，喜欢结成群生活。它们善于飞行和游泳，头部飞行时向后缩，颈部弯曲成“S”形；在水中游泳时，颈部弯曲成“乙”字形，不时发出粗哑的叫声。春季 3—4 月、秋季 9—10 月于越冬地和繁殖地之间迁徙。

栖息环境：主要栖息在湖泊、江河、沿海和沼泽。

繁殖特点：繁殖期为 4—6 月，每窝通常产卵 2~3 枚，卵呈白色。

体重：5.4 ~ 15千克 | **雌雄差异：**羽色相似 | **栖息地：**湖泊、江河、沿海和沼泽

黑颈鸬鹚

又称小鱼鹰 / 鲣鸟目、鸬鹚科、鸬鹚属

黑颈鸬鹚身体细长，颈部较短，嘴短且粗，呈褐色。它们在繁殖期身体全部呈黑色，缀有深蓝色和蓝绿色的光泽，头顶和颈部缀有丝状的白色羽毛，枕部和后颈有短的羽冠；肩部和翅覆羽均为暗银灰色，圆尾较长，脚为黑色。雌鸟和雄鸟羽色相似。

分布区域： 主要分布在孟加拉国、中国、印度、缅甸、泰国、越南等地。

生活习性： 黑颈鸬鹚生性较温顺，不甚怕人。以潜水的方式在水下捕捉食物。经常结成 5~6 对的小群。

栖息环境： 主要栖息在内陆湖泊、江河、水库和池塘。

繁殖特点： 繁殖季期因地区不同而不同，在印度为 7—9 月，在斯里兰卡为 3—4 月和 11—12 月。黑颈鸬鹚在水边的树上或较高的草丛中营巢，每窝通常产卵 3~5 枚，卵呈尖卵圆形。

食性： 主要以各种鱼类为食。

体重： 不详 | **雌雄差异：** 羽色相似 | **栖息地：** 内陆湖泊、江河、水库、池塘

海鸬鹚

又称乌鹈 / 鲣鸟目、鸬鹚科、鸬鹚属

海鸬鹚全身的羽毛呈黑色，头部和颈部有紫色光辉，眼周的裸露皮肤为暗红色，嘴细长，稍侧扁。繁殖期间头顶和枕部各有一束铜绿色的冠羽，肩羽呈铜绿色，两胁分别有一个白色的大斑；黑色的尾羽呈圆形，黑色的脚粗且短。雌鸟和雄鸟羽色相似。

分布区域： 主要分布在北太平洋沿岸和邻近岛屿等地。

生活习性： 海鸬鹚是典型的海上鸬鹚。它们潜水和捕鱼的能力很强，水中活动时相当灵活，有一定的飞行能力。在陆地行走时显得笨拙，休息时候要用尾羽帮助支撑身子。大多数为留鸟，少数需要迁徙到温暖的海域过冬。

栖息环境： 主要栖息在海岸和河口地带。

繁殖特点： 繁殖期为4—7月，每窝通常产卵3~4枚，卵呈白色或蓝色、卵圆形，雌雄亲鸟轮流孵卵。

你知道吗？ 海鸬鹚非常善于合作，经常会聚集成大群围捕湖中的鱼。当遇到大鱼的时候，如果一只鸬鹚无法搞定，它就会呼唤同伴过来帮助，一起向大鱼发起进攻。在水中觅食的时候，海鸬鹚会和鹈鹕一起合作，鹈鹕拍打水面驱赶鱼群，海鸬鹚会潜入水中捕猎，从而彼此获得充足的食物。

食性： 主要以鱼类和虾为食。

体重： 1.2～2.2千克 | **雌雄差异：** 羽色相似 | **栖息地：** 海岸、河口地带

普通鸬鹚

又称黑鱼郎、水老鸦、鱼鹰 / 鲣鸟目、鸬鹚科、鸬鹚属

普通鸬鹚体长为72~87厘米，夏羽头部、颈部和羽冠均为黑色，夹杂着丝状的白色细羽，眼周和喉侧裸露皮肤均为黄色，长嘴呈锥状，上体为黑色，两肩、背部和翅覆羽均为铜褐色，有金属光泽，颏和上喉部为白色，其余下体呈蓝黑色，灰黑色的尾圆形。脚为黑色。雌鸟和雄鸟羽色相似。

分布区域： 分布于欧洲、亚洲、非洲、大洋洲和北美洲等地。

生活习性： 普通鸬鹚属大型水鸟，不太怕人，喜欢结成小群活动。善于游泳和潜水，经常站在水边岩石上或树枝上休息。昏暗的水下鸬鹚一般看不清猎物，需借助敏锐的听觉。多为留鸟。

栖息环境： 主要栖息在河流、湖泊、池塘和水库地带。巢通常筑在湖边、河岸或者在沼泽地的树上。

繁殖特点： 繁殖期为4—6月，每窝通常产卵3~5枚。

冬羽

眼周和喉侧裸露皮肤为黄色

颈部呈黑色，有紫绿色金属光泽

蓝黑色的胸部

头颈的白色丝状细羽

食性： 主要以各种鱼类为食物。

尾圆形，呈灰黑色

夏羽

体重： 1.3～2.3千克 | **雌雄差异：** 羽色相似 | **栖息地：** 河流、湖泊、池塘、水库

蓝脸鲣鸟

鲣鸟目、鲣鸟科、鲣鸟属

蓝脸鲣鸟体长 92 厘米，翼展 152~170 厘米。通体羽毛除飞羽和尾羽外大部分为白色，眼睛为金黄色，眼部周围为蓝黑色。翅膀较为狭长，脚粗而短。飞羽为黑色，尾羽呈楔形，也是黑色。雄鸟的嘴为亮黄色，雌鸟的嘴为暗黄绿色。脚黄至灰色。

分布区域： 分布于欧洲、亚洲、非洲、大洋洲和北美洲等地。

生活习性： 属大型水鸟，不太怕人，喜欢结成小群活动，善于游泳和潜水。除繁殖期外，经常在海上活动。它们游泳时脖颈向上伸直，飞行时脖颈向前伸直，脚伸向后面，经常站在水边岩石上或树枝上休息。属留鸟。

栖息环境： 主要栖息在热带海洋和没有树的小岛上。巢通常筑在海岬和海岛上，一般成群一起筑巢。

繁殖特点： 繁殖期为 4—6 月，每窝通常产卵 3~5 枚，卵呈淡蓝色或淡绿色。雌雄亲鸟轮流孵卵，孵化期通常为 43 天左右。

你知道吗？ 蓝脸鲣鸟的捕鱼本领非常高，在飞行的时候一旦发现鱼就会收拢双翅，头向下扎进大海里。入水时的巨大声响可以把水面下 1.5 米处的鱼震晕，此时蓝脸鲣鸟会在水中快速捕食，一旦咬住鱼，便会将其吞下。

食性： 主要以各种鱼类为食物。

体重： 1.2~2.4千克 | **雌雄差异：** 羽色相似 | **栖息地：** 热带海洋、海岬和岛屿

红脚鲣鸟

又称导航鸟 / 鲣鸟目、鲣鸟科、鲣鸟属

红脚鲣鸟（浅色型）的头部有黄色的光泽，淡蓝色的嘴不仅粗而且长，尖锐近似圆锥，基部为红色，上嘴和下嘴缘均为锯齿状；眼周和脸部呈淡蓝色，喉囊呈肉色或红色，羽毛洁白，有部分黑色的飞羽；翅膀长而尖，共有 14 枚楔形的尾羽，脚呈红色，脚蹼发达。雌鸟和雄鸟羽色相似。

分布区域： 主要分布在热带地区的太平洋、大西洋和印度洋中的岛屿，中国西沙群岛等地。

生活习性： 红脚鲣鸟属于体形较大的海鸟，特征是红脚、白尾，有浅色、深色和中间色等三种色型。它们的飞行能力很强，善于行走、游泳和潜水。栖息的时候一般栖息在岛屿的灌木丛上或者乔木枝上，头部缩在两个肩膀之间。留鸟，不迁徙。

栖息环境： 主要栖息在热带海洋中的岛屿和海岸。

繁殖特点： 每窝通常产一枚白色的卵，由雌雄亲鸟轮流进行孵卵。

米知道吗？ 红脚鲣鸟脚比较小，所以在行走的时候会显得笨拙。

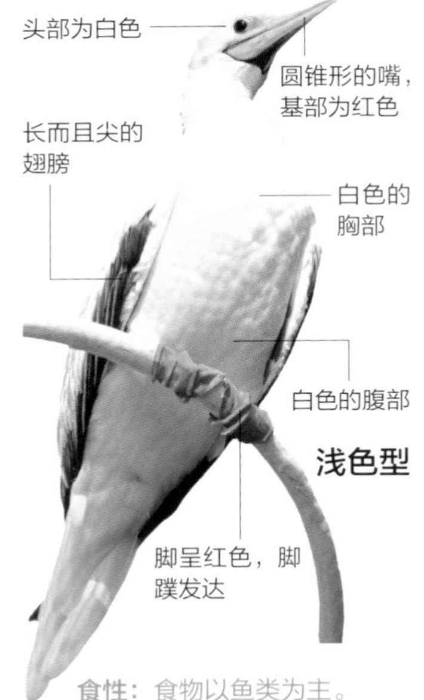

食性： 食物以鱼类为主。

体重： 约0.837千克 | **雌雄差异：** 羽色相似 | **栖息地：** 热带海洋中的岛屿、海岸

海鸥

鸻形目、鸥科、鸥属

海鸥体长为45~51厘米，夏羽的头部、颈部为白色，细嘴为绿黄色；背部、肩部均为石板灰色，翅上覆羽也为石板灰色，腰部和尾上覆羽均为纯白色；下体为纯白色，尾呈白色。冬羽和夏羽相似，但在头顶、头侧、枕和后颈有淡褐色的点斑。脚为浅绿黄色。雌鸟和雄鸟羽色相似。

分布区域： 分布于欧洲、亚洲、北美洲西部等地。

生活习性： 海鸥是最常见的海鸟，多在海边、海港和盛产鱼虾的渔场上。在海边、海港或者渔场上，它们成群漂浮在水面上，低空飞行、活动与觅食，

栖息环境： 主要栖息在开阔地带的湖泊、河流和水塘中。巢通常筑在小岛、河流岸边的地面上，靠近水边。

繁殖特点： 繁殖期为4—8月，每窝通常产卵2~4枚。卵呈绿色或橄榄褐色。雌鸟和雄鸟轮流孵卵，孵化期为22~28天。

你知道吗？ 如果海鸥贴近海面飞行，表示未来天气将是晴好的；如果海鸥沿着海边徘徊，表示未来天气将是阴雨天。

食性： 食物以软体动物、甲壳类动物和鱼等为主。

体重： 0.3~0.5千克 | **雌雄差异：** 羽色相似 | **栖息地：** 港口、码头、海湾

红嘴鸥

又称笑鸥、钓鱼郎、水鸽子 / 鸻形目、鸥科、鸥属

红嘴鸥体长约为40厘米，嘴呈红色。夏羽头部至颈上部为咖啡褐色，眼后有一道星月形的白斑，颈下部、上背、肩部、尾上覆羽和尾均为白色，下背、腰及翅上覆羽淡灰色，尾羽为黑色。冬羽头部白色，下背、肩、腰部均为珠灰色，上背为白色，体上余羽纯白。脚为赤红色。雌鸟和雄鸟羽色相似。

分布区域： 分布于阿富汗、法国、意大利、日本、印度、菲律宾等地。

生活习性： 红嘴鸥喜欢结成群，有时3~5只成群，在海上会立于固定物或者漂浮木上。在陆地上经常会栖息在水面或者地面上。主要属冬候鸟，少部分属夏候鸟。

栖息环境： 主要栖息在河流、湖泊、水库、海湾等地带。巢通常筑在湖泊、水塘等水域岸边或者小岛上。

繁殖特点： 繁殖期为4—6月，每窝通常产卵3枚。卵呈绿褐色、淡蓝橄榄色或灰褐色，表面有黑褐色的斑点。雌雄亲鸟轮流孵卵，孵化期为20~26天。

食性： 以鱼、虾、水生植物等为食物。

体重： 0.21~0.38千克 | **雌雄差异：** 羽色相似 | **栖息地：** 河流、湖泊、水库、海湾

北极鸥

又称白鸥 / 鸻形目、鸥科、鸥属

北极鸥体长为64~80厘米，嘴呈黄色，下嘴前端有橙红色斑。夏羽头部、颈部、腰部和尾部均为白色，肩部、背部和翅上覆羽均为淡灰色；初级飞羽基部为淡灰色，端部为白色；下体为白色。冬羽头、颈部纯白，密布灰褐色的细状纵纹，后颈杂以暗褐色的斑纹，其余和夏羽相似。脚为粉红色。雌鸟和雄鸟羽色相似。

分布区域：主要分布于北冰洋沿岸和岛屿、欧亚大陆和北美洲的北极地区。

生活习性：北极鸥飞翔能力强，善于游泳，行走很快。它们喜欢成对或成小群在苔原湖泊和沿海上空活动。在中国大陆属于冬候鸟。

食性：以鱼、甲壳类和软体动物等为食。

头部为白色

嘴呈黄色，下嘴前端有橙红色斑

背部覆羽呈淡灰色

粉红色的脚

夏羽

体重：1.2~2.7千克 | **雌雄差异：**羽色相似 | **栖息地：**北极苔原、海岸和岛屿

长尾贼鸥

又称黑贼鸥 / 鸥形目、贼鸥科、贼鸥属

淡色型长尾贼鸥的嘴为黑色，前额、头顶和后枕均为黑褐色，后颈为白色；整个上体呈灰褐色，下体呈白色，到腹部逐渐变暗；腹部和肛周以及尾下覆羽为淡灰褐色，尾呈黑色，中央一对尾羽特别长，脚为灰色或暗灰色。雌鸟和雄鸟羽色相似。

分布区域：主要分布于澳大利亚、埃及、俄罗斯、英国，以及北美洲、南美洲等地。

生活习性：长尾贼鸥喜欢单独或成对活动，游泳时头颈向上竖直，长尾也向上举起。有领土意识，会捍卫自己巢穴附近的区域，驱赶入侵者，攻击靠近的动物。

食性：食物以各种小动物、浆果等为主。

头顶呈黑褐色

白色的后颈

嘴呈黑色

胸部为白色

淡色型

体重：0.3~0.63千克 | **雌雄差异：**羽色相似 | **栖息地：**北极苔原地带、沿海海面

短尾贼鸥

又称白腹贼鸥 / 鸥形目、贼鸥科、贼鸥属

短尾贼鸥有两种色型：暗色型与淡色型。暗色型通体灰褐色至黑褐色；淡色型夏羽嘴黑色，额、头顶至枕黑褐色，颈部白色，前颈、胸和腹均白色，两胁灰褐色，尾羽黑褐色，脚黑色；淡色型冬羽脸、颈、两胁及尾通常有淡色或暗色斑纹。

分布区域：主要分布于冰岛、日本、俄罗斯、巴西、加拿大、智利、古巴、墨西哥、秘鲁等地。

生活习性：短尾贼鸥喜独自或结对活动，善飞行，飞行能力强且轻快。看到其他海鸟捕到鱼的时候，会立刻猛冲过去，进行骚扰和攻击，直到它们吐出食物。

食性：主要以鱼为食，也吃甲壳类和软体动物，喜欢抢劫海鸥和其他海鸟的食物。

嘴呈黑色

淡色型（夏羽）

黑褐色的头顶

颈部呈白色

白色的腹部

体重：0.3~0.63千克 | **雌雄差异：**羽色相似 | **栖息地：**北极苔原地带、沿海海面

第四章

涉禽

涉禽的腿细而且长，适合涉水行走，不适合游泳，
例如白鹭、丹顶鹤等。
涉禽中的鹤类深受人们的青睐，
在中国文化中，
鹤尤其丹顶鹤是吉祥、长寿和高雅的象征，
有着崇高的地位。
鹤还是诗词、书画等艺术领域经常表现的题材，
而关于鹤的雅趣轶事也有很多，
“梅妻鹤子”“林公放鹤”的典故，以及鹤寿松龄、
龟鹤延年、鹤立鸡群等美好的寓意一直流传到现在。

大白鹭

又称白鹭鸶、鹭鸶、白漂鸟、大白鹤/鹈形目、鹭科、白鹭属

大白鹭夏羽全身呈乳白色，颈部较长，白色，嘴和眼先均为黑色，嘴角有一条黑线，头部有短小的羽冠；肩部有长长的蓑羽，向后延伸；白色的腹部羽毛沾有轻微的黄色。冬羽和夏羽相似，全身为白色，但前颈下部和肩背部没有长的蓑羽。腿较长，呈黑色。雌鸟和雄鸟羽色相似。

分布区域： 分布于全球的温带地区。

生活习性： 大白鹭一般单只或者呈小群活动，繁殖期甚至会聚集成300多只的大群。多在水边的浅水处觅食，边涉水边啄取食物，行走时颈部收缩呈“S”形。活动时非常谨慎小心，看到人就会飞走。刚开始飞行时比较笨拙，达到一定高度之后会变得非常灵活。部分属夏候鸟，部分属留鸟以及冬候鸟。

栖息环境： 主要栖息在海滨、水田、湖泊、红树林等地带。巢通常筑在高树或者芦苇丛中，比较简陋。

繁殖特点： 繁殖期为4—7月，每窝通常产卵3~6枚。卵呈天蓝色，呈椭圆形或长椭圆形。雌鸟和雄鸟共同孵化，孵化期为25~26天，之后共同喂养。雏鸟晚成性，大约一个月可以离巢和飞翔。

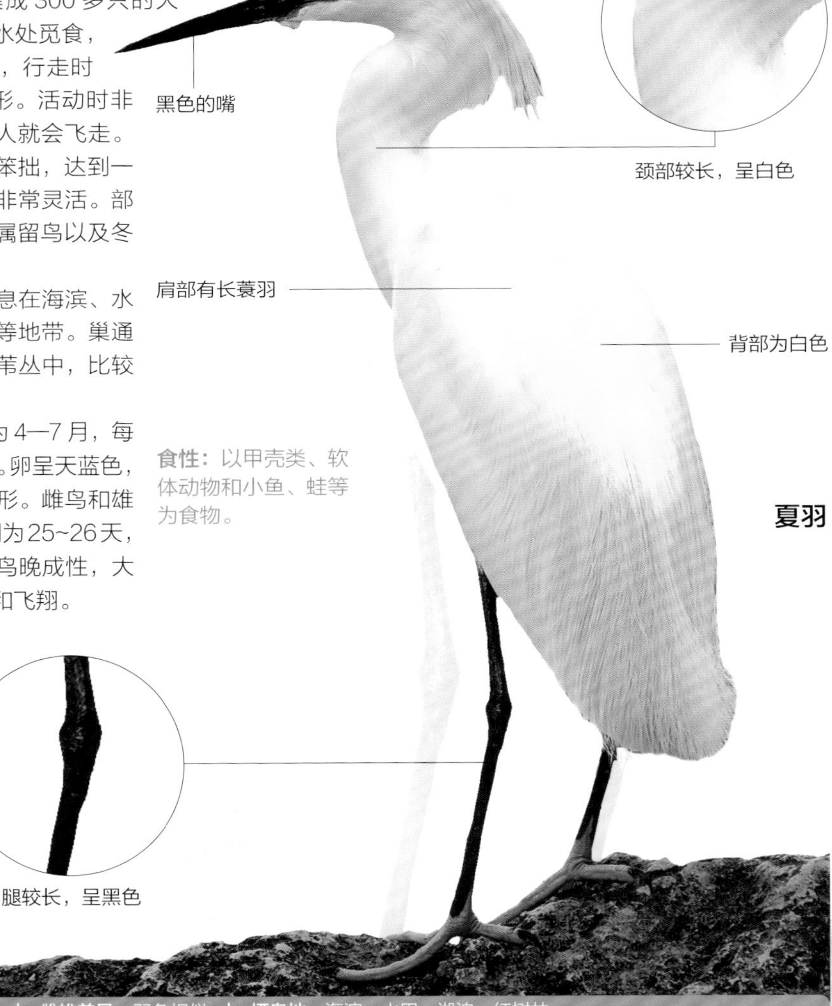

食性： 以甲壳类、软体动物和小鱼、蛙等为食物。

体重： 0.7~1.5千克 | **雌雄差异：** 羽色相似 | **栖息地：** 海滨、水田、湖泊、红树林

苍鹭

又称灰鹳、青庄 / 鹈形目、鹭科、鹭属

苍鹭的颈部较长，颈基部有灰白色的长羽，头顶两侧和枕部均为黑色，嘴长，呈黄色，颏部和喉部均为白色，上体从背部至尾上覆羽为苍灰色，两肩部羽毛呈苍灰色，胸部和腹部均为白色，前胸两侧各有 1 块紫黑色的大斑，脚较长，呈黄褐色或深棕色。雌鸟和雄鸟羽色相似。

分布区域： 分布于欧洲、非洲以及日本、朝鲜、伊拉克、伊朗、印度、中国等地。

生活习性： 苍鹭喜欢成对或结成小群活动，在水边站立时总是把脖颈缩在肩膀之间，一只脚站立，另一只脚缩于腹下。飞行时翅膀成“Z”形，翅膀鼓动缓慢，两脚会向后伸直。在清晨和傍晚觅食，晚上一般成群栖息在大树上休息。部分为留鸟，部分会迁徙。

栖息环境： 主要栖息在沼泽、山地、江河、溪流等处。雌雄一起筑巢，巢通常筑在水域周围的树上或者芦苇丛里。

繁殖特点： 繁殖期为 4—6 月，每窝通常产卵 3~6 枚。卵呈苍白色或蓝绿色，为椭圆形。雌鸟和雄鸟共同孵卵，孵化期在 25 天左右。

你知道吗？ 在古埃及，鸟神与太阳、造物和重生联系在一起，在艺术品中被描绘成苍鹭。在古罗马，苍鹭是可以占卜的鸟，罗马人和希腊人会向它们寻求建议和算命。

食性： 以小型鱼类、虾和昆虫等为食物。

体重： 0.94~1.8千克 | **雌雄差异：** 羽色相似 | **栖息地：** 沼泽、山地和江河、溪流

绿鹭

又称绿背鹭、绿鹭鸶、绿蓑鹭 / 鹈形目、鹭科、绿鹭属

绿鹭的头顶、羽冠为绿黑色，后颈、颈侧和体侧为烟灰色；颏、喉部和胸部、腹部中央均为白色，杂有灰色，背部和两肩披有窄长的矛状羽，青铜绿色；上体呈蝉灰绿色，下体两侧为银灰色，黑色的尾泛有青铜绿色的光泽，脚为黄绿色。雌鸟和雄鸟羽色相似。

背部有矛状羽

头顶呈绿黑色

颈侧为烟灰色

尾呈黑色

黄绿色的脚

食性：食物以小鱼、青蛙和水生昆虫等为主。

分布区域：主要分布在非洲以及印度、中国、澳大利亚、新几内亚等地。

生活习性：绿鹭生性孤独，除繁殖期以外一般会独自生活，经常在有浓密树荫的枝杈上休息。它们主要在清晨和黄昏时觅食。部分迁徙，部分为留鸟。

栖息环境：主要栖息在山间溪流、湖泊、草丛和滩涂。

繁殖特点：繁殖期为 4—7 月，每窝通常产卵 3~5 枚，卵呈椭圆形、绿青色，雌雄亲鸟轮流孵卵，孵化期为 21 天左右。

体重：0.2 ~ 0.3千克 | **雌雄差异：**羽色相似 | **栖息地：**山间溪流、湖泊、草丛、滩涂

夜鹭

又称水洼子、星鸦、苍鳽、夜鹤 / 鹈形目、鹭科、夜鹭属

夜鹭黑色的嘴尖而细，喉部为白色，头顶到背部呈黑绿色；头枕部披有 2~3 枚白色的羽毛，下垂到背部；腰部、两翅和尾羽均为灰色，颈侧、胸部和两胁呈淡灰色，腹部为白色，尾羽有 12 枚，脚和趾为黄色。雌鸟和雄鸟羽色相似。

嘴尖细，呈黑色

黑绿色的头顶

背部呈黑绿色，有金属光泽

腹部呈白色

黄色的脚

分布区域：主要分布在欧洲、非洲以及印度、中国、朝鲜和日本等地。

生活习性：夜鹭性喜结群，经常结成小群在早晨、黄昏和夜间活动，飞行速度很快。一般会缩颈站立一动不动，或者梳理羽毛，身体呈驼背状。部分为留鸟，部分迁徙。

栖息环境：主要栖息在溪流、水塘、江河和沼泽。

繁殖特点：繁殖期为 4—7 月，每窝通常产卵 3~5 枚，卵呈卵圆形或椭圆形、蓝绿色，雌雄亲鸟共同孵卵，孵化期为21~22天。

食性：食物以鱼类、虾类、蛙类以及水生昆虫等动物性食物为主。

体重：0.45 ~ 0.75千克 | **雌雄差异：**羽色相似 | **栖息地：**溪流、水塘、江河、沼泽

白鹭

又称雪客、白鹭鸶、白鸟、一杯鹭 / 鹈形目、鹭科、白鹭属

白鹭黑色的嘴较长，其通体为白色；夏羽的枕部有两条狭长的矛状羽毛，状似两条辫子；肩部和背部着生有长蓑羽；前颈下部也生有矛状的饰羽。冬羽全身为乳白色，但头部冠羽，肩、背部和前颈的蓑羽或矛状饰羽都消失，个别前颈矛状饰羽有少许残留。黑色的腿较长，脚趾呈黄绿色。雌鸟和雄鸟羽色相似。

分布区域： 主要分布在非洲大陆、南亚次大陆、东南亚以及澳大利亚、日本等地。

生活习性： 白鹭行走时步履稳健；喜欢结群，经常结成 3~5 只或十余只的小群活动。部分留鸟，部分迁徙。

栖息环境： 主要栖息在沼泽、水田、湖泊或者滩涂地。

繁殖特点： 繁殖期为 3—7 月，每窝通常产卵 3~6 枚，卵呈灰蓝色或蓝绿色，雌雄亲鸟轮流孵卵，孵化期为 25 天。

食性： 食物以小鱼、蛙等动物性食物为主。

体重： 0.33~0.55千克 | **雌雄差异：** 羽色相似 | **栖息地：** 沼泽、水田、湖泊或滩涂地

岩鹭

又称黑鹭 / 鹈形目、鹭科、白鹭属

岩鹭体长 55~64 厘米。灰色型岩鹭全身的羽毛为灰色，头部有短羽冠，颏部近白色，绿黄色的嘴前端呈暗褐色；喉部多为灰色，有的个体喉部则为白色；胸部和背部均有细长的蓑羽，呈白色，脚为暗绿色。白色型岩鹭主要分布在南方地区，全身为白色。雌鸟和雄鸟羽色相似。

分布区域： 主要分布于东南亚以及澳大利亚、新西兰、中国等地。

生活习性： 岩鹭有白色型和灰色型两种，白色型的岩鹭稀少。岩鹭生性羞怯，好静，人不易接近。飞行时速度较慢，一般独自活动，有时也会结成小群活动。

栖息环境： 主要栖息在岛屿和沿海海岸。

繁殖特点： 繁殖期为 4—6 月，每窝通常产卵 2~5 枚，卵呈淡青色或淡绿色。

食性： 食物以鱼类、虾类、蟹和软体动物等为主。

体重： 约0.2千克 | **雌雄差异：** 羽色相似 | **栖息地：** 岛屿和沿海海岸

池鹭

鹈形目、鹭科、池鹭属

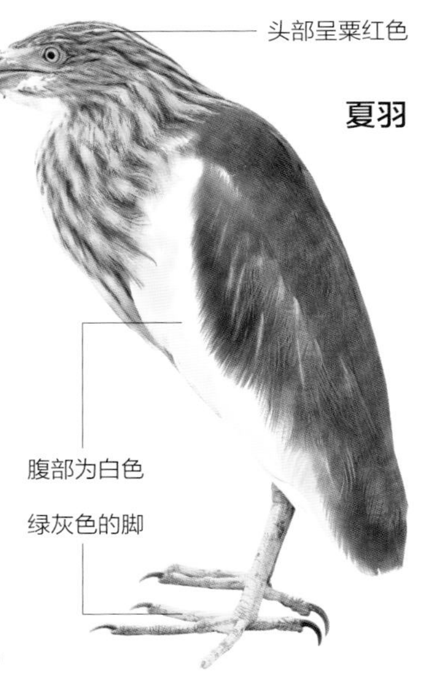

又称红毛鹭、中国池鹭、红头鹭鸶，池鹭夏羽的头部、颈部、前胸和胸侧均为栗红色，栗红色的冠羽较长，能延长到背部；嘴呈黄色，尖端黑色，颏、喉部均为白色；背部羽毛呈披针形，呈蓝黑色；下颈部有栗褐色的丝状羽，在胸部悬垂；腹部、两胁均为白色。冬羽头顶白色，有褐色的条纹，背和肩羽为暗黄褐色，胸部为淡皮黄白色，有密集的褐色条纹，其余似夏羽。脚为暗黄色。雌鸟和雄鸟羽色相同。

分布区域： 主要分布在东南亚以及孟加拉国、中国等地。

生活习性： 池鹭喜欢独自或结成 3~5 只小群活动。性格大胆，不害怕人，经常站在水面或者浅水中，飞快地猎食。

栖息环境： 主要栖息在稻田、池塘和沼泽。

繁殖特点： 繁殖期为 3—7 月，每窝通常产卵 3~6 枚，卵呈蓝绿色、椭圆形。

食性： 主要以鱼类、蛙、昆虫等为食物，也食用少量的植物性食物。

体重： 0.15 ~ 0.32千克 | **雌雄差异：** 羽色相同 | **栖息地：** 稻田、池塘、沼泽

草鹭

又称花洼子、黄庄、草当 / 鹈形目、鹭科、鹭属

草鹭的体形呈纺锤形，头顶为蓝黑色，暗黄色的嘴较长；枕部有两枚灰黑色羽毛形成的冠羽，好似辫子；颏、喉部均为白色，颈部呈棕栗色；两肩和下背被有矛状的长羽，尾呈暗褐色，腿长，脚后缘为黄色。雌鸟和雄鸟羽色相似。

分布区域： 分布于中国、印度、伊朗以及欧洲、非洲等地。

生活习性： 草鹭行动缓慢，经常在水边浅水处漫步，低头寻找食物。飞行时缓慢而从容，独自或结成对活动和觅食，休息时会聚集在一起。很少鸣叫，部分属留鸟，部分会迁徙。

栖息环境： 主要栖息在湖泊、河流、沼泽和水塘岸边的浅水处。巢通常筑在挺水植物的岸边，雌鸟和雄鸟一起筑巢。

繁殖特点： 繁殖期为 5—7 月，通常每窝产卵 3~5 枚。卵呈椭圆形，刚产下的时候为深蓝色，第三天会变成灰蓝色。孵化期为 27~28 天，育雏期为 42 天。

嘴长，呈暗黄色

头顶呈蓝黑色

下背的矛状长羽

暗褐色的尾

食性： 主要食小鱼、蛙类、蜥蜴、蝗虫等动物性食物。

体重： 0.8 ~ 1.3千克 | **雌雄差异：** 羽色相似 | **栖息地：** 湖泊、河流、沼泽、水库

大麻鳽

又称大水骆驼、蒲鸡、水母鸡、大麻鹭 / 鹈形目、鹭科、麻鳽属

大麻鳽身体较粗胖，黄绿色的嘴粗而且尖，眉纹为淡黄白色；额、头顶和枕部均为黑色，后颈为黑褐色；背部呈黄褐色，有黑褐色的斑点；下体呈淡黄褐色，有黑褐色的纵纹；皮黄色的尾羽缀有黑色横斑，腿呈黄绿色。雌鸟和雄鸟羽色相似。

分布区域： 主要分布在欧洲、非洲、亚洲等地。

生活习性： 大麻鳽属大型鹭类，在繁殖期以外常独自活动，活动时间多在黄昏和晚上，白天一般藏在水边芦苇丛和草丛中，或在沼泽草地上活动。部分属留鸟，部分为夏候鸟和旅鸟。

栖息环境： 主要栖息在河流、湖泊、池塘边的芦苇丛。

繁殖特点： 繁殖期为 5—7 月，每窝通常产卵 4~6 枚，主要由雌鸟负责孵卵，孵化期为 25~26 天。雏鸟 2~3 周之后可以离开草丛或芦苇丛。

有黑褐色斑点的背部

后颈呈黑褐色

粗而尖的嘴呈黄绿色

黄绿色的腿

食性： 主要食小鱼、蛙类、蜥蜴、蝗虫等动物性食物。

体重： 0.4~1.3千克 | **雌雄差异：** 羽色相似 | **栖息地：** 河流、湖泊、池塘边的芦苇丛

黄苇鳽

又称黄斑苇鳽、小黄鹭、黄秧鸡 / 鹈形目、鹭科、苇鳽属

黄苇鳽雄鸟的额、头顶和冠羽均为铅黑色，杂有灰白色的纵纹；头侧、后颈和颈侧呈棕黄白色，背部和肩部均为淡黄褐色；下体从颏到喉部为淡黄白色，喉部到胸部为淡黄褐色；腹部为淡黄白色，腰部和尾上覆羽为暗褐灰色。雌鸟和雄鸟相似，但头顶为栗褐色，有黑色的纵纹。脚为黄绿色。

分布区域： 主要分布在孟加拉国、柬埔寨、中国、印度、日本、缅甸、菲律宾等地。

生活习性： 黄苇鳽是一种中型涉禽，经常在早晨或傍晚单独或结成对活动。生性机警，听到响动便伸长脖子观望。经常在沼泽地或者水边涉水觅食。部分为留鸟，部分为夏候鸟。

栖息环境： 主要栖息在平原、湖泊、水库和水塘。

繁殖特点： 繁殖期为 5—7 月，每窝通常产卵 5~6 枚，卵呈卵圆形、白色。孵化期为 20 天。

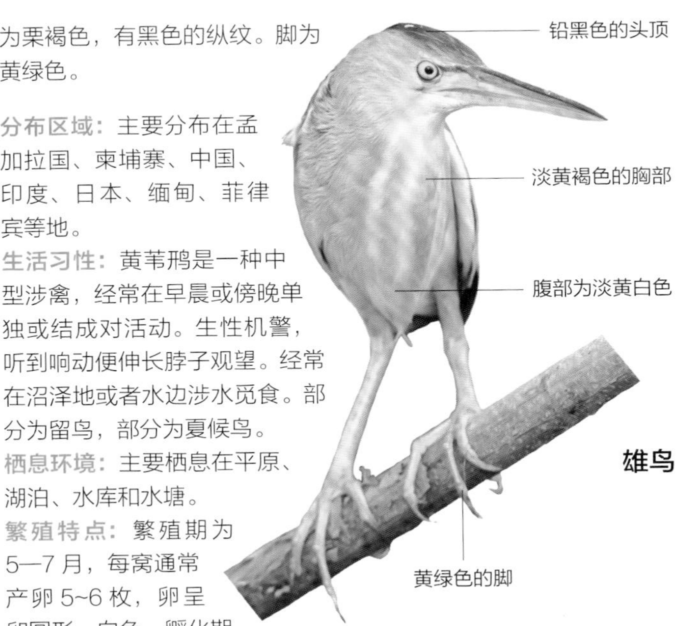

食性： 食物以小鱼、虾类、蛙类等动物性食物为主。

体重： 0.05~0.1千克 | **雌雄差异：** 羽色相似 | **栖息地：** 平原、湖泊、水库、水塘

白琵鹭

又称琵琶嘴鹭、琵琶鹭 / 鹈形目、鹮科、琵鹭属

白琵鹭体长约为 85 厘米，黑色的嘴长而直，端部为黄色。夏羽除胸部外全身为白色，眼周、脸部裸出的皮肤为黄色；头后枕部有发丝状的橙黄色冠羽，前额下部有橙黄色的颈环；胸部呈黄色。冬羽全身白色，头后枕部没有羽冠，前颈下部没有橙黄色的颈环，其余和夏羽相似。雌鸟和雄鸟羽色相似。

分布区域：分布于欧亚大陆和非洲西南部分地区。

生活习性：白琵鹭属大型涉禽，喜欢结成群，有时也会独自活动。生性机警，害怕人，很难接近它们。休息时常在水边散开，能长时间站立不动，飞行时颈部和脚伸直。一般在白天活动，傍晚的时候觅食。部分为夏候鸟，部分为留鸟。

栖息环境：主要栖息在湖泊、河流、沼泽和水库边。巢通常筑在挺水植物和灌丛或者树丛附近的水域。

夏羽

橙黄色的发丝状冠羽

背部为白色

嘴长而直，呈黑色，端部为黄色

腿较长，呈黑色

食性：主要食小型脊椎动物或者无脊椎动物。

繁殖特点：繁殖期为 5—7 月，每窝通常产卵 3~4 枚。卵呈椭圆形或者长椭圆形，呈白色，表面有细小的红褐色斑点。

体重：1.9~2.1千克 | **雌雄差异：**羽色相似 | **栖息地：**湖泊、河流、沼泽和水库边

彩鹮

又称白头鹮鹳 / 鹈形目、鹮科、彩鹮属

彩鹮体长为 48~66 厘米，虹膜为褐色，黑色的嘴长而下弯，头部除面部裸出外都被有羽毛，脸部裸露的皮肤和眼圈呈铅色，体羽大部分为青铜栗色，颈部、上背、肩部均为红褐色，有绿色和紫色光泽，飞羽、尾羽均为黑色，脚为绿褐色。雌鸟和雄鸟羽色相似。

分布区域：主要分布在欧洲南部、亚洲、非洲等地。

生活习性：彩鹮喜欢群居，常与其他鹮类、鹭类聚集在一起活动。它们善于飞行，飞行距离一般较远，白天觅食，晚上在栖息地的树上休息。

栖息环境：主要栖息在河湖、水塘、沼泽和稻田等地。

繁殖特点：每窝通常产卵 3~5 枚，卵呈卵圆形、蓝色，雄鸟和雌鸟共同负责孵卵，孵化期为 21 天。雏鸟为晚成性，孵出之后由亲鸟共同喂养。

肩部呈红褐色

黑色的嘴长而下弯

红褐色的颈部

绿褐色的脚

食性：食物以水生昆虫、虾类、甲壳类、软体动物等为主。

体重：0.48~0.8千克 | **雌雄差异：**羽色相似 | **栖息地：**河湖、水塘、沼泽、稻田等地

黑头白鹮

又称白鹮 / 鹈形目、鹮科、白鹮属

黑头白鹮全长约 75 厘米，头部和颈部裸露，裸出部分皮肤为黑色；黑色的嘴长而下弯，颊、喉部均为黑色；通体羽毛为白色，翼覆羽有一条棕红色带斑，腰部和尾上覆羽有淡灰色丝状饰羽，腿较长，呈黑色。雌鸟和雄鸟羽色相似。

分布区域：主要分布在非洲、亚洲以及太平洋西南部等地。

生活习性：黑头白鹮是体形较大的涉禽，目前其数量比较稀少，属于世界濒危物种。黑头白鹮和鹭类一样，经常和白鹭类混群，在沼泽湿地、苇塘以及湖泊边缘等浅水水域活动。在我国南方为旅鸟或者冬候鸟，在东北地区为繁殖鸟。

栖息环境：主要栖息在树上、沼泽、苇塘和河口。

繁殖特点：繁殖期为 5—8 月，每窝通常产卵 2~3 枚，卵呈长椭圆形、卵圆形或者梨形，白色。雌鸟和雄鸟共同孵卵，孵化期为 23~25 天。

食性：它们主要以软体动物、甲壳类、昆虫、小鱼和两栖类等为食物。

体重：不详 | **雌雄差异：**羽色相似 | **栖息地：**树上、沼泽、苇塘、河口

黑鹳

又称黑老鹳、乌鹳、锅鹳 / 鹳形目、鹳科、鹳属

黑鹳是白俄罗斯的国鸟，嘴呈红色，长而且直，头部、颈部均为黑色；背部、肩部和翅膀为黑色，有紫色和青铜色的光泽；黑色的上胸部有紫色和绿色光泽，前颈下部的羽毛形成蓬松的颈领；下胸部、腹部、两胁和尾下覆羽为白色，腿长，呈红色。雌鸟和雄鸟羽色相似。

分布区域：主要分布在欧亚大陆和非洲等地。

生活习性：黑鹳属大型涉禽，它们的体态优美，生性机警且活动敏捷。善于飞行，不善于鸣叫，喜欢独自或结对在水边浅水处或沼泽地上活动。大多数为迁徙鸟类，只有在西班牙的为留鸟。

栖息环境：主要栖息在河流沿岸、沼泽山区溪流附近。

繁殖特点：繁殖期为 4—7 月，每窝通常产卵 4~5 枚，卵呈卵椭圆形、白色，雌雄亲鸟轮流孵卵，孵化期为 31 天。为晚成性鸟类，留巢期比较长。

食性：主要以鱼为食物。

体重：2~3千克 | **雌雄差异：**羽色相似 | **栖息地：**河流沿岸、沼泽山区溪流附近

白鹳

又称欧洲白鹳 / 鹳形目、鹳科、鹳属

白鹳的体长为 90~115 厘米，翼展为 195~215 厘米。其红色的嘴长且粗壮，喙形较直，嘴基厚，眼先、眼周和喉部的裸露皮肤均呈黑色；白色的颈部细长，前颈下部有长羽，呈披针形，在求偶期间会竖直起来。它们身体羽毛主要为白色，翅膀长且宽；翅膀处有黑羽，翼羽有绿色或紫色的光泽，鲜红色的腿细而长。雌鸟和雄鸟羽色相同。

分布区域： 主要分布在欧洲、非洲、亚洲等地。

生活习性： 白鹳属于大型涉禽，是德国的国鸟，被欧洲人视为“吉祥鸟”。它们生性机警，经常独自或结成对在水塘岸边或开阔的沼泽草地上漫步。是迁徙性鸟类，主要迁往热带非洲和印度大陆越冬。

繁殖特点： 一夫一妻制，繁殖期为 4—6 月，每窝通常产卵 4~6 枚。

白色的头顶

嘴长而粗壮，呈红色

腿细长，为鲜红色

前颈下部有披针形的长羽

颈细长，呈白色

腹部为白色

食性： 白鹳是食肉动物，主要以昆虫、鱼类、两栖类和小鸟等为食物。

体重： 3~3.5千克 | **雌雄差异：** 羽色相同 | **栖息地：** 平原、草地、沼泽、河流

白头鹮鹳

又称彩鹳 / 鹳形目、鹳科、鹮鹳属

白头鹮鹳体长为 93~102 厘米，嘴粗而长，嘴尖稍向下弯曲，头部赤裸，为橙色或红色（繁殖期），其体羽主要为黑色和白色，黑色的飞羽和尾羽有绿色的金属光泽；胸部有黑色的宽阔胸带泽；其余的羽毛均为白色，腿特别长，呈红色。雌鸟和雄鸟羽色相似。

分布区域： 分布于印度至中国西南部等地。

生活习性： 白头鹮鹳的羽毛色彩美丽，姿态优雅，白天经常缩着脖子，长时间站立不动，有时会悠闲地在沼泽和草地上漫步。喜欢结成对或结成小群在浅水处觅食，觅食的时候经常在水边浅水处缓慢行走，脚一边在水中移动，一边探索。大部分为留鸟，也有部分会进行迁徙。

栖息环境： 主要栖息在湖泊、河流、水塘、沼泽等处。巢通常筑在水边的树上或者灌丛上，雌鸟和雄鸟一起筑巢。

繁殖特点： 繁殖期为 5—7 月，每窝通常产卵 2~5 枚。

头部赤裸无羽，为橙色或红色（繁殖期）

背部呈白色

嘴粗而长，为橙黄色

食性： 以鱼类为主，也会吃其他的动物性食物。

红色的腿特别长

体重： 2~3.5千克 | **雌雄差异：** 羽色相似 | **栖息地：** 湖泊、河流、水塘、沼泽

牛背鹭

又称黄头鹭、畜鹭、放牛郎 / 鹈形目、鹭科、牛背鹭属

牛背鹭橙黄色的颈部短而粗，头部为橙黄色，嘴为黄色；前颈基部和背部中央有羽枝分散成发状的橙黄色长形饰羽，长度可到胸部；背部饰羽向后可到尾部，尾羽和其余的体羽均为白色。冬羽全身均为白色，有的头顶缀有黄色，脚趾为黑色。雌鸟和雄鸟羽色相似。

橙黄色的头部

嘴呈黄色

前颈的橙黄色饰羽

白色的腹部

黑色的脚趾

夏羽

分布区域： 主要分布在全球温带地区。

生活习性： 牛背鹭是博茨瓦纳的国鸟，也是唯一不吃鱼而以昆虫为主食的鹭。它们生性活跃，头部在飞行时缩到背上，和家畜特别是水牛形成依附关系，常常捕食被家畜从水草中惊飞的昆虫。部分为留鸟，部分迁徙。

栖息环境： 主要栖息在平原草地、牧场、湖泊和池塘。

繁殖特点： 繁殖期为 4—7 月，每窝通常产卵 4~9 枚，雌雄亲鸟轮流孵卵，孵化期为 21~24 天。

体重： 0.32~0.45千克 | **雌雄差异：** 羽色相似 | **栖息地：** 平原草地、牧场、湖泊、池塘

蓑羽鹤

又称闺秀鹤 / 鹤形目、鹤科、蓑羽鹤属

蓑羽鹤的头侧、喉部和前颈均为黑色，白色的耳羽成束状，垂于头侧；头顶呈珍珠灰色，嘴呈黄绿色，喉部和前颈的羽毛延长成蓑状，在前胸悬垂；其余的头部、颈部和体羽均呈蓝灰色，黑色的腿较长，脚趾呈黑色。雌鸟和雄鸟羽色相似。

分布区域： 主要分布在欧洲南部、东部到中亚西部、贝加尔湖西部、中国等地。

生活习性： 蓑羽鹤属大型涉禽，除了繁殖期结成对活动以外，一般成家族或小群活动。它们生性比较胆小，善于在地面奔走。活动和觅食的时候，经常会有一只鹤负责警戒，一旦发现危险就会长鸣一声，然后振翅飞翔。秋季会进行南迁，成家族群迁飞。

栖息环境： 主要栖息在草地、草甸沼泽、芦苇沼泽。

繁殖特点： 繁殖期为 4—6 月，每窝通常产卵 1~3 枚，卵呈椭圆形，雌雄亲鸟共同孵卵，孵化期为 30 天。

食性： 杂食性，以各种小型鱼类、虾类、植物嫩芽等食物为主。

体重： 2~3千克 | **雌雄差异：** 羽色相似 | **栖息地：** 草地、草甸沼泽、芦苇沼泽

丹顶鹤

又称仙鹤、红冠鹤 / 鹤形目、鹤科、鹤属

丹顶鹤体长 120~160 厘米，朱红色的头顶裸露，眼睛后的耳羽到枕部为白色，喉部和颈部均为黑色，颈部较长；灰绿色的嘴尖端为黄色，黑色的三级飞羽长而弯曲，呈弓状；尾羽和体羽均为白色；腿较长，呈黑色。雌鸟和雄鸟羽色相似。

分布区域： 分布于中国、蒙古、俄罗斯、朝鲜、韩国和日本等地。

生活习性： 丹顶鹤属大型涉禽，喜欢结成对或成家族群和小群一起活动。休息时总是一条腿站着，将头转向后插进背部的羽毛。在觅食和休息时，经常有一只鸟负责警戒。会进行迁徙，一般在 10 月底到达在盐城的越冬地。颈长、鸣管也很长，所以叫声比较高亢、洪亮。丹顶鹤每年换羽两次，求偶时，雌雄鸟对鸣、跳跃和舞蹈。

栖息环境： 主要栖息在平原、沼泽、湖泊、草地。巢通常筑在芦苇沼泽地或者水草地上，呈浅盘状。

繁殖特点： 一雌一雄制，繁殖期为 4—6 月，每窝通常产卵 2 枚。卵呈椭圆形，呈苍灰色或者灰白色，钝端有锈褐色或者紫灰色的斑点。雌雄亲鸟轮流孵卵，孵化期为 30~33 天，雏鸟出壳就可以行走。

你知道吗？ 在古代，丹顶鹤被称为仙鹤，是一等的文禽，寓意吉祥，被看作高官的象征，具有品德高尚、忠贞清正的内涵。丹顶鹤需要干净、开阔的湿地环境作为栖息地，对湿地环境变化比较敏感。由于围湖造田、偷猎以及人为破坏，目前丹顶鹤数量急剧减少，已被列为国家一级保护动物。

食性： 以鱼类、虾类、水生昆虫及水生植物的茎、叶等为主。

体重： 7~10.5千克 | **雌雄差异：** 羽色相似 | **栖息地：** 平原、沼泽、湖泊、草地

长脚秧鸡

鹤形目、秧鸡科、长脚秧鸡属

长脚秧鸡体长约为 27 厘米，颊部和眉纹为灰色，黄色的嘴较短；头顶和上体均为淡灰褐色，有黑色的斑纹；喉部和腹部均为白色翅上覆羽和翅下覆羽均为栗色，脚为淡褐色。雌鸟和雄鸟体色相似。

分布区域：分布于欧洲、非洲、亚洲等地。

生活习性：长脚秧鸡是小型涉禽，白天喜欢藏在草丛或灌丛中，早晨、黄昏和夜晚时候出来活动。喜欢鸣叫，叫声较清脆。在地面上跑动的时候非常迅速，所以在遇到敌人的时候会通过快速奔跑来躲避，危急的时候也会飞翔，但飞翔的速度不快。属夏候鸟，10 月份迁出。

栖息环境：栖息在森林、草地、荒野和半荒漠等地方。巢通常筑在有灌木和草本植物的湿草地上，有时也会筑在湖边沼泽和森林里。

繁殖特点：一雌一雄制，繁殖期为 5—7 月，每窝通常产卵 6~14 枚。卵呈椭圆形，呈淡赭色，表面有红褐色的斑点。由雌鸟负责孵卵，孵化期为 14~15 天。

你知道吗？1998~2000 年，新疆生态与地理研究所得出以下结果：长脚秧鸡在新疆分布广阔，初步估计新疆的种群数量为 1500~3000 只。在调查中发现，长脚秧鸡不仅在伊犁地区、阿勒泰地区和昌吉州等地有分布，在乌鲁木齐市郊也有出没。长脚秧鸡在全球种群处于稳定趋势。尽管在世界上分布较广，但由于其生态环境遭到破坏，种群一直处于衰减状态，中国由于分布范围较小，所以数量也更加稀少。

嘴呈黄色，比较短

胸部主要为棕色

食性：杂食性，以各种昆虫、蠕虫和草籽等为食。

头顶有黑色的斑纹

体重：约0.15千克 | **雌雄差异：**羽色相似 | **栖息地：**森林、草地、荒野、半荒漠

赤颈鹤

鹤形目、鹤科、鹤属

赤颈鹤体长约为 145 厘米，头部、喉部和颈上部裸露，呈鲜红色；灰绿色的头顶较平滑，嘴呈灰色或绿角色；全身羽毛多为浅灰色，初级覆羽呈黑色，腿较长，脚趾为粉红色。雌鸟和雄鸟羽色相似。

分别区域： 分布于印度、缅甸、尼泊尔、澳大利亚、中国等地。

生活习性： 赤颈鹤属大型涉禽，一般独自或结成对和成家族群进行活动、觅食，清晨和傍晚活动比较频繁。它们生性胆小，喜欢成对地鸣叫，叫时脖颈伸直，嘴朝向天空。属留鸟，不迁徙。

栖息环境： 主要栖息在沼泽湿地、平原草地以及林缘灌丛。巢通常筑在平原或者沼泽地。

繁殖特点： 繁殖期为 5—8 月，每窝产卵 2 枚，卵呈绿色或粉红白色，雌鸟孵卵。雌鸟负责孵卵，孵化期为 30 天，雌雄鸟共同照顾幼鸟。

你知道吗？ 该物种已被列为易危，因为被怀疑数量正在快速下降，而且这种预计还将持续。栖息地被破坏加上过度捕猎，都影响了该物种的数量，使其处于濒临灭绝的境地。

食性： 食物以鱼类、虾类、蛙类、谷物和水生植物为主。

体重： 约12千克 | **雌雄差异：** 羽色相似 | **栖息地：** 沼泽湿地、平原草地

灰鹤

又称千岁鹤、玄鹤、番薯鹤 / 鹤形目、鹤科、鹤属

灰鹤体长为100~120 厘米，前额为黑色；颈部较长，喉、前颈和后颈均为灰黑色，黑绿色的嘴端部沾黄色，眼后到颈侧有灰白色的纵带；身体其余部分为石板灰色，背部、腰部的灰色较深，胸部和翅膀的灰色较淡；腿较长，呈灰黑色。雌鸟和雄鸟羽色相似。

分布区域： 分布于伊朗、印度、缅甸、中国、美国、俄罗斯，以及中南半岛北部等地。

生活习性： 灰鹤生性机警，比较怕人，喜欢结成小群一起活动。活动和觅食的时候经常有一只灰鹤不时观望，负责警戒发现危险的时候会立即长鸣一声，并且振翅飞走。飞行时一般成“V”形或“人”字形。属旅鸟，会迁徙。

栖息环境： 主要栖息在平原、草地、沼泽、河滩等地。巢通常筑在深水沼泽区。

繁殖特点： 单配制，但不是很稳定。繁殖期为 4—7 月，每窝通常产卵 2 枚。卵呈灰褐色，表面有大小不一的深褐色斑点，钝端比较密集。雌雄亲鸟轮流孵卵，孵化期约为 30 天。

食性： 杂食性，以植物叶、茎以及昆虫、蛙等为食。

体重： 3~5.5千克 | **雌雄差异：** 羽色相似 | **栖息地：** 平原、草地、沼泽、河滩

白枕鹤

又称红面鹤、白顶鹤、土鹤 / 鹤形目、鹤科、鹤属

白枕鹤的嘴为黄绿色，前额、头顶前部、头侧部和眼周围的皮肤裸露，呈鲜红色，生有稀疏绒毛状的黑羽；喉部为白色，头顶后部、枕部、后颈、颈侧和前颈的上部形成一条暗灰色的条纹；上体呈石板灰色，尾羽末端生有横斑，红色的腿较长。雌鸟和雄鸟羽色相似。

分布区域：主要分布于中国、蒙古、俄罗斯、朝鲜、日本等地。

生活习性：白枕鹤属大型涉禽，白天一般会去寻找食物。生性警觉，遇到惊扰时会马上躲起来或飞走。秋季会离开繁殖地迁往越冬的地方，迁徙的时候成群迁飞。

繁殖特点：繁殖期为 5—7 月，一雌一雄制，每窝通常产卵 2 枚。

眼睛周围的皮肤呈鲜红色

背部为石板灰色

颈侧为暗灰色

红色的腿

食性：食物以植物种子、嫩叶以及鱼、虾等为主。

体重：4.7~6.5千克 | **雌雄差异：**羽色相似 | **栖息地：**芦苇沼泽、农田、湖泊岸边

沙丘鹤

又称棕鹤、加拿大鹤 / 鹤形目、鹤科、鹤属

沙丘鹤体长为 100~110 厘米，嘴呈灰色，顶冠呈红色，前额和眼睑部位裸出的皮肤均为鲜红色，被有稀疏的刚毛，颏部喉部均呈白色。它们全身羽毛为灰色，缀有褐色，下体的颜色稍淡，有 11 枚初级飞羽，其中第三枚最长，飞羽的内部为黑褐色，三级飞羽呈弓形，羽端的羽枝分开；有 12 枚短而且直的尾羽；腿较长，几乎呈黑色。雌鸟和雄鸟羽色相似。

分布区域：主要分布于中国、古巴、日本、韩国、墨西哥、俄罗斯、美国等地。

生活习性：沙丘鹤属大型涉禽，经常结家族群进行活动。生性机警，喜欢在灌木和较高的草丛中躲藏，一有危险便会很快飞走。

繁殖特点：求偶时，雄鸟和雌鸟相对鸣叫、跳跃以及飞舞。繁殖期为 5—7 月，每窝通常产卵 1~2 枚，卵呈卵圆形。

眼睑部位皮肤裸露，为鲜红色

嘴呈灰色

喉部为白色

背部呈灰色，缀有褐色

尾羽短而直

长腿几乎为黑色

食性：食物以各种灌木和草本植物的叶片、嫩芽，以及草籽、谷粒等为主。

体重：2.7~6.7千克 | **雌雄差异：**羽色相似 | **栖息地：**平原沼泽、湖边草地、水塘

白骨顶鸡

又称白骨顶、骨顶鸡 / 鹤形目、秧鸡科、骨顶属

白骨顶鸡的嘴高而侧扁，嘴端灰色，头部有白色的额甲，头和颈纯黑而辉亮，上体余部和两翅为石板灰黑色；上体有条纹，下体有横纹，胸部和腹部中央的羽色较浅，翅膀短而圆，尾下覆羽为黑色，腿和脚均为橄榄绿色。雌鸟和雄鸟羽色相似。

分布区域： 主要分布于欧亚大陆、非洲，以及印度尼西亚、澳大利亚和新西兰等地。

生活习性： 白骨顶鸡是中型涉禽，喜欢在开阔水面游泳，游泳时尾部下垂，头前后摆动。初繁殖期外经常成群活动，尤其是迁徙的时候，经常成大群，偶尔也有成小群活动的。在中国北部为夏候鸟，在长江以南为冬候鸟。

栖息环境： 主要栖息在湖泊、水库、水塘和苇塘。

繁殖特点： 繁殖期为 5—7 月，每窝通常产卵 5~10 枚，卵呈尖卵圆形或梨形，雌雄亲鸟都参与孵卵，孵化期为 14~24 天。

背部呈石板灰黑色，有条纹

头和颈部呈纯黑色

嘴高而侧扁

橄榄绿色的腿

食性： 食性较杂，食物以水生植物的嫩芽、叶、茎为主，也吃昆虫和软体动物等。

体重： 0.4~0.8千克 | **雌雄差异：** 羽色相似 | **栖息地：** 湖泊、水库、水塘、苇塘

普通秧鸡

又称秋鸡、水鸡 / 鹤形目、秧鸡科、秧鸡属

普通秧鸡全长约为 29 厘米。它们嘴长直，近红色，头顶到后颈为黑褐色；上体纵纹较多，颈部和胸部均为灰色，背部、肩部、腰部和尾上覆羽为橄榄褐色，两肋有黑白色的横斑；腹部中央为灰黑色，缀有淡褐色的斑纹，尾羽短而且圆，脚为肉褐色。雌鸟和雄鸟羽色相似。

背部呈橄榄褐色

嘴长直，近红色

胸部呈灰色

肉褐色的脚

分布区域： 主要分布于欧亚大陆、非洲等地。

生活习性： 普通秧鸡属中型涉禽，喜欢独自行动，能在茂密草丛中快速奔跑。生性机警，害怕人，看到人会迅速藏匿。飞行快速，善于游泳和潜水。

栖息环境： 主要栖息在开阔平原、河流、灌丛和草地。

繁殖特点： 繁殖期为 5—7 月，每窝通常产卵 6~9 枚，卵呈淡赭色或淡棕色，雌雄亲鸟轮流孵卵，孵化期为 19~20 天。

食性： 杂食性，以小鱼、甲壳类动物、蚯蚓和水生昆虫为食。

体重： 0.08~0.2千克 | **雌雄差异：** 羽色相似 | **栖息地：** 开阔平原、河流、灌丛、草地

蓝胸秧鸡

又称灰胸秧鸡 / 鹤形目、秧鸡科、纹秧鸡属

蓝胸秧鸡体长约为26厘米，嘴长直而侧扁稍弯曲，上嘴角褐色，嘴基和下嘴呈淡黄红色；额、头顶和后颈均为栗红色，上体呈暗褐色，腹部和两肋呈暗褐色，缀以白色横斑；头侧、颈侧和胸部均为灰色，腿为青灰色或橄榄褐色。雌鸟和雄鸟羽色相似。

分布区域： 分布于欧亚大陆及非洲北部，包括欧洲、北回归线以北的非洲、阿拉伯半岛等地。

生活习性： 蓝胸秧鸡生性隐匿，善于奔跑，游泳和潜水本领很好，游泳的时候身体会露出水面比较高。飞行能力较弱，一般很少飞翔，每次的飞行距离较短。喜欢单独或成家族群活动，白天隐藏在草丛中，一般在清晨和黄昏活动。迁徙。

栖息环境： 主要栖息在水田、水塘、湖岸和芦苇沼泽等地。巢通常筑在水边草丛上或者沼泽地上，呈盘状。

繁殖特点： 每窝通常产卵 5~9 枚。卵呈宽卵圆形，呈乳白色，表面有红褐色或者紫褐色的斑点。

暗褐色的背部

头顶为栗红色

嘴长直，侧扁稍弯曲

青灰色或橄榄褐色的腿

食性： 食物以小型水生动物如虾、蟹、螺等为主，也吃植物性食物。

你知道吗？ 蓝胸秧鸡的嘴巴长直并且侧扁、稍弯曲，鼻孔呈缝状，位于鼻沟内。非常特别。

体重： 0.1~0.15千克 | **雌雄差异：** 羽色相似 | **栖息地：** 水田、水塘、湖岸、芦苇沼泽

白眉田鸡

鹤形目、秧鸡科、田鸡属

白眉田鸡体长约为20厘米，嘴短，呈黄色，有白色的眉纹；额部为灰色，头顶到后颈为灰褐色，颏部和喉部为白色；上体为橄榄褐色；腹部以下为皮黄色，两肋为黄褐色，脚为橄榄绿色。雌鸟和雄鸟体色相似。

分布区域： 分布于东南亚的南部、澳大利亚北部、太平洋岛屿、菲律宾等地。

生活习性： 白眉田鸡属小型涉禽，善于游泳和潜水，喜欢在草地、沼泽及稻田漫步。清晨、傍晚和阴天较为活跃，经常结成对活动。在水边或者泥地边觅食，经常在漂浮的植物上行走，也经常在水面寻找食物。大部分为留鸟，小部分迁徙。

栖息环境： 主要栖息在海岸、淡水或咸水湿地。巢通常筑在草丛上、沼泽植物上或者红树林的树杈上，呈扁平状。

繁殖特点： 繁殖期各地不同，每窝通常产卵 3~7 枚。雌鸟和雄鸟轮流孵卵，孵化期为 18 天。

背部有黑色斑点

白色的眉纹

嘴为黄色

橄榄绿色的脚

食性： 主要以蚯蚓、昆虫、蝌蚪和小鱼为食物，也吃水生植物的叶和种子。

你知道吗？ 白眉田鸡分布范围广，种群数量趋势稳定，因此被评价为无生存危机的物种。

体重： 约0.05千克 | **雌雄差异：** 羽色相似 | **栖息地：** 海岸、淡水或咸水湿地

黑水鸡

又称鷭、江鸡、红骨顶/鹤形目、秧鸡科、黑水鸡属

黑水鸡体长为24~35厘米，嘴端为黄色，嘴基和额甲均为红色；头部和上背均为灰黑色，下背、腰部至尾上覆羽均为暗橄榄褐色，下体为灰黑色，两胁有白色纵纹；尾下覆羽侧为白色，中央为黑色；腿为黄绿色，腿上部有鲜红色的环带。雌鸟和雄鸟羽色相似。

分布区域： 分布于除大洋洲以外的世界各地。

生活习性： 黑水鸡属中型涉禽，一般成对或结成小群活动。善于游泳和潜水，游泳时身体会浮出水面很高，尾巴垂直竖起，飞行缓慢。遇到人的时候会立马潜到水里，到远处之后再浮出水面，潜水时间比较长。情况不危急的话一般不会起飞。部分为夏候鸟，部分为留鸟。

栖息环境： 主要栖息在湿地、沼泽、湖泊、水库中。巢通常筑在芦苇丛或者水草丛中，呈碗状。

繁殖特点： 繁殖期为4—7月，每窝通常产卵6~10枚。卵呈卵圆形，呈浅灰白色、乳白色或赭褐色，表面有红褐色的斑点。雌鸟和雄鸟轮流孵卵，孵化期为22天。

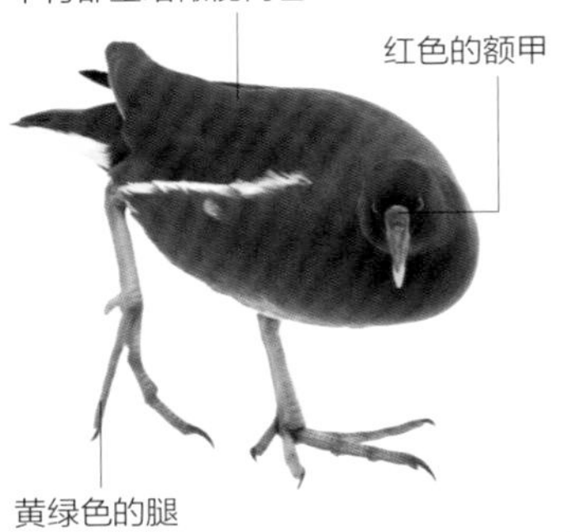

食性： 以水草、小鱼虾、水生昆虫等为主。

体重： 0.14~0.4千克 | **雌雄差异：** 羽色相似 | **栖息地：** 湿地、沼泽、湖泊、水库

紫水鸡

鹤形目、秧鸡科、紫水鸡属

紫水鸡的嘴粗而短，呈血红色，夏羽头顶、后颈为灰褐略沾紫色，额甲为橙红色；背部到尾上覆羽为紫蓝色，翅上覆羽为蓝绿色，头侧和喉部为灰白色；上胸为浅蓝绿色，胸侧、下胸和两胁均为紫蓝色，脚为暗红色或棕黄色。雌鸟和雄鸟羽色相似。

背部覆羽呈紫蓝色

橙红色的额甲

嘴粗短，呈血红色

暗红色或棕黄色的脚

食性： 杂食性，主要以昆虫、软体动物、水草等为食物。

分布区域： 主要分布在阿富汗、澳大利亚、中国、印度、俄罗斯、南非、西班牙等地。

生活习性： 紫水鸡属中型涉禽，生性温顺，喜欢在清晨和黄昏活动。善于行走和奔跑，不善飞行，常在水边浅水处涉水，也能攀爬在芦苇茎上。留鸟，但也有局部迁移的情况。

栖息环境： 主要栖息在湖泊、河流和池塘。

繁殖特点： 繁殖期为4—7月，每窝通常产卵3~7枚，卵呈淡黄色到红皮黄色，表面有红褐色的斑点。由雌雄亲鸟轮流孵卵，孵化期为23~27天。属早成鸟，几天之后就可以离巢。

体重：约0.55千克 | 雌雄差异：羽色相似 | 栖息地：湖泊、河流、池塘

小田鸡

鹤形目、秧鸡科、田鸡属

又称小秧鸡，小田鸡的嘴较短，嘴角呈绿色，喉部为棕灰色，颈侧和胸部为蓝灰色，头顶、枕部和后颈均为橄榄褐色，其余上体为橄榄褐色或棕褐色，均有黑色的纵纹，肩羽、背部、腰部和尾上覆羽缀有白色的斑点，尾羽为黑褐色，腹部和尾下覆羽均为黑褐色。雌鸟的喉部为白色，下体的羽色和雄鸟比较淡。腿为黄绿色至污绿色。

分布区域： 主要分布于北非和欧亚大陆等地。

生活习性： 小田鸡在清晨和傍晚到夜间最活跃，一般会独自活动，生性胆怯，很少游泳和潜水。不喜欢飞行，遇到危险时一般会选择藏匿，万不得已才会起飞。在中国东北地区和内蒙古为夏候鸟，长江以南为旅鸟。

栖息环境： 主要栖息在沼泽、稻田、芦苇荡。

食性： 杂食性，主要以水生昆虫及其幼虫为食物。

繁殖特点： 每窝通常产卵 4~10 枚，卵呈椭圆形、土黄色，孵卵以雌鸟为主，孵化期为 19~21 天。雏鸟孵出不久就可以离巢。

体重： 0.03 ~ 0.05千克 | **雌雄差异：** 羽色不同 | **栖息地：** 沼泽、芦苇荡、稻田

白胸苦恶鸟

又称白胸秧鸡、白面鸡、白腹秧鸡 / 鹤形目、秧鸡科、苦恶鸟属

白胸苦恶鸟的嘴为黄绿色，头顶、后颈、背部和肩部均为暗石板灰色，沾有橄榄褐色；两颊、喉部以至胸部、上腹部均为白色，下腹部中央呈白色，稍沾红褐色；下腹两侧和尾下覆羽均为红棕色，腿为黄褐色。雌鸟和雄鸟羽色相似。

分布区域： 主要分布在印度次大陆、中南半岛、太平洋诸岛屿、中国等地。

生活习性： 白胸苦恶鸟生性机警，行走时轻快，喜欢独自或结成对活动，有时结成 3~5 只的小群，多在晨昏和晚上活动，白天一般会躲藏在草丛中不出来。善于行走，行动敏捷，但飞行能力差，平时很少飞翔。发情期和繁殖期的时候会整夜鸣叫，叫声像“苦恶、苦恶”。部分为留鸟，部分为夏候鸟。

食性： 杂食性，主要以昆虫、小型水生动物以及植物种子为食。

繁殖特点： 单配制，繁殖期间有明显的领域性。繁殖期为 4—7 月，每窝通常产卵 4~10 枚，卵呈椭圆形的淡黄褐色。

体重： 0.16 ~ 0.26千克 | **雌雄差异：** 羽色相似 | **栖息地：** 沼泽、高草丛、竹丛、河流

漂鹬

又称灰鹬 / 鸻形目、鹬科、漂鹬属

漂鹬夏羽的嘴为黑色，头顶、后颈、翅、肩部、背部；直到尾部，整个上体呈淡鼠灰色，脸、头侧、颈侧、喉和前颈均为白色，有灰色的纵纹；其余下体为白色，有灰黑色波浪形横斑；腹部中央为白色，翅下覆羽为暗灰色。冬羽似夏羽，但下体没有横斑，除颏、喉、下腹、肛区和中央尾下覆羽为白色外，其余下体呈淡石板灰色。脚为黄色。雌鸟和雄鸟羽色相似。

淡鼠灰色的背部

头顶呈淡鼠灰色

夏羽

嘴呈黑色

腹部有灰黑色的波浪形横斑

黄色的脚

分布区域： 主要分布于亚洲、北美洲、南美洲以及阿拉斯加、澳大利亚、新西兰等地。

生活习性： 漂鹬喜欢单独或成小群活动，善于游泳。一般会在岩石海边、岩礁、沙滩上活动和觅食，生性胆怯，遇到危险会蹲下隐蔽起来。

栖息环境： 主要栖息在山地溪流、湖泊和水塘边。

繁殖特点： 繁殖期为 6—7 月，每窝通常产卵 4 枚，卵呈灰绿色，表面有暗褐色的斑点，雌鸟负责孵卵。

食性： 食小型甲壳类、软体动物、蠕虫等小型海洋无脊椎动物。

体重： 不详 | **雌雄差异：** 羽色相似 | **栖息地：** 山地溪流、湖泊、水塘边

阔嘴鹬

鸻形目、鹬科、阔嘴鹬属

阔嘴鹬的嘴呈黑色。夏羽头顶呈黑褐色，贯眼纹呈黑褐色；下体为白色，喉部呈淡褐白色，前颈和胸缀灰褐色，有明显的褐色纵纹；肩部为黑褐色；腰和尾上覆羽两边呈白色，中央一对尾羽为黑褐色；冬羽头顶和上体为淡灰褐色，有黑色的中央纹和白色羽缘；下体多为白色。腿短，呈灰黑色。雌鸟和雄鸟羽色相似。

头顶呈黑褐色

肩部为黑褐色

黑色的嘴

白色的腹部

分布区域： 主要分布于斯堪的纳维亚半岛往东到西伯利亚北部，南到中亚叶尼塞河等地。

生活习性： 阔嘴鹬生性孤僻，喜欢单独、成对或结成小群活动或觅食。遇到危险有时会蹲伏原地一动不动，一直到危险逼近的时候才会冲出飞走。在中国主要为旅鸟，部分为冬候鸟。

栖息环境： 主要栖息在冻原中的湖泊、河流和水塘。

繁殖特点： 繁殖期为 6—7 月，每窝通常产卵 4 枚。卵呈淡褐色或黄灰色、梨形，雌雄亲鸟轮流孵卵。

食性： 食物以甲壳类、软体动物、昆虫和昆虫幼虫等小型无脊椎动物为主。

体重： 0.04～0.05千克 | **雌雄差异：** 羽色相似 | **栖息地：** 冻原中的湖泊、河流、水塘

青脚鹬

鸻形目、鹬科、鹬属

背部呈灰褐或黑褐色
头顶为灰褐色
嘴较长，微向上翘
长腿近绿色

青脚鹬体长为30厘米左右，嘴较长，微向上翘；上体为灰黑色，有黑色的轴斑和白色的羽缘；前颈和胸部有黑色的纵斑，头顶至后颈为灰褐色；背部、肩部为灰褐或黑褐色，下背、腰部、下胸和腹部均为白色，长腿近绿色。雌鸟和雄鸟羽色相似。

分布区域：主要分布于古北界，南至澳大利亚、新西兰一带。

生活习性：青脚鹬喜欢单独、成对或成小群活动，喜欢在水边或浅水处涉水或觅食，可以在地上快速奔跑或者突然停止。在中国主要为旅鸟和冬候鸟。

栖息环境：主要栖息在苔原森林、湖泊和河流。

繁殖特点：繁殖期为5—7月，每窝通常产卵4枚，卵呈灰色或淡皮黄色，雌雄亲鸟轮流孵卵，孵化期为24~25天。

食性：主要以虾、蟹、小鱼、水生昆虫等为食物。

体重：0.14~0.27千克 | **雌雄差异：**羽色相似 | **栖息地：**苔原森林、湖泊、河流

黑尾塍鹬

鸻形目、鹬科、塍鹬属

黑尾塍鹬夏羽的头部呈红棕色，嘴细长，微向上翘；喉、前颈和胸部呈亮栗红色，后颈呈栗色，有黑褐色的细条纹；肩部、背部和三级飞羽均为黑色，杂有淡肉桂色和栗色斑；腰呈白色。冬羽上体为灰色，下体为白色，颈和胸侧有灰褐色的纵纹。腿细长。雌鸟和雄鸟羽色相似。

分布区域：主要分布于欧亚大陆北部、中南半岛以及南非、印度、澳大利亚等地。

生活习性：黑尾塍鹬喜欢单独或结成小群活动，多在水边泥地或沼泽地上活动、觅食。在中国主要为旅鸟，部分为夏候鸟和冬候鸟。

栖息环境：主要栖息在沼泽、湿地、湖边和草地。

繁殖特点：繁殖期为5—7月，每窝通常产卵4枚，卵呈橄榄绿色，雌雄亲鸟轮流孵卵，孵化期为24天。孵化期间如遇入侵者，会立刻起飞，在危险处上方来回飞翔鸣叫，然后站立在周围的树上，直到入侵者离开。

食性：食物以水生和陆生昆虫、甲壳类和软体动物等为主。

体重：0.17~0.37千克 | **雌雄差异：**羽色相似 | **栖息地：**沼泽、湿地、湖边、草地

长趾滨鹬

鸻形目、鹬科、滨鹬属

长趾滨鹬的嘴为黑色，头顶为棕色，有黑褐色的纵纹，后颈呈淡褐色，有暗色的纵纹。其背部、肩羽中央为黑色，有宽的栗棕色、橙栗色和白色的羽缘；腰和尾中央为黑褐色，下体为白色，胸部缀灰皮黄色，有黑褐色的纵纹；脚和趾为褐黄色或黄绿色。雌鸟和雄鸟羽色相似。

分布区域： 主要分布于澳大利亚、印度、日本、缅甸、菲律宾、俄罗斯、中国、泰国、美国等地。

生活习性： 长趾滨鹬喜欢单独或结成小群活动，在水边泥地和沙滩以及浅水处活动和觅食。生性胆小，飞行快而敏捷。有惊动的时候经常会站立不动，观察周围，然后飞走。会迁徙。

栖息环境： 主要栖息在沿海、河流、水塘和沼泽。

繁殖特点： 繁殖期为 6—8 月，每窝通常产卵 4 枚，卵呈灰绿色，表面有淡褐色的斑点。

食性： 食物以昆虫、昆虫幼虫、软体动物等小型无脊椎动物为主。

体重： 0.025~0.037千克 | **雌雄差异：** 羽色相似 | **栖息地：** 沿海、河流、水塘和沼泽

黑腹滨鹬

鸻形目、鹬科、滨鹬属

黑腹滨鹬全长约 20 厘米，嘴呈黑色，较长，微向下弯。夏羽眉纹为白色，头顶呈棕栗色，有黑褐色的纵纹；上体为棕色，下体为白色；颈部和胸部有黑褐色纵纹，腹部有大型黑斑；腰和尾上覆羽中间为黑褐色。冬羽上体为灰色，下体为白色，颈和胸侧有灰褐色的纵纹。脚为绿灰色。雌鸟和雄鸟羽色相似。

分布区域： 主要分布于欧亚大陆北部、北非、东非以及亚洲南部等地。

生活习性： 黑腹滨鹬生性活跃，善于奔跑，飞行速度较快。经常成群活动在水边的沙滩或者浅水处，跑跑停停，飞行快而直。

栖息环境： 主要栖息在高原、湖泊、河流和水塘。

繁殖特点： 繁殖期为 5—8 月，每窝通常产卵 4 枚，卵呈绿色或黄橄榄色，雌雄亲鸟轮流孵卵，孵化期为 21~22 天。雏鸟早成性，孵出不久之后就可以行走，约 25 天后可以飞翔。

头顶呈棕栗色，有黑褐色纵纹

背部呈棕色

嘴呈黑色，较长

腹部有大型黑斑

绿灰色的脚

夏羽

食性： 食物以甲壳类、昆虫等小型无脊椎动物为主。

体重： 0.04~0.083千克 | **雌雄差异：** 羽色相似 | **栖息地：** 高原、湖泊、河流、水塘

白腰杓鹬

又称大勺鹬、构捞、麻鹬 / 鸻形目、鹬科、杓鹬属

白腰杓鹬的嘴较长，呈褐色，头顶和上体均为淡褐色；头部、颈部、上背均有黑褐色的羽轴纵纹，颈部和前胸呈淡褐色，下背、色的斑点腰部和尾上覆羽呈白色；腹部、胁部为白色，缀有黑褐色的斑点；脚为青灰色。雌鸟和雄鸟羽色相似。

分布区域：主要分布于欧亚大陆北部、欧洲南部、亚洲南部以及南非、中国和日本等地。

生活习性：白腰杓鹬生性机警，喜欢结成小群活动，边走边将长嘴插入泥中探觅食物，时常抬头观望。

栖息环境：主要栖息在湖泊、河流岸边和沼泽地带。

繁殖特点：繁殖期为5—7月，每窝通常产卵4枚，卵呈绿色或橄榄黄色，雌雄亲鸟轮流孵卵。

食性：主要以甲壳类、软体动物、昆虫和昆虫幼虫为食物。

体重：0.66~1千克 | **雌雄差异：**羽色相似 | **栖息地：**湖泊、河流岸边和沼泽地带

白腰草鹬

鸻形目、鹬科、鹬属

白腰草鹬的嘴呈灰褐色或暗绿色，尖端为黑色；头顶和后颈均为黑褐色，有白色的纵纹；喉部和上胸为白色，密被黑褐色的纵纹；上背、肩部和翅覆羽均为黑褐色，胸部、腹部和尾下覆羽均为纯白色；两胁和尾上覆羽为白色，腿为橄榄绿色或灰绿色。雌鸟和雄鸟羽色相似。

分布区域：主要分布于欧洲、非洲，以及中国、蒙古等地。

生活习性：白腰草鹬属小型涉禽，飞行速度快，发出“呼呼”声响，喜欢单独或成对活动。多在水边浅水处活动，迁徙时也常成小群在放水翻耕的旱田地上觅食。在中国东北为夏候鸟，在其他地区为旅鸟和冬候鸟。

栖息环境：主要栖息在湖泊、河流和沼泽。

繁殖特点：繁殖期为5—7月，每窝通常产卵3~4枚，卵呈梨形。雌鸟和雄鸟轮流孵卵，亲鸟在此期间非常护巢，孵化期为20~23天。

黑褐色的头顶

上背部为黑褐色

嘴呈灰褐色或暗绿色

纯白色的腹部

橄榄绿色或灰绿色的腿

食性：主要以蠕虫、虾、小蚌等，以及昆虫及其幼虫为食。

体重：0.060~0.107千克 | **雌雄差异：**羽色相似 | **栖息地：**湖泊、河流、沼泽

灰尾漂鹬

又称灰尾鹬、黄足鹬 / 鸻形目、鹬科、漂鹬属

灰尾漂鹬的嘴呈黑色，下嘴基部为黄色。夏羽头顶、翅膀和尾等整个上体均为淡石板灰色，微缀褐色；颈侧有灰色的纵纹；胸部为白色，有灰色“V”形斑或波浪形横斑；腹部为纯白色。冬羽和夏羽相似，但下体没有横斑。腿为黄色。雌鸟和雄鸟羽色相似。

分布区域： 主要分布于西伯利亚东部、贝加尔湖，以及蒙古、新西兰、中国等地。

生活习性： 灰尾漂鹬喜欢单独或结成松散的小群，在水边的浅水处活动、觅食。在中国主要为旅鸟，部分为冬候鸟。

栖息环境： 主要栖息在高原、湖泊、河流和水塘。

繁殖特点： 繁殖期为 6—7 月，每窝通常产卵 4 枚，卵呈淡蓝色或淡皮黄色，雌雄亲鸟轮流孵卵。

食性： 食物以石蛾、水生昆虫、甲壳类等为主。

头顶为淡石板灰色，微缀褐色

嘴为黑色，下嘴基部为黄色

夏羽

黄色的腿

体重： 0.07 ~ 0.17 千克 | **雌雄差异：** 羽色相似 | **栖息地：** 高原、湖泊、河流、水塘

鹤鹬

鸻形目、鹬科、鹬属

鹤鹬的嘴细长而尖直，冬羽前额、头顶至后颈为灰褐色，上背部呈灰褐色，下背和腰部为白色；肩部、飞羽和翅覆羽为黑褐色；喉部和整个下体均为白色，前颈下部和胸部微缀灰色的斑点，脚呈红色或亮橙红色。雌鸟和雄鸟羽色相似。

上背部呈灰褐色

灰褐色的头顶

冬羽

嘴细长而尖直

红色或亮橙红色的脚

分布区域： 主要分布于欧洲北部冻原带、地中海沿岸、非洲以及印度、中国等地。

生活习性： 鹤鹬喜欢独自或成分散的小群活动，在水边沙滩、浅水处边走边啄食，有时甚至进到水中寻找食物。

栖息环境： 主要栖息在冻原上的湖泊。

繁殖特点： 繁殖期为 5—8 月，每窝产卵 4 枚，卵呈淡绿色或黄绿色，梨形，雌雄亲鸟轮流孵卵。

食性： 食物以甲壳类、蠕形动物及水生昆虫为主。

体重： 0.11 ~ 0.2 千克 | **雌雄差异：** 羽色相似 | **栖息地：** 冻原上的湖泊，淡、咸湖泊

矶鹬

鸻形目、鹬科、鹬属

矶鹬的嘴较短，呈暗褐色；头部、颈部、背部、翅覆羽和肩羽均为橄榄绿褐色；眼先为黑褐色，颏和喉部为白色，颈部和胸侧为灰褐色，前胸微有褐色纵纹；下体余部呈纯白色，翼下覆羽为白色，脚为淡黄褐色。雌鸟和雄鸟羽色相似。

背部呈橄榄绿褐色

头部呈橄榄绿褐色

暗褐色的嘴

白色的喉部

腹部为纯白色

淡黄褐色的脚

分布区域：主要分布于伊朗、阿富汗、尼泊尔、日本等地。

生活习性：矶鹬喜欢单独或结成对活动，非繁殖期也会成小群。生性机警，行走时步履缓慢，不慌不忙，有时也会沿着水边跑跑停停。在中国北部为夏候鸟，南部为冬候鸟。

栖息环境：主要栖息在江河沿岸、湖泊、水库和海岸。

繁殖特点：繁殖期为5—7月，每窝通常产卵4~5枚，卵呈肉红色或土红色、梨形。雌鸟负责孵卵，孵化期约为21天。雏鸟早成性，孵出不久之后就可以行走和奔跑。

食性：主要以蝼蛄、甲虫等昆虫为食，也吃螺和蠕虫等。

体重：0.04~0.06千克 | **雌雄差异：**羽色相似 | **栖息地：**江河沿岸、湖泊、水库、海岸

斑尾塍鹬

鸻形目、鹬科、塍鹬属

斑尾塍鹬的嘴细长而上翘，呈红色；繁殖期羽毛多为棕栗色，冬季头顶为灰白色，有黑褐色的纵纹；颏和喉部为白色，肩部、上背为黑褐色，下背、腰部和尾上覆羽呈白色沾棕；前胸浅褐色，其余下体呈淡棕色。雌鸟繁殖羽体羽较少，雄性的栗红色多被土黄色替代，颈、胸部为棕黄色，腹部为白色。腿为黑褐色。

繁殖特点：每窝通常产3~5枚，卵呈橄榄色或绿色、梨形，白天雌鸟孵化幼雏，雌雄亲鸟一起养育幼雏。

食性：主要以甲壳类动物、昆虫和植物种子等为食。

分布区域：主要分布于欧亚大陆北部、北美洲、非洲和大洋洲等地。

生活习性：斑尾塍鹬一般结成5~6只小群活动，在沙滩上行走或觅食。在中国为旅鸟，迁徙到越冬地时，雄鸟会在空中炫耀鸣叫，时而扑翼时而滑翔，会交替进行。

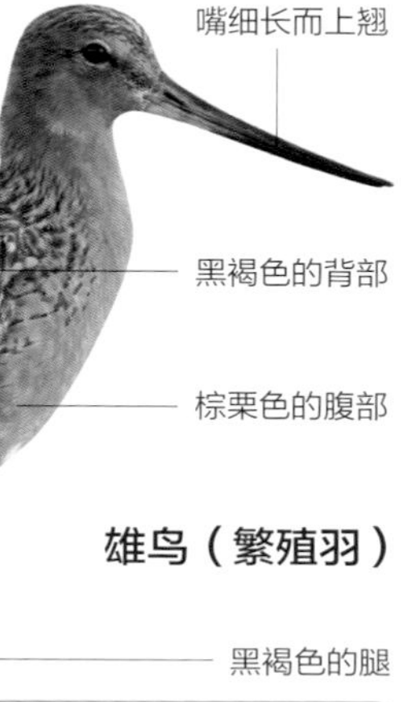

雄鸟（繁殖羽）

栖息环境：主要栖息在沼泽湿地和水域周围的湿草甸。

体重：0.25~0.39千克 | **雌雄差异：**羽色不同 | **栖息地：**沼泽湿地和水域周围的湿草甸

中杓鹬

鸻形目、鹬科、杓鹬属

暗褐色的头顶

背部为暗褐色

嘴长而下弯

蓝灰色或青灰色的脚

中杓鹬头顶呈暗褐色，嘴长而下弯曲，眉纹呈白色，颏、喉呈白色，颈和胸部为灰白色，有黑褐色纵纹；上背、肩部、背部均为暗褐色，有黑色中央纹；下背和腰部为白色，尾和尾上覆羽为灰色，有黑色横斑；脚为蓝灰色或青灰色。雌鸟和雄鸟羽色相似。

分布区域： 主要分布欧亚大陆北部、非洲、大洋洲等地。

生活习性： 中杓鹬喜欢单独或结成小群活动和觅食，在迁徙时和在栖息地会聚集成大群。常在树上栖息，或将嘴插入泥地寻找食物。在中国主要为旅鸟，部分地区为冬候鸟。

栖息环境： 主要栖息在北极苔原森林。

繁殖特点： 繁殖期为 5—7 月，每窝通常产卵 3~5 枚，卵呈蓝绿色或橄榄褐色，长卵圆形，雌雄亲鸟轮流孵卵，孵化期为 24 天。

食性： 食物以昆虫、蟹、螺、甲壳类等为主。

体重： 0.32 ~ 0.47千克 | **雌雄差异：** 羽色相似 | **栖息地：** 北极苔原森林

扇尾沙锥

又称田鹬 / 鸻形目、鹬科、沙锥属

扇尾沙锥的嘴长而直，头顶冠纹和眉线呈乳黄色或黄白色，贯眼纹为黑褐色；背部和肩羽为褐色，有黑褐色的斑纹；黄褐色的前胸有黑褐色的纵斑，灰白色的腹部缀有黑褐色的横斑；次级飞羽有白色的后缘，腿和趾均为橄榄绿色。雌鸟和雄鸟羽色相似。

分布区域： 主要分布于北美洲、欧洲南部、中南半岛、非洲以及印度、印度尼西亚、中国等地。

生活习性： 扇尾沙锥喜欢单独或结成小群，在黎明和黄昏时活动，白天多隐藏在植物丛中。当有危险的时候，经常蹲在地上不动，或者跑到附近的草丛中隐蔽起来，知道危险临近的时候会突然冲出，然后逃走。

栖息环境： 主要栖息在湖泊、河流、水塘、芦苇塘。

繁殖特点： 繁殖期为 5—7 月，每窝通常产卵 4 枚，卵呈黄绿色或橄榄褐色、梨形，雌鸟负责孵卵，孵化期为 19~20 天。雏鸟早成性，孵出不久之后就可以行走。

食性： 食物以蚂蚁、金针虫、蜘蛛和软体动物等为主。

眉纹为乳黄色或黄白色

背部为褐色

嘴长而直

橄榄绿色的腿

体重： 0.08 ~ 0.19千克 | **雌雄差异：** 羽色相似 | **栖息地：** 湖泊、河流、水塘、芦苇塘

澳南沙锥

鸻形目、鹬科、沙锥属

澳南沙锥的长嘴为肉色或橄榄褐色，背部、肩部及翼上覆羽为黄褐色，背部与肩部有 4 条纵形带斑；腰和尾上覆羽呈淡棕色，喉和胸部为淡褐色；下胸和腹部为淡灰色，脚为橄榄灰色或革青色沾黄。雌鸟和雄鸟羽色相似。

分布区域： 主要分布于日本、澳大利亚、菲律宾、新几内亚等地。

生活习性： 澳南沙锥生性胆怯，受到惊吓时一般会蹲伏在地上。喜欢独自或结成松散的小群觅食，觅食活动多在黄昏和夜间。飞行快而敏捷，飞行方向变换不定，呈波浪式飞行。

栖息环境： 主要栖息在低山丘陵、草地、湖泊和农田。巢通常筑在有灌木的落叶松疏林的干燥草地上。

繁殖特点： 繁殖期为 4—8 月，每窝通常产卵 4 枚。卵呈黄色或褐色，梨形，表面有黑色或者褐色斑点。

你知道吗？ 澳南沙锥外形和扇尾沙锥非常相似，野外鉴别困难。但该物种个体看起来大而粗笨，翅和尾也显得较大。站立时，澳南沙锥尾明显超过翅尖，而其他沙锥超过很少或几乎不超过。飞翔时，扇尾沙锥次级飞羽末端为白色，翼下覆羽较白，较少横斑，而澳南沙锥下覆羽密布黑褐色横斑。

食性： 食物以环节动物、昆虫、昆虫幼虫和甲壳类等动物为主。

背部为黄褐色

颊淡黄色

长嘴肉色或橄榄褐色

体重： 0.11~0.13千克 | **雌雄差异：** 羽色相似 | **栖息地：** 低山丘陵、草地、湖泊、农田

长嘴鹬

鸻形目、鹬科、半蹼鹬属

长嘴鹬体长约为 30 厘米，嘴长而直，为黑褐色，夏羽上体呈暗红褐色，头顶、脸和前颈有黑褐色的斑点；下背部呈纯白色；腰和尾上覆羽为白色，有黑色横斑；胸部有黑褐色斑点和横斑，腹部为栗红色。冬羽呈暗灰色，腹部纯白色。脚为灰色或褐绿色。雌雄羽色相同。

分布区域： 分布于阿根廷、加拿大、古巴、墨西哥、巴拿马、美国等地。

生活习性： 长嘴鹬一般独自或结成小群活动，喜欢在小水塘和沼泽边活动、觅食。觅食的时候会把嘴深深地插入泥中。属旅鸟，迁徙。

栖息环境： 主要栖息在冻原地带、海岸、沼泽和河川等地带。巢通常筑在冻原地带，放在突出的土堆上。

繁殖特点： 繁殖期为 6—8 月，每窝通常产卵 4 枚。卵的颜色变化比较大，橄榄色至褐色，表面有褐色或者深灰色的斑点。雌鸟和雄鸟轮流孵卵，孵化期约为 20 天。

食性： 以软体动物、小鱼、蛙以及昆虫等为主。

你知道吗？ 在孵化之后，雌鸟一般先离开繁殖地，由雄鸟照顾雏鸟。

体重： 约0.11千克 | **雌雄差异：** 羽色相同 | **栖息地：** 冻原地带、海岸、沼泽、河川

丘鹬

又称大水行、山沙锥、山鹬 / 鸻形目、鹬科、丘鹬属

丘鹬体长为 35 厘米，嘴蜡黄色；长且直，头顶为绒黑色，喉部为白色，其余下体为灰白色，略沾棕色，缀有黑褐色的横斑；上体呈锈红色，杂有黑褐色和灰褐色横斑和斑纹；下背、腰部有黑褐色的横斑；尾羽呈黑褐色，脚为灰黄色或蜡黄色。雌鸟和雄鸟羽色相似。

食性： 以昆虫幼虫、蚯蚓等小型无脊椎动物为主。

绒黑色的头顶

上背部呈锈红色

黑褐色的尾羽

嘴长且直

腹部有黑褐色横斑

分布区域： 分布于欧亚大陆、北非、中南半岛等地。

生活习性： 丘鹬体形较肥胖，白天经常隐伏在林中或草丛中，夜晚和黄昏时外出觅食。性孤独，喜欢单独生活。飞行时嘴朝下，飞行比较快且灵巧，可以在飞行的过程中不断地变换方向。很少鸣叫。主要为冬候鸟，部分为夏候鸟。

栖息环境： 主要栖息在阔叶林、混交林、林间沼泽等地。巢通常筑在灌木、草丛中或者树桩下，由雌鸟筑巢。

繁殖特点： 繁殖期为 5—7 月，每窝通常产卵 4 枚。

体重： 0.2~0.34千克 | **雌雄差异：** 羽色相似 | **栖息地：** 阔叶林、混交林、林间沼泽

三趾鹬

又称三趾滨鹬 / 鸻形目、鹬科、三趾鹬属

三趾鹬体长约为 20 厘米，嘴为黑色。夏羽额基、颊和喉为白色；头的余部、颈和上胸呈深栗红色，有黑褐色的纵纹；肩为黑色，下胸、腹部和翅下覆羽呈白色；腰和尾上覆羽两侧为白色，中央呈黑褐色，脚为黑色。雌鸟和雄鸟羽色相似。

中央尾羽呈黑褐色

嘴呈黑色

夏羽

下胸部为白色

黑色的脚

分布区域： 分布于北极地区、非洲、东南亚，澳大利亚等地。

生活习性： 三趾鹬生性活泼，喜欢成群活动，常低垂着头，嘴向下，在水边来回奔跑、捕食。整体不休息地沿着海水线觅食，遇到危险也不愿意飞开。飞行快且直，经常沿着水面低空飞行。主要属旅鸟，部分为冬候鸟。

栖息环境： 主要栖息在北极冻原苔藓草地、海岸等地。巢通常筑在芦苇沼泽、湖泊和海岸边，地势稍高。

食性： 以甲壳类、蚊类和昆虫幼虫、蜘蛛等为主，也会吃植物种子。

繁殖特点： 繁殖期为 6—8 月，每窝通常产卵 4 枚。卵呈卵圆形或梨形，呈橄榄黄色、淡黄色或者黄褐色，表面有黄褐色、灰褐色或者黑褐色的斑点。

体重： 0.048~0.084千克 | **雌雄差异：** 羽色相似 | **栖息地：** 北极冻原苔藓草地、海岸

普通燕鸻

又称土燕子 / 鸻形目、燕鸻科、燕鸻属

普通燕鸻的嘴为黑色，嘴角为红色，夏羽头顶灰褐沾棕色，从眼先经眼下缘，再沿头侧向下，围绕喉部有一条黑色细线；上体为茶褐色，后颈、肩部和背部均为橄榄褐色或棕灰褐色，腰部为白色，颈部、胸部均为黄褐色；黑色的尾呈叉状，腿为黑褐色。雌鸟和雄鸟羽色相似。

分布区域： 主要分布于澳大利亚、中国、印度、日本、新加坡、美国、越南等地。

生活习性： 普通燕鸻飞行迅速，长时间在河流、湖泊和沼泽等水域上空飞翔，休息时一般在土堆或沙滩上站立。为夏候鸟或者旅鸟。

栖息环境： 主要栖息在湖泊、河流、水塘和农田。巢通常筑在河流、湖泊岸边或附近的沙土地上。

繁殖特点： 繁殖期为5—7月，每窝通常产卵2~4枚，卵呈黄灰色、土灰色或乳白色。

嘴呈黑色，嘴角为红色

围绕喉部的黑色细线

夏羽

茶褐色的背部

黑褐色的腿

食性： 主要以金龟甲、蚱蜢和蝗虫等昆虫为食。

体重： 0.05~0.1千克 | **雌雄差异：** 羽色相似 | **栖息地：** 湖泊、河流、水塘、农田

剑鸻

又称普通环鸻 / 鸻形目、鸻科、鸻属

剑鸻夏羽的嘴为黑色，有一条白色的条带在额前，有白色的颈圈和完整的黑色胸带，胸带较宽，环绕至颈后；头顶、肩羽、翼上覆羽均为灰褐色，背部至尾上覆羽为灰褐色；尾羽为黑褐色，胸带以下、腹部、两胁、尾下均为白色，脚为橙黄色。冬羽与夏羽相似，唯有黑色部分转为暗褐色。雌鸟和雄鸟羽色相似。

白色的颈圈

嘴呈黑色

灰褐色的背部

夏羽

白色的胸部

腹部呈白色

分布区域： 主要分布于欧亚大陆北部、格陵兰岛以及加拿大等地。

生活习性： 剑鸻生性机警，不易接近。喜欢单独或结成小群活动，常见3~5只结成小群。部分为夏候鸟，部分为冬候鸟。

栖息环境： 主要栖息在小岛、海岸滩涂、江河和湖泊。巢通常筑在海岸、湖泊等水域岸边的凹地上。

食性： 食物以龙虱、步行甲等昆虫和幼虫为主。

繁殖特点： 繁殖期为5—7月，每窝通常产卵3~4枚，卵呈梨形，雌雄亲鸟共同孵卵，孵化期为23~27天。

体重： 0.06~0.08千克 | **雌雄差异：** 羽色相似 | **栖息地：** 小岛、海岸滩涂、江河、湖泊

环颈鸻

又称东方环颈鸻 / 鸻形目、鸻科、鸻属

环颈鸻的嘴纤细，呈黑色。雄鸟繁殖羽额前和眉纹为白色，头顶前部有黑斑，枕部至后颈呈沙棕色或灰褐色；后颈有白色领圈，背部和肩部均为灰褐色；喉部、胸部和腹部为白色，胸部两侧有黑斑。雌鸟繁殖羽缺少黑色，在雄性是黑色的部分，在雌性则被灰褐色或褐色所取代。雌雄鸟非繁殖羽和雌鸟繁殖羽的一样暗淡，头部缺少黑色和棕色，胸侧的块斑为灰褐色，面积明显缩小。长腿为黄褐色或淡褐色。

分布区域： 主要分布于欧洲、亚洲、非洲和美洲等地。

生活习性： 环颈鸻喜欢单独或3~5只结群活动，迁徙期间成群活动。在山东、河北有一定的繁殖种群，在台湾和海南有少量的留鸟。

栖息环境： 主要栖息在盐田、岛屿、河滩、湖泊。

繁殖特点： 繁殖期为4—7月，每窝通常产卵2~4枚，卵呈淡褐色或土灰色，表面有黑褐色的斑点。雌雄一起孵卵，孵化期为22~27天。

食性： 以昆虫、软体动物为食物，也食植物的种子和叶片。

雄鸟（繁殖羽）

体重： 0.044~0.063千克 | **雌雄差异：** 羽色不同 | **栖息地：** 盐田、岛屿、河滩、湖泊

美洲金鸻

又称美洲金斑鸻 / 鸻形目、鸻科、斑鸻属

美洲金鸻非繁殖羽的眉纹为白色，嘴为黑色，头、后颈、背至尾上覆羽呈黑褐色，布满金黄色和浅棕白色的斑点；喉、胸部为黄色，下胸部和腹部中央为灰黄色；尾羽有黑褐和淡棕白色相间的横斑。繁殖羽和非繁殖羽相似，但颊、颏、喉至下胸和腹部中央均呈黑色。腿为浅灰黑色。雌鸟和雄鸟羽色相似。

分布区域： 主要分布于阿根廷、巴西、加拿大、智利、古巴、墨西哥、秘鲁、美国等地。

非繁殖羽

生活习性： 美洲金鸻飞行迅速而敏捷，善于跨洋长途迁徙，是单次飞行时间最长的鸟。

栖息环境： 主要栖息在海滨、岛屿、河滩和湖泊。

繁殖特点： 繁殖期为5—6月，每窝通常产卵4枚，卵呈白色或灰白色，雌雄亲鸟轮流孵卵，孵化期约25天。

食性： 主要食用昆虫、软体动物和甲壳动物等。

体重： 0.12~0.19千克 | **雌雄差异：** 羽色相似 | **栖息地：** 海滨、岛屿、河滩、湖泊

距翅麦鸡

鸻形目、鸻科、麦鸡属

距翅麦鸡雄鸟的嘴呈黑色，头顶和枕部羽冠为黑色，耳羽呈灰白色，眼先和喉部为黑色；后颈呈灰褐色，翼角有弯曲的黑色距，肩部、背部和翅上覆羽呈砂褐色；尾上覆羽为白色；胸部有浅灰褐色的环带，腹部中央有黑色的块斑，余部均为白色，腿为黑色。雌鸟和雄鸟羽色相似。

分布区域：主要分布于孟加拉国、不丹、柬埔寨、中国、印度、老挝、缅甸、尼泊尔、泰国等地。

生活习性：距翅麦鸡生性胆小，行动谨慎，喜欢独自或结成对活动，也成小群活动，受惊吓时会游泳或是潜水。

栖息环境：主要栖息在沼泽、湖泊、农田、旱草地。巢通常筑在草地或沼泽地边上。

繁殖特点：繁殖期为 4—6 月，每窝通常产卵 3~4 枚，卵呈黄色或暗灰褐色。

食性：食物以蝗虫、蛙类、植物种子等为主。

体重：0.17~0.2千克 | **雌雄差异：**羽色相似 | **栖息地：**沼泽、湖畔、农田、旱草地

凤头麦鸡

又称田凫 / 鸻形目、鸻科、麦鸡属

凤头麦鸡雄鸟夏羽的头顶和枕为黑褐色，头上有黑色反曲的长形羽冠，颈侧混杂有黑斑；背、肩部为暗绿色或辉绿色，尾上覆羽为棕色；胸部有宽阔的黑色横带，下胸部和腹部均为白色，腿为肉红色或暗橙栗色。雌鸟夏羽和雄鸟相似，雌鸟冬羽头部淡黑色或皮黄色，羽冠黑色，颏、喉部为白色，肩和翅覆羽有较宽的皮黄色羽缘，余同夏羽。雌鸟和雄鸟羽色相似。

分布区域：主要分布于阿富汗、中国、法国、德国等地。

生活习性：凤头麦鸡一般成群活动，善于飞行，经常在空中上下翻飞。在中国北方为夏候鸟，在南方为冬候鸟，在中部地区为旅鸟。

栖息环境：主要栖息在湿地、水塘、湖泊和沼泽。

繁殖特点：繁殖期为 5—7 月，每窝通常产卵 4 枚。

黑色反曲的长形羽冠

雄鸟（夏羽）

头顶呈黑褐色

背部呈暗绿色或辉绿色

腿呈肉红色或暗橙栗色

胸部有宽阔的黑色横带

食性：以蝗虫、蛙类、小型无脊椎动物、植物种子等为食物。

体重：0.18~0.28千克 | **雌雄差异：**羽色相似 | **栖息地：**湿地、水塘、湖泊、沼泽

肉垂麦鸡

鸻亚目、鸻科、麦鸡属

肉垂麦鸡雄鸟的嘴呈红色，有黑端；眼周和眼先肉垂为亮红色，前额至后颈呈黑色；后颈的黑色部分形成半圆形，其后有一个白色领环，下延至胸侧；喉部、胸部均为黑色，肩部、背部、翼覆羽均为铜褐色；尾上覆羽及下体余部均为白色，腿为鲜黄色。雌鸟和雄鸟羽色相似。

分布区域：主要分布于西亚、南亚以及中国等地。

生活习性：肉垂麦鸡属中型涉禽，生性较胆小，见人接近便会立刻飞远，一般结成对或成家族群活动，在晚上活动较多。飞行速度较慢，属留鸟。野外数量比较稀少。

栖息环境：主要栖息在湿地、水塘、水渠、沼泽。

繁殖特点：繁殖期为 4—7 月，每窝通常产卵 4 枚，卵呈橄榄形、灰黄色。孵化期为 25~30 天。

嘴呈红色，有黑端

眼周和眼先肉垂为亮红色

背部覆羽呈铜褐色

黑色的胸部

鲜黄色的腿

食性：以螃蟹、小鱼、小型无脊椎动物以及植物种子等为食物。

体重：0.17~0.21千克 | **雌雄差异：**羽色相似 | **栖息地：**湿地、水塘、水渠、沼泽

反嘴鹬

又称反嘴鸻 / 鸻形目、反嘴鹬科、反嘴鹬属

反嘴鹬的嘴为黑色，细长而向上翘，头顶和颈上部为绒黑色或黑褐色，形成一个经眼下到后枕，然后弯下后颈的黑色帽状斑；白色的胸部腿特别长其余颈部、背、腰、尾上覆羽以及整个下体均为白色；腿特别长，为蓝灰色、粉红色或橙色。雌鸟和雄鸟羽色相似。

分布区域：主要分布于欧洲、非洲、亚洲等地。

生活习性：反嘴鹬喜欢单独或成对活动和觅食，栖息时多结成群，经常在水边浅水处活动，边走边啄食，善于游泳。部分为夏候鸟，部分为冬候鸟。

体重：0.27~0.4千克 | **雌雄差异：**羽色相似 | **栖息地：**湖泊、水塘、沼泽、水稻田

灰斑鸻

又称灰鸻 / 鸻形目、鸻科、斑鸻属

灰斑鸻非繁殖羽的嘴为黑色，头顶为淡黑褐色；后颈呈灰褐色，背、腰呈浅黑褐至黑褐色，尾上覆羽和尾羽呈白色，有黑褐色横斑；两翅覆羽呈黑褐色，下喉、胸部密布浅褐色斑点和纵纹；下胸、腹部为纯白色，脚为暗灰色。雌雄鸟的繁殖羽两颊、颏、喉部和下体变为黑色。雌鸟和雄鸟羽色相似。

分布区域：分布于澳大利亚、巴西、加拿大、中国、法国、英国等地。

生活习性：灰斑鸻有极强的飞行能力，生活环境一般与湿地有关。飞行速度比较快，飞行的时候脚不伸出尾巴外面。属旅鸟或者冬候鸟。

你知道吗？灰斑鸻觅食的时候很有意思，模式为“快跑—停顿—搜索—吞食”。食物充足的话，每次移动 2~3 步，然后停顿 2~4 秒。如果遇到大的猎物会大步追赶并且会延长停顿的时间。

头顶为淡黑褐至黑褐色

背部为浅黑褐至黑褐色

黑色的嘴

非繁殖羽

食性：以昆虫、小鱼、蟹和其他软体动物为主。

暗灰色的脚

体重：0.17~0.23千克 | **雌雄差异：**羽色相似 | **栖息地：**海滨、岛屿、河滩、湖泊

黑翅长脚鹬

又称红腿娘子、高跷鸻 / 鸻形目、反嘴鹬科、长脚鹬属

黑翅长脚鹬体长为 37 厘米，雄鸟夏羽的头顶至后颈为黑色；或杂以黑色，肩部、背部和翅上覆羽也为黑色；两颊从眼下缘、前颈、颈侧、胸和其余下体均为白色；脚细长，呈血红色。雄鸟冬羽头、颈部均为白色，头顶至后颈有时缀有灰色。雌鸟和雄鸟羽色相似。

分布区域：分布于欧洲东南部、中亚、非洲、东南亚等地。

生活习性：黑翅长脚鹬喜欢单独、成对或结成小群活动。姿态优美，行走缓慢，奔跑和起飞的时候略显笨拙。生性胆小、机警，遇到危险的时候会不断地点头，然后飞走。起飞容易，飞行速度也比较快。通常在秋季往南迁徙。

食性：以软体动物、虾、昆虫以及小鱼和蝌蚪等为主。

细长的嘴呈黑色

雄鸟（夏羽）

黑色的背部

白色的胸部

翅上覆羽为黑色

脚细长，呈血红色

体重：0.14~0.2千克 | **雌雄差异：**羽色相似 | **栖息地：**湖泊、浅水塘、沼泽、浅滩

第五章

猛禽

猛禽翅膀较大，擅于飞翔，大多性情凶猛，
处在食物链的顶端。
猛禽中的猫头鹰在中国被视为不吉利的象征，
在日本则被视作福鸟，
而在希腊，猫头鹰是智慧的象征。
大部分猛禽会自己做窝，
个别种类会强占其他鸟类的窝，
如喜鹊的窝就常常被阿穆尔隼强行占有。
猛禽体态矫健，威猛而庄严，
在中国传统诗歌和书画中经常出现，
是进取和雄心壮志等的象征。

红隼

又称茶隼、红鹰、黄鹰、红鹞子 / 隼形目、隼科、隼属

红隼体长为 30~36 厘米，雄鸟的头顶、头侧以及后颈均为蓝灰色，有黑色的羽干纹，前额呈棕白色，颏、喉部为乳白色或棕白色，胸部和腹部为棕黄色或乳黄色，背部、肩部和翅上覆羽均呈砖红色，缀有黑色的斑点，腰部和尾上覆羽为蓝灰色，尾呈蓝灰色，脚为深黄色。雌鸟背、肩和翅上羽毛比雄鸟略暗淡。

分布区域：分布于非洲以及印度、中国等地。

生活习性：喜欢单独或结成对活动，傍晚活动很活跃，飞行速度快，喜欢逆风飞翔，能够快速振翅在空中停留。经常成小群迁徙，尤其是在秋季的时候。视力很好，取食迅速，看到猎物就会迅速捕食。中国北部种群为夏候鸟，南部的为留鸟。

栖息环境：主要栖息在森林、苔原、丘陵、草原等地带。巢通常筑在悬崖、岩石缝隙、树洞以及树上的旧巢里，比较简陋。

头顶呈蓝灰色

肩部呈砖红色，有黑色斑点

食性：以昆虫、鸟类和小型哺乳动物为食物。

雄鸟

蓝灰色的尾

体重：0.18~0.33千克 | **雌雄差异：**羽色略有不同 | **栖息地：**森林、苔原、丘陵、草原

灰背隼

又称灰鹞子、朵子、兰花绣 / 隼形目、隼科、隼属

灰背隼的前额、眉纹和头侧呈污白色；雄鸟的嘴为铅蓝灰色，尖端为黑色，蓝灰色的后颈有一个缀有黑斑的棕褐色领圈；上体为淡蓝灰色，有黑色的羽轴纹；颊部和喉部均为白色，其余的下体呈淡棕色，尾羽上有黑色和白色的端斑，脚和趾为橙黄色。雌鸟和雄鸟羽色相似。

分布区域：主要分布于阿富汗、奥地利、比利时、巴西、中国、丹麦、法国等地。

生活习性：灰背隼属体形小的猛禽，喜欢独自活动。它们叫声尖锐，多在低空飞行，经常追捕鸽子，发现猎物后会立刻冲下来捕捉。

繁殖特点：繁殖期为 5—7 月份，每窝通常产卵 3~4 枚，卵呈砖红色，由雌雄亲鸟轮流孵卵，孵化期为 28~32 天。

栖息环境：主要栖息在丘陵、平原、山岩、海岸。

食性：食物主要以昆虫和鼠类等小型动物为主。

体重：0.12~0.2千克 | **雌雄差异：**羽色相似 | **栖息地：**丘陵、平原、山岩、海岸

游隼

又称鸽虎、鸭虎、青燕 / 隼形目、隼科、隼属

游隼的眼周为黄色，嘴为铅蓝灰色，颊部有一块向下的黑色髭纹，头部到后颈呈灰黑色；其余上体为蓝灰色，下体为白色；上胸部有黑色的细斑点，下胸部至尾下覆羽缀有黑色的横斑；翅膀长而尖，尾部有黑色的横带，脚和趾均为橙黄色。雌鸟和雄鸟羽色相似。

分布区域：几乎遍布世界各地。

生活习性：游隼属中型猛禽，性情凶猛，叫声尖锐，是阿联酋和安哥拉的国鸟。它们一般独自活动，飞行速度快，喜欢翱翔在天空中。寿命较长，但是繁殖的成功率不高，野生状况下最大的威胁是在捕猎中因受伤而引起的感染。

栖息环境：主要栖息在山地、丘陵、半荒漠、沼泽。

繁殖特点：繁殖期为 4—6 月，每窝通常产卵 2~4 枚，卵呈红褐色，雌雄亲鸟轮流进行孵卵。

嘴呈铅蓝灰色

颊部有黑色髭纹

上胸部有黑色细斑点

橙黄色的脚

背部呈蓝灰色

食性：食物以野鸭、鸠鸽类、鸥类和鸡类等鸟类为主。

体重：0.6~0.8千克 | **雌雄差异：**羽色相似 | **栖息地：**山地、丘陵、半荒漠、沼泽

燕隼

又称土鹘、儿隼、青条子、蚂蚱鹰 / 隼形目、隼科、隼属

燕隼为国家二级重点保护野生动物。燕隼的嘴为蓝灰色，上体为暗蓝灰色，有一个白色的细眉纹；颊部有向下的黑色髭纹，颈侧、喉部、胸部以及腹部均为白色，胸部和腹部有黑色的纵纹；下腹部到尾下覆羽为棕栗色，尾羽为灰色或石板褐色，脚为黄色。雌鸟和雄鸟羽色相似。

分布区域：分布于欧洲、非洲西北部以及中国、美国等地。

生活习性：燕隼属小型猛禽，一般独自或结成对活动，飞行速度快如闪电。经常在田边、林缘和沼泽上空飞翔捕食，有时也会到地上捕食。喜欢在高大的树上或电线上停留、休息，黄昏时捕食活动最多。在黑龙江、吉林、辽宁以及北京等地为夏候鸟，在陕西、宁夏为留鸟，在山东为旅鸟，在西藏为冬候鸟。

栖息环境：主要栖息在开阔平原、旷野、耕地和林缘地带。一般很少自己筑巢，会侵占乌鸦和喜鹊的巢。

繁殖特点：繁殖期为 5—7 月，每窝通常产卵 2~4 枚。卵呈白色，表面有红褐色的斑点。

食性：以麻雀、山雀、蜻蜓等为主，也会大量捕食蟋蟀等害虫。

体重：0.12~0.3千克 | **雌雄差异：**羽色相似 | **栖息地：**开阔平原、旷野、耕地、林缘地带

苍鹰

又称鹰、牙鹰、黄鹰、元鹰 / 鹰形目、鹰科、鹰属

苍鹰体长约为 60 厘米，头顶、枕部为黑褐色，白色眉纹杂有黑纹；背部呈棕黑色，胸部以下密布有灰褐色和白色相间的横纹；灰褐色的方形尾有 4 条黑色的横斑，尾下覆羽为白色；脚为黄色。雌鸟与雄鸟羽色相似，但较暗。

分布区域： 分布于北半球温带森林及寒带森林。

生活习性： 苍鹰生性机警，视觉敏锐，叫声比较尖锐，飞行快速而灵活。白天它们喜欢独自活动，翱翔在空中时两翅伸直，一般隐藏在森林的树枝间搜寻猎物。在中国主要属夏候鸟和冬候鸟。

栖息环境： 主要栖息在疏林、灌丛地带。巢一般筑在僻静处比较高的大树上，也会利用旧巢。

繁殖特点： 每窝通常产卵 3~4 枚，卵呈椭圆形。雌鸟负责孵卵，孵化期为 30~33 天。雌鸟和雄鸟共同育雏，育雏期为 35~37 天。

你知道吗？ 苍鹰视觉非常敏锐，它们在空中飞行时如果看到猎物，会迅速俯冲，直线追击，然后用利爪抓住猎物。捕食时猛、准、狠，有比较大的杀伤力。

食性： 肉食性，食物以森林鼠类、雉类、野兔和其他小型鸟类为主。

体重： 0.5~1.1千克 | **雌雄差异：** 羽色相似 | **栖息地：** 针叶林、混交林、阔叶林

褐耳鹰

又称褐耳苍鹰、棕耳苍鹰 / 鹰形目、鹰科、鹰属

褐耳鹰体长 31~44 厘米，雄鸟头部为灰白色；嘴为石板蓝色，嘴角为黄色；上体为浅蓝灰色，后颈有一条红褐色的领圈，胸部和腹部有棕色和白色的细横纹；有四枚淡灰色的中央尾羽，脚和趾均为黄色。雌鸟与雄鸟羽色相似，但背羽呈褐色，喉部灰色也更深。

分布区域： 分布于非洲至印度，中国南方和东南亚等地。

生活习性： 褐耳鹰视觉敏锐，一般白天活动，常独自低空飞行，发现地面的猎物后马上冲下去捕食。部分属留鸟，部分迁徙。

栖息环境： 主要栖息在森林、农田、草地、稀树草坡等地。巢通常筑在树上，极为粗糙。

繁殖特点： 繁殖期为 5—7 月，每窝通常产卵 3~4 枚。卵呈椭圆形或近圆形，呈蓝白色，表面光滑无斑。雌鸟负责孵卵，孵化期大约 30 天，经过 24~30 天，雏鸟可以飞翔和离巢。

你知道吗？ 褐耳鹰是肉食性猛禽，杀伤力很强，它们会用利爪刺穿动物的胸膛，先吃掉鲜嫩的内脏部分，再把鲜血淋漓的尸体带到树上啄食。

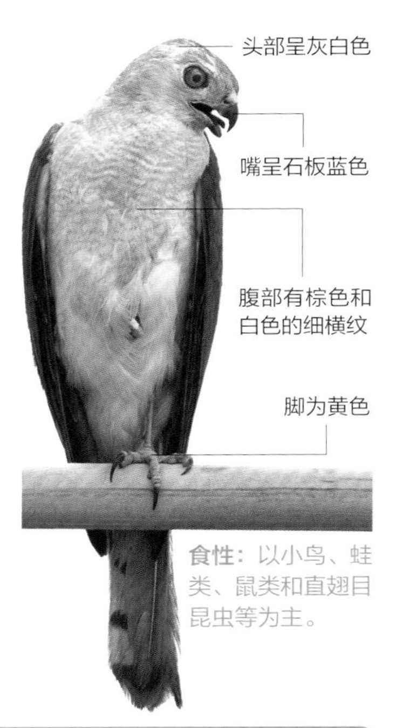

食性： 以小鸟、蛙类、鼠类和直翅目昆虫等为主。

体重： 0.22~0.33千克 | **雌雄差异：** 羽色相似 | **栖息地：** 森林、农田、草地、稀树草坡

黑鸢

又称鸢 / 鹰形目、鹰科、鸢属

黑鸢体长为54~69厘米，头顶到后颈为棕褐色，有黑褐色的羽干纹；嘴为黑色，下嘴基部为黄绿色；上体为暗褐色，下体颊和喉部均为灰白色，有暗褐色的羽干纹；胸部、腹部和两胁均为暗棕褐色；脚为黄色或黄绿色。雌鸟和雄鸟羽色相似。

分布区域： 分布于欧亚大陆、非洲、大洋洲等地。

生活习性： 黑鸢属中型猛禽，生性机警，人难以接近。一般在白天活动，飞行快而有力，能熟练利用热气流升入高空长时间盘旋翱翔，两翅平展不动，尾亦散开。喜欢单独在高空飞翔，秋季会结成2~3只的小群。属旅鸟，会迁徙。

栖息环境： 栖息在开阔平原、草地和荒原地带。巢通常筑在高树上，或者悬崖峭壁上，呈浅盘状。

繁殖特点： 繁殖期为4—7月，每窝通常产卵2~3枚。卵呈钝椭圆形，呈污白色，表面有血红色的斑点。雌鸟和雄鸟共同孵卵，孵化期为38天。雌鸟和雄鸟一起抚育，大概42天之后，雏鸟可以飞翔。

你知道吗？ 黑鸢属于国家重点保护野生动物，分布范围很广。

食性： 以小鸟、鼠类、蛙、鱼等动物为食。

体重： 0.9~1.1千克 | **雌雄差异：** 羽色相似 | **栖息地：** 开阔平原、草地、荒原

秃鹫

又称狗头鹫、狗头雕、座山雕 / 鹰形目、鹰科、秃鹫属

秃鹫体长为108~120厘米，头部裸出，被有黑褐色绒羽，嘴带钩，嘴端为黑褐色，颈基部被有黑色或淡褐白色的皱翎，上体从背到尾上覆羽为暗褐色，尾呈暗褐色，下体呈暗褐色，前胸被有黑褐色的绒羽，两侧各有矛状的长羽，腹部缀有淡色纵纹，脚趾呈灰色。雌鸟和雄鸟羽色相似。

分布区域： 分布于非洲西北部以及西班牙、法国、伊朗、阿富汗、印度、蒙古、阿尔泰等地。

生活习性： 秃鹫是高原上体形最大的猛禽，一般独自活动，或结成小群。白天常在高空翱翔和滑翔，或低空飞行，喜欢在开阔的山地和平原上空飞行，寻找动物的尸体。经常站在突出的岩石上或树顶的枯枝上休息。属留鸟，部分会迁徙。

栖息环境： 主要栖息在丘陵、荒岩草地、山谷溪流以及林缘地带。巢通常筑在森林上部或者高山地区。

繁殖特点： 繁殖期为3—5月，每窝产卵1枚。卵呈污白色，表面有红褐色的条纹和斑点。雌鸟和雄鸟轮流孵卵。

食性： 以大型动物的尸体和其他腐烂动物尸体为食。

体重： 5.7~9千克 | **雌雄差异：** 羽色相似 | **栖息地：** 丘陵、荒岩草地、山谷溪流

白肩雕

又称御雕 / 鹰形目、鹰科、雕属

白肩雕体长为73~84厘米，嘴为黑褐色，头顶后部、枕部和后颈均为棕褐色，后颈缀有黑褐色的羽干纹；上体到背部、腰部和尾上覆羽均为黑褐色，肩羽呈纯白色，下体从喉部、胸部、两肋到覆腿羽均为黑褐色；灰褐色的尾羽缀有横斑和斑纹，尾下覆羽为淡黄褐色；脚趾为黄色。雌鸟和雄鸟羽色相似。

分布区域：分布于西非、北非、南欧、东欧以及伊朗、印度和中国等地。

生活习性：白肩雕属大型猛禽，喜欢独自活动，滑翔时两翅伸得平直，或长时间停在树上或岩石上。一般在河谷、草地和林间开阔的地方觅食，多在白天活动。在中国为候鸟，新疆的为夏候鸟，其他地区为冬候鸟和旅鸟。

栖息环境：主要栖息在山地森林、草原、丘陵、河流等地。巢通常筑在高大的松树和杨树上，呈盘状。

繁殖特点：繁殖期为4—6月，每窝通常产卵2~3枚。卵呈白色。雌鸟和雄鸟轮流孵卵，孵化期为43~45天。

你知道吗？美国科学家对鸟类的羽毛进行DNA分析后发现，中亚的白肩雕有可能是世界上最忠实的鸟类。

食性：以野兔、斑鸡、雉鸡等哺乳动物和鸟类为主。

体重：1.1~4千克 | **雌雄差异：**羽色相似 | **栖息地：**山地森林、草原、丘陵、河流

胡兀鹫

鹰形目、鹰科、胡兀鹫属

又称大胡子雕、胡子雕、髭兀鹫、胡秃鹫，胡兀鹫雄鸟全身的羽毛多为黑褐色，头部呈灰白色，黑色的贯眼纹和颏部的黑色须状羽相连；嘴角呈褐色，尖端为黑色；后头、颈部和上腹部均呈红褐色，后头和前胸上有黑色的斑点；下体为橙皮黄色到黄褐色，胸部为橙黄色，有时下体为白色或乳白色，缀有棕色或红褐色；脚为铅灰色。雌鸟和雄鸟羽色相似。

分布区域：主要分布于亚洲、欧洲和非洲等地。

生活习性：胡兀鹫生性孤独，一般会独自活动，不和别的猛禽合群。它们喜欢在山顶或山坡上空缓慢飞行和翱翔，头向下低垂，盯住地面寻找动物的尸体。食物以大型动物的尸体为主，尤其喜欢新鲜的动物尸体和骨头。胡兀鹫一般不和其他猛禽抢夺食物，等猎物被吃完后，它们才去捡吃剩的残肉和骨头。它们有时会结成对生活，有时会两只雄鸟和一只雌鸟一起生活。

栖息环境：主要栖息在草原、冻原、高地、裸岩。

繁殖特点：繁殖期为2—5月，每窝通常产卵2枚，卵呈钝卵圆形。

体重：5~7千克 | **雌雄差异：**羽色相似 | **栖息地：**草原、冻原、高地、裸岩

短趾雕

又称短趾蛇雕 / 鹰形目、鹰科、短趾雕属

短趾雕的虹膜为黄色，嘴为黑色，蜡膜为灰色；上体呈灰褐色，下体呈白色，而且缀有深色的纵纹；喉部和胸部为褐色，腹部有不明显的横斑；尾羽较长，上面有不明显的宽阔横斑，脚偏绿色。雌鸟和雄鸟羽色相似。

分布区域：主要分布于欧洲南部、中部和亚洲中部、东部等地。
生活习性：短趾雕喜欢独自活动，一般在空中翱翔和滑翔，滑翔时翅膀平伸，发现猎物时，它们便突然降落下来去捕捉。
栖息环境：主要栖息在稀疏树区、海岸、沙丘、山坡。

繁殖特点：繁殖期为 4—6 月，每窝通常产卵 1 枚，卵呈白色，主要由雌鸟孵卵。

食性：食物以蛇类为主，其次有蜥蜴类、蛙类以及小型鸟类等。

背部为灰褐色

嘴呈黑色

尾羽较长

体重：约3千克 | **雌雄差异：**羽色相似 | **栖息地：**稀疏树区、海岸、沙丘、山坡

白尾海雕

又称白尾雕、黄嘴雕、芝麻雕 / 鹰形目、鹰科、海雕属

白尾海雕的嘴呈黄色，后颈和胸部羽毛较长，呈披针形，头、颈部为沙褐色或淡黄褐色，背部以下上体为暗褐色，腰和尾上覆羽呈暗棕褐色，有暗褐色羽轴纹和斑纹；尾羽呈楔形，为纯白色；颏、喉部为淡黄褐色，尾下覆羽呈淡棕色，有褐色斑；脚和趾呈黄色。雌鸟和雄鸟羽色相似。

分布区域：主要分布于欧亚大陆北部和格陵兰岛等地。
生活习性：白尾海雕是大型猛禽，为波兰的国鸟。在白天活动，喜欢单独或结成对在湖面和海面上空飞翔，冬季有时也有 3~5 只的小群。
栖息环境：主要栖息在湖泊、河流、海岸、岛屿。
繁殖特点：繁殖期为 4—6 月，每窝通常产卵 2 枚，卵呈白色，雌雄亲鸟轮流孵卵。

食性：主要以鱼类为食，也吃野鸭、大雁、鼠类等。

体重：2.8~4.6千克 | **雌雄差异：**羽色相似 | **栖息地：**湖泊、河流、海岸、岛屿

蛇雕

又称大冠鹫、蛇鹰、白腹蛇雕、冠蛇雕 / 鹰形目、鹰科、蛇雕属

蛇雕的枕部有黑色杂白的圆形羽冠，嘴为蓝灰色；上体呈暗褐色，下体呈土黄色；喉部有细的暗褐色横纹，腹部有黑白两色的虫眼斑；暗褐色的飞羽羽端有白色的羽缘，黑色的尾部中间有一条淡褐色带斑；脚趾为黄色，爪为黑色。雌鸟和雄鸟羽色相似。

分布区域： 主要分布于泰国、缅甸、印度、巴基斯坦、印度尼西亚和中国等地。

生活习性： 蛇雕多单独或成对活动，在深山高大密林中栖居，喜欢在林地及林缘活动。经常会选择晴朗的天气在高空盘旋飞翔，会发出似啸声的鸣叫。捕捉蛇和吃蛇的方式比较奇特，会先站在高处，或者盘旋在空中窥视地面，发现蛇之后便会悄悄降落然后钳制住蛇，当蛇体力不支没有反抗能力的时候，它们会开始吞食蛇。

栖息环境： 主要栖息在山地森林及其林缘开阔地带。

繁殖特点： 繁殖期为 4—6 月，每窝通常产卵 1 枚，卵呈白色，表面有淡红色的斑点。雌鸟负责孵卵，孵化期为 35 天。

食性： 以蛇、蛙、蜥蜴等为食物。

体重： 1.1~1.7千克 | **雌雄差异：** 羽色相似 | **栖息地：** 山地森林及其林缘开阔地带

草原雕

又称大花雕、角鹰 / 鹰形目、鹰科、雕属

草原雕体长为 71~82 厘米，嘴为黑褐色，头小而突出，头顶较暗浓；上体为土褐色，下体为暗土褐色；胸部、上腹部和两胁缀有棕色的纵纹，黑褐色的飞羽缀有较暗的横斑；尾下覆羽为淡棕色，杂有褐色的斑，脚趾为黄色。雌鸟和雄鸟羽色相似。

分布区域： 主要分布于欧洲东部、非洲、亚洲中部等地。

生活习性： 草原雕属大型猛禽，多在白天活动，它在滑翔时两翅平伸，略微向上抬起。飞翔时遇见猎获物便猛扑下去抓获猎物。

栖息环境： 主要栖息在开阔平原、草地、荒漠。

繁殖特点： 繁殖期为 5—7 月，每窝通常产卵 1~3 枚，由雌鸟负责孵卵，孵化期约为 45 天。

食性： 主要以黄鼠、野兔、旱獭、蛇和鸟类等小型脊椎动物为食。

体重： 2~3千克 | **雌雄差异：** 羽色相似 | **栖息地：** 开阔平原、草地、荒漠

乌雕

又称花雕、小花皂雕 / 鹰形目、鹰科、雕属

乌雕体长为 61~74 厘米。嘴为黑色，鼻孔为圆形，全身羽毛为暗褐色；背部略微缀有紫色的光泽，颏部、喉部和胸部为黑褐色，其余下体稍淡；尾羽短且圆，基部有一个“V”形白斑和白色的端斑；脚趾为黄色，爪为黑褐色。雌鸟和雄鸟羽色相似。

分布区域：主要分布于欧洲东部、非洲东北部、亚洲大部分地区。

生活习性：乌雕喜欢独自活动，经常长时间在树梢上站立，多在飞翔中或伏在地面捕食，有时在林缘和森林上空盘旋。

栖息环境：主要栖息在平原草地及湿地附近的林地。

繁殖特点：乌雕的繁殖期为 5—7 月，每窝通常产卵1~3枚，卵呈白色，由雌鸟负责孵卵，孵化期为 42~44 天。雏鸟晚成性，60~65 天后可以离巢。

食性：食物主要为鱼、蛙、鼠等动物，也吃金龟子和蝗虫等。

暗褐色的头顶

胸部为黑褐色

暗褐色的腹部

脚趾为黄色

体重：1.3~2.1千克 | **雌雄差异：**羽色相似 | **栖息地：**平原草地及湿地附近的林地

渔雕

又称鱼雕 / 鹰形目、鹰科、渔雕属

渔雕的嘴为暗褐色，基部为铅蓝色；头部和颈部为灰色，腹部为白色，其余部位均为灰褐色；圆形的尾羽缀有黑色的端斑，中央尾羽呈暗褐色，先端色彩较淡，并缀有宽斑；脚和趾呈淡黄色或淡灰白色，爪呈黑色。雌鸟和雄鸟羽色相似。

分布区域：主要分布于中国、印度、缅甸、越南、泰国、马来西亚、印度尼西亚和菲律宾等地。

生活习性：渔雕的叫声很响亮，喜欢在山地森林中的河流和溪流岸边活动，捕食时从空中猛扑入水中将猎物抓起，也能潜入水中去捕猎。在中国为偶见冬候鸟。

栖息环境：主要栖息在河流或海岸的森林地区。

繁殖特点：繁殖期为 3—6 月，每窝通常产卵2~3枚，雌鸟和雄鸟共同育雏。

食性：食物以鱼类为主，也吃蜥蜴和蛙类等小动物。

嘴呈暗褐色

颈部为灰色

肩部呈灰褐色

腹部呈白色

体重：不详 | **雌雄差异：**羽色相似 | **栖息地：**河流或海岸的森林地区

鹗

又称鱼鹰、鱼雕 / 鹰形目、鹗科、鹗属

鹗的嘴为黑色，头顶和颈后羽毛为白色，缀有暗褐色纵纹，枕后羽毛呈披针状；上体和两翅的表面均为暗褐色，都有棕色的狭端；下体大部分为纯白色，胸部有赤褐色的斑纹，尾羽淡褐色，脚和趾呈黄色，生有锐爪。雌鸟和雄鸟羽色相似。

分布区域：主要分布在欧洲、非洲、北美洲、南美洲、大洋洲、亚洲等地。

生活习性：鹗生性机警，喜欢独自或结成对活动，鸣叫声响亮，它们经常用盘旋和急降的方法捕捉水中的鱼类。在中国东北为夏候鸟，在南方为留鸟，在其他地区为旅鸟或者冬候鸟。

栖息环境：主要栖息在江河、湖泊、海岸和水塘。

繁殖特点：繁殖期在中国南方为2—6月，在东北为5—8月，每窝通常产卵2~3枚，卵呈椭圆形、灰白色。雌雄亲鸟轮流孵卵，孵化期为32~40天。

食性：食物以鱼类为主，有时也捕食蜥蜴、蛙类和小型鸟类等。

体重：1~2千克 | **雌雄差异：**羽色相似 | **栖息地：**江河、湖泊、海岸、水塘

虎头海雕

又称虎头雕、海雕、羌鹫 / 鹰形目、鹰科、海雕属

虎头海雕体长为90~100厘米，前额为白色；暗褐色的头部有灰褐色的纵纹；黄色的鸟喙特大，体羽主要为暗褐色，肩部、腰部、尾上覆羽和尾下覆羽均为白色；尾羽呈楔形，为白色，共有14枚；脚、趾均为黄色，爪为黑色。雌鸟和雄鸟羽色相似。

分布区域：分布于中国、日本、朝鲜、韩国和俄罗斯等地。

生活习性：虎头海雕飞行速度慢，时常滑翔、盘旋在天空中。它们行动机警，叫声深沉而嘶哑。冬季会结成群活动，是海湾上空最大型的猛禽，十分机警，行动敏捷，看准猎物而且往往一击就中。部分属留鸟，部分会迁徙。

栖息环境：海岸及河谷地带，巢通常筑在河谷地带，甚至可以被多年使用。

繁殖特点：虎头海雕为一夫一妻制，繁殖期为4—6月，每窝通常产卵1~3枚。卵呈白色，略带绿色。孵化期38~45天，离巢期为8~9个月。

食性：以鱼类为主要食物，有时也会捕猎一些鸟类和哺乳动物。

体重：约5千克 | **雌雄差异：**羽色相似 | **栖息地：**海岸及河谷地带

金雕

又称金鹫、老雕、洁白雕、鹫雕 / 鹰形目、鹰科、真雕属

金雕体长为 76~102 厘米，头顶为黑褐色，后头至后颈的羽毛尖长，羽端呈金黄色；上体为暗褐色，肩部颜色较淡，下体喉部和前颈均为黑褐色；胸部和腹部均为黑褐色，尾羽缀有暗灰褐色的斑纹和黑褐色的端斑；翅上覆羽为暗赤褐色，脚趾为黄色。雌鸟和雄鸟羽色相似。

分布区域： 分布于北半球温带、亚寒带、寒带地区。

生活习性： 金雕属大型猛禽，喜欢单独或成对活动，冬天有时结成小群体。它们善于翱翔和滑翔，经常在高空盘旋并俯视地面寻找食物。一般在多山或丘陵地区生活。部分为留鸟，部分为旅鸟。

栖息环境： 主要栖息在高山草原、荒漠、河谷、森林中。巢通常筑在针叶林、针阔叶混交林内的乔木之上。

繁殖特点： 每窝通常产卵 2 枚，卵呈卵圆形，呈白色或青灰白色，表面有红褐色的斑点。雌鸟和雄鸟轮流进行孵化，孵化期为 45 天。

你知道吗？ 经过训练的金雕，可以在草原上追逐狼，等狼疲惫不堪时，它用抓住其脖颈和眼睛的方式，使狼丧失反抗能力。在捕抓到较大猎物的时候，会在地面上将其肢解，先吃心、肝、肺等内脏部分，然后将剩下的分批带回住的地方。哈萨克人会训练金雕，使其既可以狩猎，也可以看护羊圈，因为它们可以驱赶野狼。

食性： 以雁鸭类、雉鸡类、松鼠、野兔等为主。

体重： 2~6千克 | **雌雄差异：** 羽色相似 | **栖息地：** 高山草原、荒漠、河谷、森林

毛脚鵟

又称雪白豹、毛足鵟 / 鹰形目、鹰科、鵟属

毛脚鵟头部的颜色深，虹膜为黄褐色，嘴呈深灰色；颏部有黑褐色的羽干纹，喉部和胸部为黄褐色，有大块的轴斑；上体呈暗褐色，下背和肩部常缀近白色的不规则横带；腹部为暗褐色，下体其余部分为白色；尾羽洁白，脚为黄色。雌鸟和雄鸟羽色相似。

分布区域： 全世界范围内均有分布。

生活习性： 毛脚鵟善于飞行，鸣叫强而有力，喜欢在原野和农田上空飞翔盘旋，捕猎食物，有时在地上或电线上等待猎物。

栖息环境： 主要栖息在针、阔混交林和原野、耕地。

繁殖特点： 繁殖期为 5—8 月，每窝通常产卵 3~4 枚，主要由雌鸟负责孵卵，孵化期为 28~31 天。

深灰色的嘴

背部呈暗褐色

暗褐色的腹部

黄色的脚

食性： 食物以田鼠等小型啮齿类动物和小型鸟类为主。

体重： 0.65~1.1千克 | **雌雄差异：** 羽色相似 | **栖息地：** 针、阔混交林和原野、耕地

棕尾鵟

又称大豹、鸽虎 / 鹰形目、鹰科、鵟属

棕尾鵟的嘴为黑色或石板褐色，下嘴的基部为黄色；头部和颈部呈棕褐色，上体余部近褐色，喉部和胸部主要为皮黄白色；下腹部为淡棕白色，尾羽为淡棕白色，尾尖有暗褐色的次端斑；脚呈黄色或柠檬黄色。雌鸟和雄鸟羽色相似。

分布区域： 主要分布于希腊、伊拉克、伊朗、巴基斯坦、阿富汗、印度和中国等地。

生活习性： 棕尾鵟喜欢独自活动，在岩石、土丘上等待或寻找猎物，或在空中翱翔和盘旋，飞行时，翅膀上举呈“V”形。

栖息环境： 主要栖息在荒漠、半荒漠、草原、平原。

繁殖特点： 繁殖期为 4—7 月，每窝通常产卵 3~5 枚，卵呈白色或皮黄白色，雌雄亲鸟共同孵卵，孵化期为 28~31 天。

食性： 主要以野兔、蛇、蛙、雉鸡和其他鸟类等为食。

体重： 约1.28千克 | **雌雄差异：** 羽色相似 | **栖息地：** 荒漠、半荒漠、草原、平原

普通鵟

又称鸡母鹞 / 鹰形目、鹰科、鵟属

普通鵟有淡色型、棕色型和暗色型共三种色型。淡色型普通鵟的嘴为灰色，上体多呈灰褐色，头部有暗色的羽缘，翅上覆羽常为浅黑褐色，下体呈乳黄白色，颏和喉部有淡褐色纵纹，胸部和两胁有粗的棕褐色横斑和斑纹，腹部近乳白色，或有淡褐色斑纹，脚为黄色。雌鸟和雄鸟羽色相似。

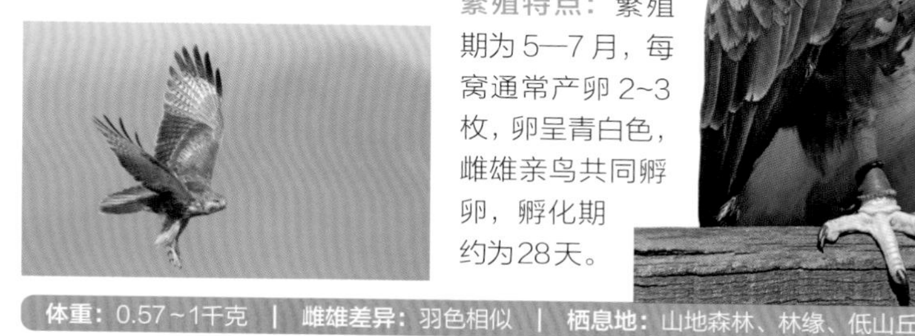

分布区域：主要分布于欧亚大陆，东至朝鲜和日本等地。

生活习性：普通鵟生性机警，喜欢在白天独自活动，有时也会2~4只在空中盘旋，善于飞行，大部分时间都在空中盘旋和滑翔。部分属留鸟，部分迁徙。

栖息环境：主要栖息在山地森林、林缘、低山丘陵。

繁殖特点：繁殖期为5—7月，每窝通常产卵2~3枚，卵呈青白色，雌雄亲鸟共同孵卵，孵化期约为28天。

食性：食物以森林鼠类为主。

淡色型

灰褐色的头部

嘴为灰色

胸部有棕褐色的横斑

腹部近乳白色

黄色的脚

体重：0.57~1千克 | **雌雄差异：**羽色相似 | **栖息地：**山地森林、林缘、低山丘陵

白尾鹞

又称灰泽鹞、灰鹰、白抓、灰鹞、鸡鸟 / 鹰形目、鹰科、鹞属

白尾鹞体长为41~53厘米，雄鸟的嘴为黑色，灰褐色的头顶有暗色的羽干纹；头后有棕黄色羽缘，后颈、背部和腰部均呈蓝灰色；腹部、两胁和翅下覆羽为白色，翅尖为黑色；尾上覆羽为白色，脚和趾呈黄色。雌鸟上体暗褐色，下体棕黄或黄白色，有红褐色或棕褐色纵纹。白尾鹞属于国家二级保护动物，已被列入国家重点野生保护动物名录。

分布区域：分布于欧亚大陆、北美、北非等地。

生活习性：白尾鹞属中型猛禽，喜欢低空飞行，滑翔时两翅上举呈“V”形，在白天活动和觅食。飞行非常迅速，尤其是在追击猎物的时候。经常会沿着地面低空飞行，同时搜寻猎物，一旦发现便会立即俯冲到地面捕捉。在我国东北和新疆为夏候鸟，在长江中下游等地为冬候鸟。

栖息环境：主要栖息在平原、低山丘陵、湖泊、沼泽地带。巢通常筑在芦苇丛、草丛或者灌丛地上，呈浅盘状。

头顶呈灰褐色

黑色的嘴

雄鸟

背部为蓝灰色

腹部为白色

食性：主要食小型鸟类、鼠类、蜥蜴、蛙等动物性食物。

黄色的脚

体重：0.3~0.6千克 | **雌雄差异：**羽色不同 | **栖息地：**平原、低山丘陵、湖泊、沼泽

白头鹞

鹰形目、鹰科、鹞属

白头鹞的体形中等，翼展达130厘米，其雄鸟虹膜为黄色，雌鸟虹膜淡褐色。其嘴为灰色，上体大多为黑色，头顶、后颈呈淡黄白色或棕白色，杂以黑褐色的羽干纹；上体从背部、肩部、腰部均为栗褐色，胸部有黑色的纵纹；尾羽为银灰褐色，脚为黄色。雌鸟和雄鸟羽色相似。

分布区域：主要分布于北非、欧洲、亚洲以及新几内亚岛、留尼汪岛、马达加斯加群岛等地。

生活习性：白头鹞多在沼泽中的芦苇丛活动，捕食时低空飞行，翅膀呈“V”形。经常单独或者成对活动，通常不叫。属于迁徙鸟。

栖息环境：主要栖息在芦苇丛、树丛、麦田等地。

繁殖特点：繁殖期为4—5月，每年只孵育1次，一般每窝有4~5枚卵。卵呈椭圆形、蓝白色，在雌鸟孵蛋期间，雄鸟喂食雌鸟，孵化期为31~36天。育雏期取食困难的时候，雌鸟会把弱雏给其他雏鸟吃。

食性：食物以田鼠等小型哺乳动物以及鱼、蛙等为主。

头顶呈淡黄白色或棕白色

胸部有黑色的纵纹

嘴呈灰色

背部呈栗褐色

体重：0.53~0.74千克 | **雌雄差异：**羽色相似 | **栖息地：**芦苇丛、树丛、麦田

栗鸮

又称猴面鹰 / 鸮形目、仓鸮科、栗鸮属

栗鸮的脸庞为心形，近粉色，嘴呈褐色，喉部为浅葡萄红色；颈侧至胸围有一道白色项翎，后颈为深栗色，上背和肩部覆羽为棕黄色；下背为浅栗色，两翅多为棕栗色，下体和覆腿羽均为葡萄红色；脚为黄褐色。雌鸟和雄鸟羽色相似。

食性：主要以鼠类、小鸟和蛙等动物为食物。

分布区域：主要分布于中国广西、云南、海南，以及印度、缅甸、泰国等地。

生活习性：栗鸮喜欢在晚上、黄昏和黎明前活动，活动时多单独或结成对，有时也会2~3只结成小群。

栖息环境：主要栖息在山地常绿阔叶林、针叶林。

繁殖特点：繁殖期为3—7月，在树洞中筑窝，每窝通常产卵3~5枚，卵呈椭圆形、白色，由雌雄亲鸟轮流孵卵。

体重：0.31~0.36千克 | **雌雄差异：**羽色相似 | **栖息地：**山地常绿阔叶林、针叶林

纵纹腹小鸮

又称辞怪、小猫头鹰、小鸮、东方小鸮 / 鸮形目、鸱鸮科、小鸮属

纵纹腹小鸮的头部顶平，眼睛呈亮黄色，宽髭纹为白色；上体为沙褐色或灰褐色，有白色的纵纹和斑点；下体为白色，有褐色杂斑和纵纹；肩上有两道白色或皮黄色横斑；白色的脚被有羽毛。

分布区域： 主要分布于欧洲、非洲东北部、亚洲西部和中部。

生活习性： 纵纹腹小鸮喜欢站在篱笆和电线上。它们一般在夜晚出来活动，追捕猎物时，有时还会利用善于奔跑的双腿去追击。

栖息环境： 主要栖息在丘陵、林缘灌丛、森林、农田。它们在岩洞或树洞中筑巢。

繁殖特点： 繁殖期为 5—7 月，每窝通常产卵 2~8 枚，卵呈白色，雌鸟负责孵卵，孵化期为 28~29 天。

食性： 食物以昆虫和鼠类、小鸟等为主。

体重： 约0.18千克 | **雌雄差异：** 羽色相似 | **栖息地：** 丘陵、林缘灌丛、森林、农田

雪鸮

又称雪枭、白猫头鹰、白鸮、雪鹰 / 鸮形目、鸱鸮科、雕鸮属

雪鸮体长为 50~71 厘米，头圆而小，嘴基长满须状羽毛，雄鸟甚至全身几乎纯白色；虹膜为金黄色，眼先和脸盘杂有黑褐色的斑点；颈基部缀有污白色的横斑，腰部有褐色的斑点；下体几乎纯为白色，尾羽呈白色，腋羽和翼下覆羽也为白色；脚趾被有白色的绒羽。雌鸟和雄鸟羽色相似。

分布区域： 主要分布于加拿大、中国、芬兰、冰岛、日本、挪威、俄罗斯、英国、美国等地。

生活习性： 雪鸮是加拿大魁北克的省鸟，白天黑夜都可以活动，飞行姿态平稳有力，升空的速度很快，能短程贴近地面飞行。

栖息环境： 主要栖息在冻土、苔原、荒地丘陵。

繁殖特点： 繁殖期为 5—8 月，每窝通常产卵 4 枚，卵呈白色、椭圆形，一般由雌鸟孵卵。

虹膜呈金黄色

嘴基长满须状羽毛

上胸部为纯白色

雄鸟

脚趾被有白色绒羽

食性： 食物以旅鼠为主，也吃野兔、鸥和鸭等大型猎物。

体重： 1~2千克 | **雌雄差异：** 羽色相似 | **栖息地：** 冻土、苔原、荒地丘陵

仓鸮

又称猴面鹰、猴头鹰 / 鸮形目、仓鸮科、草鸮属

仓鸮体长为33~39厘米。其头大且圆，面盘呈心形，为白色；周围皱领为橙黄色，颈侧和肩为浅棕黄色；上体为灰色和橙黄色，并有黑色和白色的斑点；下体呈白色，略带淡黄色，有暗褐色斑点；灰黑色的脚强健有力。雌鸟和雄鸟羽色相似。

分布区域： 分布于亚洲西部、南部和东南部，欧洲、非洲以及北美洲、南美洲等地。

生活习性： 仓鸮属于夜行猛禽，白天多在树上或洞中休息，黄昏和晚上出来活动。耳孔周缘有耳羽，可以帮助它们夜间分辨声响与定位。捕猎时会突然袭击，同时发出尖叫声，使猎物陷入极度恐怖中，从而束手就擒。属旅鸟，会迁徙。

栖息环境： 主要栖息在原野、低山、丘陵和农田。巢通常筑在树洞或者岩石缝隙中，比较简陋。

繁殖特点： 每年繁殖两次，每窝通常产卵2~7枚，卵呈白色。雌鸟负责孵卵，孵化期为32~34天。

头大而圆

面盘呈心形

食性： 食物以鼠类和野兔为主，是捕鼠的高手。

胸部呈白色，稍沾淡黄色

灰黑色的脚

体重： 0.47~0.57千克 | **雌雄差异：** 羽色相似 | **栖息地：** 原野、低山、丘陵、农田

猛鸮

又称鹰鸮、猫头鹰 / 鸮形目、鸱鸮科、猛鸮属

猛鸮体长为35~40厘米，体形和隼类很像。嘴为黄色；脸部的图案为深褐色和白色纵横，耳羽呈白色；上体为棕褐色，缀有白色的斑纹；下体为白色，缀有褐色横斑；尾羽较长，脚趾被有白色的绒羽。雌鸟和雄鸟羽色相似。猛鸮属国家二级重点保护野生动物。

分布区域： 分布于欧洲北部以及美国、中国等地。

生活习性： 猛鸮飞行迅速，有时振翅飞翔，有时滑翔。在白天活动和觅食，尤其是清晨和傍晚活动最频繁。在树木顶端或电线杆上休息，见到猎物会猛扑。东北为冬候鸟，新疆为夏候鸟。

栖息环境： 主要栖息在原始针叶林和针阔叶混交林里。非常喜欢林中的开阔地区以及溪边灌丛。巢通常筑在枯树顶部的洞里，也会利用乌鸦、喜鹊等鸟的旧巢。

繁殖特点： 繁殖期为4—7月。

嘴为黄色

腹部呈白色，有褐色横斑

尾羽较长

食性： 以啮齿动物为主。

体重： 0.24~0.37千克 | **雌雄差异：** 羽色相似 | **栖息地：** 原始针叶林和针阔叶混交林

雕鸮

又称鹫兔、怪鸱、角鸱、雕枭、恨狐、老兔 / 鸮形目、鸱鸮科、雕鸮属

食性：以各种鼠类为主食，也吃兔类、蛙、雉鸡和其他鸟类。

黑褐色的头顶

耳羽突出

嘴为灰黑色

爪呈铅灰黑色

雕鸮的面盘为淡棕黄色，杂有褐色的细斑，头顶为黑褐色，虹膜为金黄色，嘴为铅灰黑色，耳羽突出，后颈和上背为棕色，肩部、下背和翅上覆羽为棕色至灰棕色，腰和尾上覆羽为棕色至灰棕色，棕色的胸部有黑褐色的羽干纹，爪为铅灰黑色。

分布区域： 主要分布于欧亚地区和非洲等地。

生活习性： 雕鸮除繁殖期外一般单独活动，白天喜欢远离人群，躲在密林中栖息，听觉和视觉在夜间非常敏锐。

栖息环境： 主要栖息在山地森林、平原、荒野、疏林。

繁殖特点： 繁殖期雌雄鸟成对栖息，每窝通常产卵 2~5 枚，卵呈卵白色，雌鸟负责孵卵，孵化期为 35 天。

体重： 1~4千克 | **雌雄差异：** 羽色相似 | **栖息地：** 山地森林、平原、荒野、疏林

红角鸮

又称普通角鸮、欧亚角鸮、欧洲角鸮 / 鸮形目、鸱鸮科、角鸮属

栖息环境： 主要栖息在山地林间。

繁殖特点： 繁殖期为 5—8 月，每窝通常产卵 3~6 枚，卵呈白色、卵圆形，雌鸟负责孵卵。

食性： 主要以鼠类和甲虫等为食物。

红角鸮的嘴为暗绿色，面盘为灰褐色，领圈为淡棕色，头顶至背和翅覆羽杂以棕白色斑；上体为灰褐色或棕栗色，有黑褐色的细纹，尾羽为灰褐色，尾下覆羽为白色；下体大部分为红褐至灰褐色，有暗褐色的纤细横斑和黑褐色的羽干纹；爪为灰褐色。雌鸟和雄鸟羽色相似。

面盘为灰褐色

背部呈灰褐色或棕栗色

爪呈灰褐色

分布区域： 主要分布于阿富汗、中国、埃及、法国、希腊、意大利、波兰、俄罗斯、西班牙等地。

生活习性： 红角鸮除繁殖期成对活动外，一般单独活动，白天喜欢躲在树上浓密的枝叶丛间，晚上开始活动和鸣叫。

体重： 0.05~0.1千克 | **雌雄差异：** 羽色相似 | **栖息地：** 山地林间

灰林鸮

鸮形目、鸱鸮科、林鸮属

灰林鸮的头大而且圆，面盘为灰色，嘴为黄色，围绕双眼的面盘较为扁平；全身有浓红褐色的杂斑和棕纹，但也有偏灰个体；每片羽毛都有复杂的纵纹和横斑，下体为白色或皮黄色；胸部沾黄色，有浓密的条纹；脚为黄色。雌鸟和雄鸟羽色相似。

分布区域： 主要分布于古北界的西部、中东以及中国、朝鲜等地。

生活习性： 灰林鸮是夜间活动的猛禽，夜行性，白天一般在隐蔽的地方休息。灰林鸮能在夜间凭借视觉及听觉捕捉猎物，飞行时比较安静，从高处俯冲下来捉住猎物。

栖息环境： 主要栖息在落叶疏林、针叶林、花园中。

繁殖特点： 每窝通常产卵 2~3 枚，卵呈光白色，由雌鸟负责孵卵，孵化期为 28~30 天。

食性： 主要以啮齿类、兔子、鸟类及甲虫等为食物。

体重： 0.385~0.8千克 | **雌雄差异：** 羽色相似 | **栖息地：** 落叶疏林、针叶林、花园

长耳鸮

又称长耳木兔、彪木兔、夜猫子 / 鸮形目、鸱鸮科、耳鸮属

长耳鸮体长为 33~40 厘米，耳羽簇长，在头顶的两侧，虹膜为橙红色，面盘为棕黄色；上体为棕黄色，杂以黑褐色羽干纹，颏为白色；其余下体为棕白色，有黑褐色的羽干纹；脚趾密被棕黄色的羽毛。雌鸟和雄鸟羽色相似。长耳鸮为国家二级保护动物。

分布区域： 分布于欧洲、亚洲、非洲、北美洲等地。

生活习性： 长耳鸮喜欢单独或成对活动，白天一般躲藏在树林中，经常栖息在树干旁侧枝上或者草丛中，晚上开始活动。迁徙期间和冬季会结成 10~20 只群或多达 30 只的大群活动。繁殖期间经常夜里鸣叫，叫声低沉且长。部分为留鸟，部分会迁徙。

食性： 以鼠类等为食，也会吃昆虫和小型的鸟类。

耳羽簇长
虹膜为橙红色
背部密杂以黑褐色羽干纹
脚趾密被棕黄色羽毛

体重： 0.2~0.32千克 | **雌雄差异：** 羽色相似 | **栖息地：** 针叶林、针阔叶混交林、阔叶林

短耳鸮

又称田猫王、短耳猫头鹰、小耳木兔 / 鸮形目、鸱鸮科、耳鸮属

短耳鸮的体长为 38~40 厘米。其面庞显著；黑褐色的耳短小而不外露，羽缘为棕色，眼为黄色，嘴为黑色；上体为黄褐色，满布黑色和皮黄色的纵纹；下体为皮黄色，有深褐色的纵纹；腰和尾上覆羽几乎纯为棕黄色，棕黄色的脚趾被有羽毛。雌鸟和雄鸟羽色相似。

分布区域： 主要分布于自北极的周围到北温带，夏威夷和南美洲等地。

生活习性： 短耳鸮一般在黄昏和晚上活动和猎食，多在地上栖息或潜伏在草丛中，喜欢贴近地面飞行，鼓翼飞行一会后会滑翔一段时间。在中国内蒙古东部、黑龙江以及辽宁部分为冬候鸟，部分为留鸟，在其余省区的为冬候鸟。

繁殖特点： 繁殖期为 4—6 月，每窝通常产卵 4~6 枚，卵呈卵圆形、白色，雌鸟负责孵卵，孵化期为 24~28 天。

食性： 食物以鼠类为主，也吃小鸟、蜥蜴和昆虫。

体重： 0.25~0.45千克 | **雌雄差异：** 羽色相似 | **栖息地：** 低山、丘陵、苔原、荒漠

乌林鸮

鸮形目、鸱鸮科、林鸮属

又称夜猫子，乌林鸮体长 56~65 厘米，头部较大，面盘呈圆形，灰色或灰白色，有呈波状的黑色同心圆圈；眼为鲜黄色，两眼间有对称的“C”形白色纹饰，嘴为黄色；全身羽毛呈浅灰色，上体、下体均有浓重的深褐色纵纹，尾部有灰色和深褐色的横斑，脚为橘黄色。雌鸟和雄鸟羽色相似。

分布区域： 主要分布于俄罗斯、蒙古、中国、加拿大、美国等地。

生活习性： 乌林鸮生性机警，除了繁殖期外，一般单独活动，飞行迅速，经常在高大的树木顶端停歇，等待和观察猎物。经常在晚上活动觅食，有时候白天和黄昏也会活动。

繁殖特点： 繁殖期为 5—7 月，每窝通常产卵 3~5 枚，卵呈卵圆形，白色或灰白色，雌鸟负责孵卵，孵化期为 30 天。

栖息环境： 主要栖息在针叶林、混交林、落叶林。

体重： 0.75~1千克 | **雌雄差异：** 羽色相似 | **栖息地：** 针叶林、混交林、落叶林

褐林鸮

又称棕林鸮 / 鸮形目、鸱鸮科、林鸮属

褐林鸮的头部为圆形，面盘显著，眼圈呈黑色，有白色或棕白色的眉纹；头顶为纯褐色，嘴角呈褐色，全身为栗褐色；肩部、翅膀和尾上覆羽有白色横斑，喉部呈白色；其余下体为皮黄色，有细密的褐色横斑，脚趾为橙黄色。雌鸟和雄鸟羽色相似。

分布区域： 主要分布于欧洲、中亚、非洲西北部，以及中国、朝鲜、印度等地。

生活习性： 褐林鸮喜欢成对或单独活动，白天一般藏在茂密的森林中，黄昏和晚上才出来活动和猎食；生性机警而胆怯，听到声响便迅速飞走。

栖息环境： 主要栖息在山地阔叶林、混交林、河岸。

繁殖特点： 繁殖期为 3—5 月。

食性： 主要以啮齿类、小鸟、蛙、小型兽类和昆虫等为食物。

体重： 0.71~1千克 | **雌雄差异：** 羽色相似 | **栖息地：** 山地阔叶林、混交林、河岸

长尾林鸮

又称猫头鹰、夜猫子、满洲木鸮 / 鸮形目、鸱鸮科、林鸮属

长尾林鸮体长为 45~54 厘米，头部较圆，面盘显著，有细的黑褐色羽干纹；嘴为黄色，体羽大多为浅灰色或灰褐色，有暗褐色条纹；下体的条纹特别长；尾羽较长，稍呈圆形，有横斑和白色端斑；爪为褐色。雌鸟和雄鸟羽色相似。

分布区域： 主要分布于奥地利、白俄罗斯、中国、芬兰、德国、波兰、俄罗斯、西班牙等地。

生活习性： 长尾林鸮除繁殖期成对活动外，一般单独活动，白天喜欢在密林深处栖息，多呈波浪式飞行。

栖息环境： 主要栖息在针叶林、针阔叶混交林。

繁殖特点： 繁殖期为 4—6 月，每窝通常产卵 2~6 枚，卵呈白色，雌鸟负责孵卵，孵化期为 27~28 天。

食性： 主要以田鼠、棕背鼠等为食物。

体重： 0.5~0.85千克 | **雌雄差异：** 羽色相似 | **栖息地：** 针叶林、针阔叶混交林

领角鸮

鸮形目、鸱鸮科、角鸮属

领角鸮的额和面盘为白色或灰白色，缀有黑褐色的细点；喉部为白色，其余下体呈白色或灰白色；上体包括两翅表面大都呈灰褐色，有黑褐色的羽干纹；肩部和翅上外侧覆羽端有棕色或白色的斑点，尾为灰褐色。雌鸟和雄鸟羽色相似。

分布区域： 主要分布于中国、印度、日本、朝鲜、韩国、马来西亚、缅甸、俄罗斯、泰国等地。

生活习性： 领角鸮除繁殖期成对活动外，一般单独活动，白天喜欢藏在树上浓密枝叶间，晚上才开始活动和鸣叫，飞行轻快。属留鸟。

栖息环境： 主要栖息在山地阔叶林、混交林。

繁殖特点： 繁殖期为 3—6 月，每窝通常产卵 2~6 枚。

食性： 主要以鼠类、蝗虫和甲虫等为食物。

体重： 0.11~0.2千克 | **雌雄差异：** 羽色相似 | **栖息地：** 山地阔叶林、混交林

东方角鸮

又称东红角鸮、棒槌雀、普通鸮 / 鸮形目、鸱鸮科、角鸮属

东方角鸮是中国体形最小的一种鸮形目猛禽，分为灰色型和棕色型。它的虹膜为橙黄色，嘴角质为灰色，耳羽直立。胸部满布黑色的条纹，全身遍布花纹；在肩部有一列较大的羽毛，脚为偏灰色。雌鸟和雄鸟羽色相似。

分布区域：主要分布于印度、日本、中国等地。

生活习性：东方角鸮白天喜欢待在树荫深处，在早晨、黄昏和夜间出来捕食，喜欢有树丛的开阔原野。它们的翅膀开合有力，飞行迅速。属留鸟。

栖息环境：主要栖息在山地林间。

繁殖特点：繁殖期为5—8月，每窝通常产卵 3~6 枚，卵呈卵圆形、白色，雌鸟负责孵卵。

耳羽直立

虹膜为橙黄色

偏灰色的脚

食性：主要以昆虫、鼠类和小鸟等为食物。

体重：约0.1千克 | **雌雄差异：**羽色相似 | **栖息地：**山地林间

鬼鸮

又称泽斑古、小猫头鹰 / 鸮形目、鸱鸮科、鬼鸮属

鬼鸮的头顶和枕部为褐色，头部较大，面盘显著，嘴为淡黄色；上体为朱古力褐色到灰褐色，头顶密杂以白色斑点，背部和肩部有大型的白斑；下体为白色，缀有褐色斑纹；尾羽呈褐色，脚为黄色。雌雄羽色相同。

分布区域：主要分布于俄罗斯、蒙古、中国、加拿大、日本等地。

生活习性：鬼鸮大多单独活动，白天喜欢躲在树冠层枝叶茂密处或树洞中休息，飞行快而直，稍呈波浪形。它们在飞行中猎食，或在猎物出现时突然袭击。

栖息环境：主要栖息在草原、沼泽、针阔叶混交林。

繁殖特点：繁殖期为3—7月，每窝通常产卵 3~6 枚，卵呈白色，雌鸟负责孵卵，孵化期为 25~27 天。雏鸟晚成性，25~36 天后才可以飞。

头顶呈褐色，密布白色斑点

淡黄色的嘴

白色胸部有褐色的斑纹

腹部有褐色的斑纹

食性：食物以鼠类为主，也吃小鸟和蛙类等。

体重：约0.13千克 | **雌雄差异：**羽色相同 | **栖息地：**草原、沼泽、针阔叶混交林

斑头鸺鹠

又称横纹小鸺、猫王鸟、小猫头鹰 / 鸮形目、鸱鸮科、鸺鹠属

斑头鸺鹠的虹膜为黄色，嘴为黄绿色，头部、胸部和整个背面几乎均为暗褐色，头部和全身的羽毛有白色横斑；喉部缀有两个白色的斑，腹部为白色，下腹部有褐色的纵纹；尾羽上有六道白色的横纹，脚趾为黄绿色，爪近黑色。雌鸟和雄鸟羽色相似。

分布区域： 主要分布于印度东北部，喜马拉雅山脉至中国南部，东南亚等地。

生活习性： 斑头鸺鹠一般单独或成对活动，喜欢在白天活动和觅食，鸣叫声很像有辘轳的车轮声。属留鸟。

栖息环境： 主要栖息在平原、低山丘陵、阔叶林。

繁殖特点： 繁殖期为 3—6 月，每窝通常产卵 3~5 枚，卵呈白色，雌鸟负责孵卵，孵化期为 28~29 天。

食性： 以蝗虫、螳螂、蝉、蟋蟀等各种昆虫为食。

体重： 0.15~0.26千克 | **雌雄差异：** 羽色相似 | **栖息地：** 平原、低山丘陵、阔叶林

领鸺鹠

又称小鸺鹠 / 鸮形目、鸱鸮科、鸺鹠属

领鸺鹠体长为 14~16 厘米，虹膜为鲜黄色，嘴呈黄绿色；灰褐色的上体有浅橙黄色的横斑，后颈有浅黄色的领斑，两侧各有一个黑斑，下体为白色，喉部有一个栗色的斑；两胁还有宽阔的纵纹和横斑，尾下覆羽为白色，脚趾为黄绿色。雌鸟和雄鸟羽色相似。

分布区域： 主要分布于不丹、柬埔寨、中国、印度、印度尼西亚、老挝、缅甸、尼泊尔、泰国等地。

生活习性： 领鸺鹠除繁殖期外都是单独活动，多在白天活动，中午会在阳光下飞行和觅食，黄昏时活动也比较频繁，晚上喜欢鸣叫。休息的时候喜欢栖息在高大的乔木上，并且左右摆动着尾羽。

栖息环境： 主要栖息在山地森林、林缘灌丛。巢通常筑在树洞中或者天然洞穴里。

繁殖特点： 繁殖期为 3—7 月，每窝通常产卵 2~6 枚，卵呈卵圆形、白色。

食性： 主要以昆虫和鼠类为食物，也吃小鸟和其他小型动物。

体重： 0.04~0.06千克 | **雌雄差异：** 羽色相似 | **栖息地：** 山地森林、林缘灌丛

第六章

攀禽

攀禽的脚短而强健，有助于攀缘树木，
翅膀多呈圆形或近圆形。
攀禽中的一些种类被人类作为宠物饲养和驯化，
如彩虹吸蜜鹦鹉、虎皮鹦鹉、葵花鹦鹉等，
它们经过训练以后能够学说人语。
戴胜、三宝鸟等种类由于羽色鲜艳而被人们捕捉，
作为观赏鸟类饲养。
另外，金丝燕和多种同属燕类用唾液在悬崖上筑的鸟窝
被人们称作燕窝，
经加工后成为一种保健营养食品。

彩虹吸蜜鹦鹉

又称红胸五彩鹦鹉、绿颈吸蜜鹦鹉、小五彩鹦鹉、彩虹鹦鹉 / 鹦形目、鹦鹉科、鹦鹉属

彩虹吸蜜鹦鹉体长为 25~30 厘米。其嘴为橘红色；头顶、下颌和脸颊部均为深蓝色，枕部和颈上部分布有紫褐色和黄绿色的环带；背部、翅膀和尾羽均为绿色，红色的胸部带有黑色的斑块，腹部和两肋呈暗绿色，并且有红色横斑；尾下覆羽呈黄色，脚呈蓝灰色。雌鸟和雄鸟羽色相似。

分布区域：分布于澳大利亚、印度尼西亚、巴布亚新几内亚、所罗门群岛等地。

生活习性：它们活泼好动，喜欢成对或结成群活动。叫声嘈杂，飞行多呈直线，而且速度很快。彩虹吸蜜鹦鹉非常聪明，学习能力相当强，经过训练后能够模仿人语。花开季节，它们会从一个树丛飞到另外的树丛寻找食物。不迁徙。

栖息环境：主要栖息在低地森林、温带树林和公园等地。巢通常筑在空心树干里。

繁殖特点：每窝通常产卵 2~3 枚。卵呈纯白色。雌鸟负责孵化，孵化期为 23~26 天。最好趁早将幼鸟移出来，因为如果亲鸟又准备繁殖下一窝，而此时幼鸟尚未离巢，幼鸟就可能会遭亲鸟攻击。

你知道吗？彩虹吸蜜鹦鹉的肌胃比较小，而且非肌肉质。开花季节它们会到处飞翔，能够传播花粉。舌尖部布满刷子状的突起，完全可以吸食花粉、花蜜及多汁的果实。它们为了寻找食物，常常长途跋涉，甚至会到附近的果园或花园中采花蜜。

头顶呈深蓝色

嘴为橘红色

脚呈蓝灰色

食性：食植物的果实、种子、嫩芽、花蜜等。

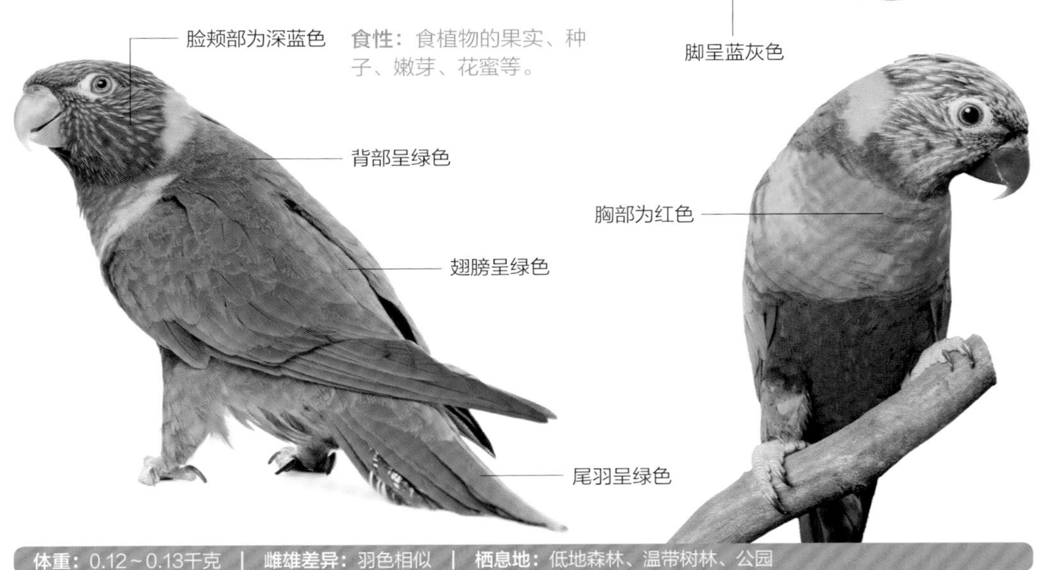

体重：0.12~0.13千克 | **雌雄差异：**羽色相似 | **栖息地：**低地森林、温带树林、公园

紫红头鹦鹉

又称灰头鹦鹉、彩头鹦鹉、紫头鹦鹉 / 鹦形目、鹦鹉科、环颈鹦鹉属

紫红头鹦鹉体长约为 34 厘米，雄鸟的上鸟喙为橙黄色，下鸟喙为黑棕色，头部为红色；下颏到脸颊下面，颈部有一条黑色的环状羽毛，并与一条蓝绿色的条状羽毛相连；下体为黄绿色，尾巴较长，中间尾羽为蓝色。雌鸟头部蓝灰色，绕颈部的条状羽毛黄色，上鸟喙浅黄色，下鸟喙灰色。

分布区域： 分布于孟加拉国、印度、尼泊尔、巴基斯坦、斯里兰卡等地。

生活习性： 紫红头鹦鹉喜欢成对活动，或组成最多 15 只的小群体觅食。游牧的地点根据食物的充足程度确定，农耕区谷物成熟时，可能会有好几百只鸟前往农田觅食。一般栖息在森林里最高的树上，防备心不是很强，可以近距离接近它们。黄昏时，紫红头鹦鹉会聚集在栖息的地点，在森林或竹林中过夜；通常要等到天完全暗下来才会停止聒噪的鸣叫。会进行季节性的迁移。

食性： 以种子、坚果、水果、花朵和花粉等为食。

栖息环境： 主要栖息在乡村林地、热带草原等地。巢通常筑在枯死的树洞中。

繁殖特点： 在印度，12—4 月为紫红头鹦鹉的繁殖期，每窝平均产卵 4~6 枚。孵化期为 19~20 天。

你知道吗？ 环颈鹦鹉类通常雌鸟较为强势，经常发生雌鸟咬伤甚至咬死雄鸟的情况。

体重： 不详 | **雌雄差异：** 羽色略有不同 | **栖息地：** 乡村林地、热带草原

绯胸鹦鹉

又称鹦哥 / 鹦形目、鹦鹉科、鹦鹉属

绯胸鹦鹉体长为 26~36 厘米，雄鸟的嘴一般为珊瑚红色，前额有一道黑带，下嘴两侧有黑色的带斑；背部、肩部均为青铜色，胸部为葡萄红沾紫灰色；下体余部和翼下覆羽为绿色，中央两枚尾羽狭长；脚为暗黄绿色或石板黄色。雌鸟的嘴黑褐色，中央尾羽比雄鸟稍短。

分布区域：分布于中南半岛各国到马来西亚中部，包括印度北部，缅甸，中国广西、广东及海南岛等地。

生活习性：绯胸鹦鹉性格温顺，容易饲养，训练后可模仿人说话。一般十余只至数十只成群活动，飞行时多沿直线。大多时候被人看见是低飞于树林间或者前往乡村地区，到目的地之后就会栖息在高树上。飞翔的时候非常嘈杂，只有在觅食的时候会安静。它们的飞行速度是同属中最慢的，鸣声粗砺、响亮。会迁移，地点完全由食物充足与否决定。

栖息环境：主要栖息在海拔不高的山麓丘陵。巢通常筑在树干或者枯死的树洞里。

繁殖特点：繁殖期为 3—5 月，每窝通常产卵 3~4 枚，卵呈白色。雌鸟负责孵卵，孵化期为 28 天。

食性：食物以坚果、浆果、谷物等为主。

体重：0.085~0.17千克 | **雌雄差异：**羽色略有不同 | **栖息地：**海拔不高的山麓丘陵

红领绿鹦鹉

又称玫瑰环鹦鹉、环颈鹦鹉、月轮鹦鹉 / 鹦形目、鹦鹉科、鹦鹉属

红领绿鹦鹉雄鸟头部为绿色，嘴呈珊瑚红色；颈基部有一条环绕颈后和两侧的粉红色宽带，从颈前向颈侧环绕有半环形的黑领带；上体呈深草绿色，下体和上体同色，但较浅；蓝绿色的中央尾羽最长，翅膀为绿色，脚为石板灰色或石板绿色。雌鸟与雄鸟近似，唯颈部无黑纹和玫瑰红领环。

分布区域：主要分布于塞内加尔、埃塞俄比亚、印度、斯里兰卡、孟加拉国、缅甸、越南和中国等地。

生活习性：红领绿鹦鹉喜欢成群活动，叫声嘈杂，飞行快而有力。不害怕人，平时喜欢待在同一个地区，只有觅食的时候才会飞到别的地方。为留鸟。

栖息环境：主要栖息在疏林、村庄、农田和庭园。

繁殖特点：繁殖期为 2—4 月，每窝通常产卵 4~6 枚，卵呈卵圆形、白色，雌雄亲鸟轮流孵卵，孵化期为 22~24 天。

食性：食物以植物果实与种子为主，也吃谷物和其他灌木浆果、花朵、花蜜等。

体重：0.095~0.14千克 | **雌雄差异：**羽色相似 | **栖息地：**疏林、村庄、农田和庭园

短尾鹦鹉

又称韦纳尔悬挂鹦鹉、印度小鹦鹉 / 鹦形目、鹦鹉科、短尾鹦鹉属

短尾鹦鹉体形一般纤小，体长约 13 厘米，全身羽毛呈绿色，虹膜为淡黄白色，嘴为红色；头部辉亮，呈深绿色；仅雄鸟喉部有蓝色斑块，翼下覆羽为青绿色，带有绿色翼衬；臀部和底面尾部覆羽均为红色，腰部多为红色，尾部较短，脚为淡橙黄色。

分布区域：主要分布于孟加拉国、柬埔寨、中国、印度、老挝、缅甸、尼泊尔、泰国、越南等地。

生活习性：短尾鹦鹉属于树栖鹦鹉，从来不落在地上，一般在茂密的树冠顶层活动，喜欢悬挂在树枝上休息和嬉戏，常成对或结成小群活动，也和其他物种混群。

栖息环境：主要栖息在森林边缘、次生林地带。

繁殖特点：繁殖期为 1—4 月，每窝通常产卵 2~4 枚，孵化期为 20~22 天。

食性：食物以植物果实、花蜜、蔬菜种子等为主。

头部辉亮，呈深绿色

红色的嘴

翼下覆羽为青绿色

黄色的脚

雌鸟

尾部较短

体重：约0.028千克 | **雌雄差异：**羽色略有不同 | **栖息地：**森林边缘、次生林

冠鱼狗

又称花斑钓鱼郎 / 佛法僧目、翠鸟科、大鱼狗属

冠鱼狗的嘴粗直，长而坚，颈部较短；嘴为黑色，上嘴基部和先端为淡绿褐色；枕部、后颈、喉部均为白色，前胸部为黑色，有白色的横斑；下胸、腹部、短的尾下覆羽均为白色，背部、腰部均为灰黑色，各羽有许多白色的横斑；脚为肉褐色。雌鸟和雄鸟羽色相似。

分布区域：主要分布于喜马拉雅山脉和印度北部山麓地带，中国的南部和东部等地。

生活习性：冠鱼狗是中等体形的鱼狗，常站立在流速快、砾石较多的清澈河流及溪流边，静观水中的游鱼，一旦发现，立刻扎入水中捕取猎物，然后飞至树枝上吞食。在水中也可以保持极好的视力，因为它们的眼睛可以迅速调整视角反差，所以捕鱼本领很强。

繁殖特点：繁殖期为 2—8 月，在堤岸、田坎等处挖洞筑窝，每窝通常产卵 3~7 枚，卵呈白色。

食性：主要以小鱼为食，也会吃贝类和水生昆虫。

背部有许多白色的横斑

嘴粗长

颈部短

肉褐色的脚

体重：0.07~0.095千克 | **雌雄差异：**羽色相似 | **栖息地：**池塘、小山丘、河溪

斑鱼狗

又称小啄鱼、小花鱼狗 / 佛法僧目、翠鸟科、鱼狗属

斑鱼狗体长为27~31厘米，冠羽较小，有显眼的白色眉纹；嘴为黑色长而坚；上体为黑色，缀有很多白点；下体为白色，上胸有黑色的宽阔条带，下面有狭窄的黑斑；脚为黑色。雌鸟和雄鸟羽色相似。

分布区域： 分布于欧亚大陆及非洲北部、非洲中南部、中南半岛等地。

生活习性： 斑鱼狗喜欢成对或结群在较大的水域和红树林活动，性喜嘈杂，是唯一经常徘徊在水面寻食的鱼狗。生活在不同的栖息地和湿地，捕鱼的本领强。一般都是在距离水面几米至十几米的低空飞翔、觅食，时而靠近水面，时而飞起。繁殖期会持续鸣叫。

栖息环境： 主要栖息在河流、稻田、淹没区、沼泽等地。巢通常筑在河流岸边的砂岩上。

繁殖特点： 繁殖期为3—7月，每窝通常产卵为3~6枚。卵呈白色，呈卵圆形或者长卵圆形。雌雄亲鸟共同孵卵，雏鸟在刚孵出之后眼睛看不见，一般在5天之后可以看见东西并会长出羽毛。

食性： 主要吃小鱼，还吃甲壳类和水生昆虫。

体重： 0.07~0.095千克 | **雌雄差异：** 羽色相似 | **栖息地：** 河流、稻田、淹没区、沼泽

三趾翠鸟

又称小黄鱼狗 / 佛法僧目、翠鸟科、三趾翠鸟属

三趾翠鸟体长约为14厘米，头部、颈部为橙红色，嘴粗长而坚，为红色；肩羽为灰褐色，上背呈深蓝色；下背部、腰部、尾上覆羽、尾羽为橙红色，喉部为淡蛋黄白色；嘴下至胸部、腹部、尾下覆羽均为蛋黄色，脚为红色，脚趾仅三个。雌鸟和雄鸟羽色相似。

分布区域： 分布于印度次大陆、中国的西南地区和太平洋诸岛屿等地。

生活习性： 三趾翠鸟是颜色艳丽的小型森林翠鸟，喜欢单独或成对共同捕食，常在树叶或泥土中寻找猎物。平时常单独栖息在靠近水边的树枝或岩石上，随时准备捕食，捕鱼本领很强，几乎百发百中。属候鸟，会迁徙。

栖息环境： 主要栖息在常绿阔叶林与溪流岸边。巢通长筑在土崖壁或河流的堤坝上。

繁殖特点： 繁殖期各地不一样，在斯里兰卡为6月，在印度西南为7—9月，在印度东北地区为4—5月，在苏门答腊岛为3月。雌鸟通常每窝产卵3~7枚。

食性： 主要食蝗虫、苍蝇和蜘蛛，也吃水甲虫、小螃蟹和小鱼等水生动物。

体重： 0.014~0.02千克 | **雌雄差异：** 羽色相似 | **栖息地：** 常绿阔叶林与溪流岸边

蓝耳翠鸟

又称鱼虎、水狗、鱼狗 / 佛法僧目、翠鸟科、翠鸟属

蓝耳翠鸟雄鸟的头顶、枕部为紫蓝色，被有黑色的横斑，嘴为黑色，耳覆羽和头侧紫蓝色，上背、腰部和尾上覆羽为亮钴蓝色，肩部和翅上覆羽为暗蓝色，喉部为白色或皮黄白色，其余下体为栗色或暗红棕色，脚为亮红色；雄鸟嘴全黑，雌鸟下颚橘黄色。雌鸟和雄鸟羽色相似。

分布区域： 主要分布于孟加拉国、中国、印度、老挝、马来西亚、缅甸、尼泊尔、菲律宾、新加坡等地。

生活习性： 蓝耳翠鸟生性孤独，喜欢独自或成对活动，平时常站立在近水边的树枝上或岩石上，伺机猎食，俯冲到水面用尖嘴捕捉鱼虾。属留鸟。

栖息环境： 主要栖息在河流岸边、溪流、湖泊、江河。

繁殖特点： 繁殖期为4—8月，每窝通常产卵6~8枚，卵呈纯白色，雌雄亲鸟共同孵卵，孵化期约21天。

食性： 食物以小鱼为主，也吃甲壳类动物等。

体重： 不详 | **雌雄差异：** 羽色相似 | **栖息地：** 河流岸边、溪流、湖泊、江河

普通翠鸟

又称鱼虎、钓鱼翁、金鸟仔、大翠鸟 / 佛法僧目、翠鸟科、翠鸟属

普通翠鸟雄鸟的嘴粗长而尖；上嘴为黑色，下嘴为红色；耳后颈侧为白色，橘黄色的条带横贯眼部；上体为浅蓝绿色，头顶布满细斑，体背为灰翠蓝色，肩部和翅为暗绿蓝色；下体为橙棕色，胸部以下为栗棕色，脚为红色。雌鸟上体羽色较雄鸟稍淡，多蓝色，少绿色。头顶灰蓝色；胸、腹部颜色较雄鸟淡。

分布区域： 主要分布于北非、欧亚大陆等地。

生活习性： 普通翠鸟生性孤独，喜欢单独或结成对活动，经常会停歇在河边的树桩和岩石上，会长时间一动不动地看着水面。属留鸟。

栖息环境： 主要分布于林区溪流、平原河谷、水库。

繁殖特点： 繁殖期为5—8月，每窝通常产卵5~7枚，卵呈圆形或椭圆形、白色，雌雄亲鸟轮流孵卵，孵化期为19~21天。

食性： 主要以小鱼、甲壳类动物等为食物。

上嘴为黑色，下嘴为红色

橘黄色的条带横贯眼部

雄鸟

红色的脚

体重： 0.04~0.045千克 | **雌雄差异：** 羽色略有不同 | **栖息地：** 林区溪流、平原河谷、水库

白领翡翠

又称半领翡翠 / 佛法僧目、翠鸟科、白领翡翠属

白领翡翠的嘴粗长似凿，上嘴呈深灰色，下嘴呈浅灰色，嘴上部有白点；白色的颈环比较明显，过眼纹为黑色；头顶、两翼、背部和尾呈亮丽蓝绿色；整个下体为白色，第一片初级飞羽和第七片初级飞羽等长或稍短，脚为灰色。雌鸟和雄鸟羽色相似。

分布区域： 主要分布于非洲中南部地区、印度次大陆、中南半岛、太平洋诸岛屿。

生活习性： 白领翡翠是一种蓝白色的翠鸟，分布很广，喜欢在沿海或近水开阔区域及淡水渠道、芦苇丛、森林、河流等地活动，它们经常在岩石或树上休息。

栖息环境： 主要分布于岩石、树上、灌木丛。

繁殖特点： 产卵期因地区不同而有所不同，每窝产卵 3~5 枚，雌鸟和雄鸟轮流孵卵，雏鸟晚成性。

白色的颈环

嘴粗长，上部有白点

背部呈蓝绿色

白色的胸部

灰色的脚

食性： 食物以罗非鱼、蟹、鲤鱼、蛙和水生昆虫为主。

体重： 0.035~0.04千克 | **雌雄差异：** 羽色相似 | **栖息地：** 岩石、树上、灌木丛

鹳嘴翡翠

佛法僧目、翠鸟科、鹳嘴翡翠属

鹳嘴翡翠的嘴粗长而尖，呈红色；头顶和枕部为灰褐色，后颈有一个宽阔的赭黄褐色领环；背部为天蓝色，腰部和尾羽为蓝色，上背、肩部和翅膀的表面为深铁蓝色；喉部、胸部、腹部覆羽均为赭黄褐色，脚为红色。雌鸟和雄鸟羽色相似。

宽阔的赭黄褐色领环

背部呈天蓝色

红色的脚

分布区域： 主要分布于孟加拉国、印度、印尼、马来西亚、缅甸、新加坡、泰国，以及中国云南等地。

生活习性： 鹳嘴翡翠生性孤独，喜欢单独活动，常躲藏在树丛中，站在水边树枝上注视着水面，当发现食物时，则扎入水中捕捉。

栖息环境： 主要栖息在常绿阔叶林中溪流。

繁殖特点： 繁殖期为 3—6 月，每窝通常产卵 3~5 枚，雄鸟和雌鸟轮流孵卵。

食性： 主要以鱼、虾和水生昆虫为食物。

体重： 0.14~0.2千克 | **雌雄差异：** 羽色相似 | **栖息地：** 常绿阔叶林中溪流

赤翡翠

又称红翡翠 / 佛法僧目、翠鸟科、翠鸟属

赤翡翠的虹膜为褐色，嘴亮红色，尖端亮淡白色；头部、颈部、背部、腰部覆羽、尾羽均为棕赤色，腰中央和尾上覆羽基部中央为翠蓝色；翼为棕赤色，颏、喉为白色，前颈、胸部、腹部和尾下覆羽为赤黄色；前颈和胸颜色较深，腿和脚趾为亮皮黄色。雌鸟和雄鸟羽色相似。

分布区域： 主要分布于印度、日本、中国、菲律宾、印度尼西亚等地。

生活习性： 赤翡翠生性孤独，能在沼泽森林、红树林、林中溪流、湿地和平原等地生活。经常一动不动地注视着水面，捕鱼本领很强，会因为争夺领土而争吵。

栖息环境： 主要栖息在灌木丛、林区溪流、鱼塘。

繁殖特点： 繁殖期为 5—7 月，它们在地面或河岸打洞筑窝，雌鸟每窝通常产卵 4~6 枚，雌雄亲鸟轮流孵蛋。

食性： 完全肉食性，在内陆主要吃昆虫和小蜗牛、蜥蜴等，沿海的赤翡翠以小龙虾、鱼、蟹等为食物。

体重： 0.076~0.077千克 | **雌雄差异：** 羽色相似 | **栖息地：** 灌木丛、林区溪流、鱼塘

蓝翡翠

又称蓝鱼狗、蓝翠毛 / 佛法僧目、翠鸟科、翠鸟属

蓝翡翠额、头和枕部呈黑色，后颈有白色领环，嘴呈珊瑚红色；背部、腰部和尾上覆羽呈钴蓝色，尾也为钴蓝色；翅上覆羽为黑色，形成一大块黑斑，颏、喉、颈侧、颊和上胸均为白色，翼下覆羽为橙棕色，脚趾为红色。雌鸟和雄鸟羽色相似。

分布区域： 主要分布于柬埔寨、中国、印度、日本、朝鲜、缅甸、泰国、越南等地。

生活习性： 蓝翡翠喜欢单独活动，多在河边树桩和岩石上休息，并盯着水面，看到鱼虾时会很快扎入水中用嘴捕取；有时沿水面快速飞行，发出叫声，夜晚在树林或竹林里休息。

栖息环境： 主要栖息在溪流、河流、水塘、沼泽。

繁殖特点： 繁殖期为 5—7 月，每窝通常产卵 4~6 枚，卵呈纯白色，雌雄亲鸟轮流孵化，孵化期为 19~21 天。

食性： 食物以小鱼、虾和蟹等为主。

体重： 0.06~0.11千克 | **雌雄差异：** 羽色相似 | **栖息地：** 溪流、河流、水塘、沼泽

白胸翡翠

又称白喉翡翠 / 佛法僧目、翠鸟科、翠鸟属

白胸翡翠的嘴为珊瑚红或赤红色，头、后颈、上背呈棕赤色，下背、腰部、尾上覆羽、尾羽均为亮蓝色；初级飞羽端部呈黑褐色，中覆羽呈黑色；喉部、前胸和胸部中央均为白色，眼下、耳羽、颈的两侧、胸侧、腹部、尾下覆羽均为棕赤色，脚为珊瑚红或赤红色。雌鸟和雄鸟羽色相似。

分布区域： 主要分布于欧亚大陆、非洲北部、印度次大陆、中南半岛、太平洋诸岛屿等地。

生活习性： 白胸翡翠一般沿河流和沟渠、鱼塘和海滩捕食猎物，有时站立或栖息在栅栏、电线杆或树枝上等待猎物，喜欢单独或结队共同捕食。

栖息环境： 主要栖息在溪流、河流、沼泽、灌木丛。

繁殖特点： 繁殖期为 4—6 月，每窝通常产卵 4~8 枚，卵呈纯白色、圆形。

食性： 食物以蟋蟀、蜘蛛、蜗牛、小鱼等为主。

体重： 0.05~0.1千克 | **雌雄差异：** 羽色相似 | **栖息地：** 溪流、河流、沼泽、灌木丛

栗喉蜂虎

又称红喉蜂虎 / 佛法僧目、蜂虎科、蜂虎属

栗喉蜂虎的喉为栗红色，嘴为黑色，从胸部以下为浅黄绿至浅绿色，头顶至背部为草绿色沾黄，有黑色的贯眼纹，肩部和两翅表面为草绿色，下腹部至尾下覆羽为蓝色，腰和尾上覆羽均为鲜蓝色，尾为蓝绿色。雌鸟和雄鸟羽色相似。

分布区域： 分布于孟加拉国、柬埔寨、中国、印度、缅甸、尼泊尔、菲律宾、新加坡、越南等地。

生活习性： 栗喉蜂虎一般结成数只至数十只的群体活动，繁殖期间也有单独或者成对活动的。它们飞行技术高超，能在空中做出急速飞行、滑翔、悬停等高难度动作。常在裸露的树枝或者电线上休息，喜欢开阔的原野。在云南和海南为留鸟，在其他地方为夏候鸟。

栖息环境： 主要栖息在开阔的环境里。巢通常筑在土质岩壁上，呈隧道形。

繁殖特点： 繁殖期为 4—6 月，每窝通常产卵 4~7 枚。卵呈椭圆形或圆形，呈白色。

食性： 以蜻蜓、蝴蝶、蜜蜂等为食。

体重： 0.028~0.044千克 | **雌雄差异：** 羽色相似 | **栖息地：** 开阔的环境

栗头蜂虎

佛法僧目、蜂虎科、蜂虎属

食性：以空中飞虫为食物，特别喜欢吃蜂类。

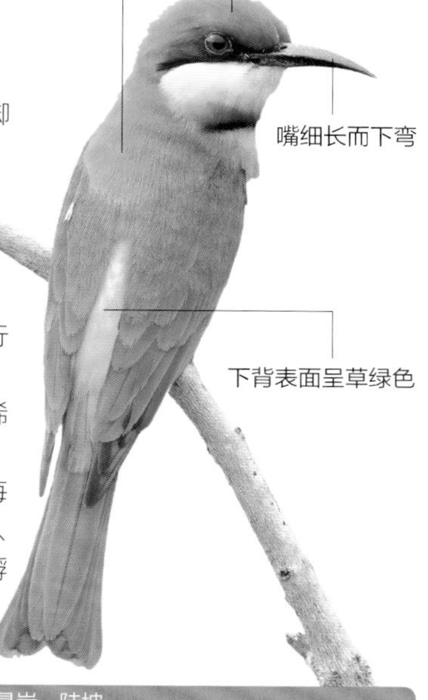

栗头蜂虎耳羽呈栗色，嘴形细长而下弯；头部至上背呈亮栗色，喉部为淡黄色，下背和翅表面为草绿色，腰部和尾上覆羽为淡蓝色，胸部为淡棕黄杂以草绿色，腹部为淡草绿色，尾羽呈暗草绿色；脚为黑色。雌鸟和雄鸟羽色相似。

分布区域： 主要分布于中南半岛、爪哇岛以及斯里兰卡、中国等地。

生活习性： 栗头蜂虎喜欢集群，群体由十余只到近百只个体组成，生性活泼好动，一起生活时极为吵闹。它们善于游泳和潜水，飞行的速度快。夏季会迁徙中国东南部。

栖息环境： 主要栖息在林缘、稀树草坡、悬岩、陡坡。

繁殖特点： 繁殖期 5—7 月，每窝通常产卵 5~6 枚，卵呈卵圆形、白色，雄鸟和雌鸟轮流孵化，孵化期约为 20 天。雏鸟晚成性，雌鸟和雄鸟共同育雏。

体重： 约0.025千克 | **雌雄差异：** 羽色相似 | **栖息地：** 林缘、稀树草坡、悬岩、陡坡

绿喉蜂虎

佛法僧目、蜂虎科、蜂虎属

食性：主要以昆虫为食物，包括膜蜂类、蜻蜓、小甲虫等。

绿喉蜂虎的嘴细长而且向下弯曲，呈黑色；喉部为绿色，额部、头顶至上背为锈红色，有一道黑色的过眼纹，其余上体均为亮绿色；背部至尾上覆羽均为鲜草绿色，后者羽端沾蓝；胸部以下为淡蓝绿色；尾羽为暗草绿色，脚为淡褐色。雌鸟和雄鸟羽色相似。

分布区域： 主要分布于孟加拉国、喀麦隆、埃及、印度、约旦、马里、苏丹、泰国、越南、中国等地。

生活习性： 绿喉蜂虎一般结成小群活动，日落时聚集成大群在乔木或竹树上休息，刚到过夜点时十分吵闹。属留鸟。

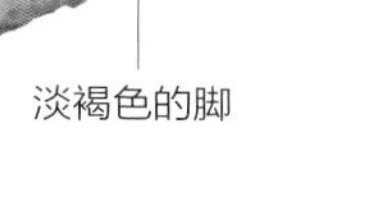

栖息环境： 主要栖息在林缘疏林、竹林、稀树草坡。

繁殖特点： 繁殖期为 4—7 月，每窝通常产卵 4~7 枚，卵呈卵圆形或圆形、白色，雄鸟和雌鸟轮流孵卵。

体重： 0.015~0.02千克 | **雌雄差异：** 羽色相似 | **栖息地：** 林缘疏林、竹林、稀树草坡

蓝胸佛法僧

佛法僧目、佛法僧科、佛法僧属

蓝胸佛法僧体长约为 32 厘米，嘴为暗褐色，耳羽为淡褐色；喉部以下淡绿蓝色，头顶、颊、腰部为淡蓝绿色，背部、肩部均为沙棕色；除栗色背羽外大部分为蓝色；翼覆羽为绿蓝色，小、中覆羽端部沾沙棕色，其余飞羽为黑色，脚为淡褐色。雌鸟和雄鸟羽色相似。

分布区域：分布于阿富汗、中国、埃及、法国、葡萄牙、南非、苏丹、乌克兰、阿联酋等地。

生活习性：蓝胸佛法僧有时会长时间站立在树干或电线杆等高处，搜寻地面的猎物。一般会单独或者成对活动。属夏候鸟，会迁徙。

栖息环境：主要栖息在森林、灌丛、林缘、荒漠等地带。巢通常筑在河岸、沟谷和悬崖岩壁洞里。

繁殖特点：繁殖期为 5—7 月。产卵 1~7 枚。卵呈椭圆形，白色。

食性：以甲虫、蟋蟀、蝗虫、苍蝇和蜘蛛等动物为主。

体重：约0.18千克 | **雌雄差异：**羽色相似 | **栖息地：**森林、灌丛、林缘、荒漠

棕胸佛法僧

佛法僧目、佛法僧科、佛法僧属

棕胸佛法僧的嘴为黑褐色，头顶为暗蓝色；喉部为葡萄紫色，有淡蓝色的纵纹；下胸为葡萄褐色，腹部和尾下覆羽为淡蓝色，背部为暗绿色，腰部为蓝紫色；尾上覆羽为辉蓝色，中央尾羽为暗绿色，脚趾为黄褐色。

分布区域：主要分布于阿富汗、柬埔寨、中国、印度、伊朗、伊拉克、泰国、阿联酋、越南等地。

生活习性：棕胸佛法僧喜欢单独或成对活动，也常站立在林缘、村边或农田地区乔木顶端枯枝上或电线上，多飞翔在空中捕食。在西藏、云南为留鸟，在四川为夏候鸟。

栖息环境：主要栖息在林缘疏林、竹林、村镇、农田。巢通常筑在树洞或者旧的墙壁洞里。

繁殖特点：繁殖期为 4—7 月，每窝通常产卵 3~5 枚，卵呈卵圆形、白色，雌雄亲鸟轮流孵卵，孵化期为 18 天。

你知道吗？洗浴的时候，会从高空向水中俯冲而下，经常被误会为在捕鱼。棕胸佛法僧与蓝胸佛法僧相比，区别在于前者头部和胸部蓝色较少。

食性：主要以昆虫等小型动物为食物。

体重：0.16~0.18千克 | **雌雄差异：**羽色相似 | **栖息地：**林缘疏林、竹林、村镇、农田

冠斑犀鸟

又称冠犀鸟 / 犀鸟目、犀鸟科、斑犀鸟属

冠斑犀鸟体长为 74~78 厘米。其头部、颈部为黑色，嘴有较大盔突，呈蜡黄色或象牙白色，盔突前面有黑色斑；上体为黑色；下体除腹部为白色外，全为黑色，尾部为黑色，腿为铅黑色。雌鸟和雄鸟羽色相似。

分布区域： 分布于中国、印度、缅甸、孟加拉国、斯里兰卡、马来西亚等地。

生活习性： 冠斑犀鸟属大型鸟类，除繁殖期外常成群活动，一般在树上栖息和活动，有时到地面觅食，叫声洪亮。飞行的时候，头部和颈部会向前伸直，两翅平展，像一架飞机，所以也被称为“飞机鸟”。属留鸟，不迁徙。

栖息环境： 主要栖息在低山和山脚常绿阔叶林。巢通常筑在悬崖生的石洞或者树洞底部，有的巢甚至可以使用好几年。

繁殖特点： 繁殖期为 4—6 月，每窝通常产卵 2~3 枚，由雌鸟在封闭的洞口中负责孵卵。

你知道吗？ 由于冠斑犀鸟特殊的繁殖习性，傣族同胞都称它“爱情鸟”。

盔突呈蜡黄色或象牙白色

黑色的颈部

食性： 以植物的果实和种子为食，也捕食蜗牛、鼠类、蛇和昆虫等。

黑色的背部

白色的腹部

体重： 不详 | **雌雄差异：** 羽色相似 | **栖息地：** 低山和山脚常绿阔叶林

双角犀鸟

又称大斑犀鸟、印度大犀鸟 / 犀鸟目、犀鸟科、角犀鸟属

双角犀鸟的嘴和盔突均较大，基部呈黑色，嘴端和盔突顶部为橙红色，下嘴为乳白色；后头和颈部呈白色，其余上体为黑色，胸部为黑色，腹部和尾下的覆羽为白色；翅膀为黑色，腿为灰绿色沾褐，爪近黑色。雌鸟和雄鸟羽色相似。

分布区域： 主要分布于中国、印度、马来西亚和印度尼西亚等地。

生活习性： 双角犀鸟繁殖期间常单独活动，非繁殖期则喜欢结群在榕树上活动，鸣叫时颈部垂直向上，嘴指向天空。多在树上觅食。属留鸟。

栖息环境： 主要栖息在常绿阔叶林、林中沟谷。

繁殖特点： 繁殖期为 3—6 月，每窝通常产卵 2 枚，卵呈卵圆形，雌鸟负责孵卵，孵化期约为 31 天。雌鸟在孵卵期间会将自己吃剩的食物残渣以及粪便混合堆积在洞口，以此将洞口缩小，同时雄鸟在外面衔泥，并混合果实、种子和木屑，将洞口封闭，只留下一个小孔让雌鸟嘴能够伸出。这样雌鸟在洞中既安全，又舒适，更不怕风吹日晒。

食性： 主要吃各种野果，也食蛇、蜥蜴、大型昆虫、鼠类和谷物。

体重： 1.36~3.65千克 | **雌雄差异：** 羽色相似 | **栖息地：** 亚热带常绿阔叶林

花冠皱盔犀鸟

犀鸟目、犀鸟科、拟皱盔犀鸟属

食性： 食物以植物果实为主，也吃树蛙、蝙蝠等动物性食物。

花冠皱盔犀鸟雄鸟体长约 105 厘米，虹膜为红色，嘴粗大，呈黄色；上嘴基部有一个长形而扁平的盔突，有隆起的皱褶；羽冠为栗色，头部、颈部和尾均为白色，其余体羽为黑色；喉囊为黄色，其上有一个黑色横带；尾部呈纯白色，脚为黑色。雌鸟尾羽白色，其余体羽黑色，喉囊灰蓝色。

分布区域： 主要分布于印度次大陆、中南半岛和太平洋诸岛屿以及中国等地。

生活习性： 花冠皱盔犀鸟常成 3~5 只的小群活动。叫声单调而沙哑；飞翔时显得较笨重，振翅的声响较大。属留鸟。

栖息环境： 主要栖息在亚热带常绿阔叶林。

繁殖特点： 繁殖期为 2—6 月，每窝通常产卵 2~3 枚，卵呈白色。

体重： 1.36~3.65千克 | **雌雄差异：** 羽色不同 | **栖息地：** 亚热带常绿阔叶林

小斑啄木鸟

䴕形目、啄木鸟科、啄木鸟属

小斑啄木鸟雄鸟额头为污白色或茶褐色，头顶和枕为朱红色，或杂有白斑；嘴为灰黑色，后颈至上背均为黑色，下背白色，有黑色横斑；前颈至胸部为灰白色或棕灰色，腹部灰白色；尾上覆羽为黑色，脚为黑褐色。雌鸟与雄鸟相似，唯头顶和枕黑色，额灰白色。

分布区域： 主要分布于欧洲、非洲西北部以及伊朗、哈萨克斯坦、日本、中国等地。

生活习性： 小斑啄木鸟属小型鸟类，除繁殖期外常单独活动，喜欢在森林中上层活动和休息，飞行呈波浪式，速度快。属留鸟。

栖息环境： 主要栖息在低山丘陵、山脚平原阔叶林。

繁殖特点： 繁殖期为 5—6 月，其间雄鸟常在林冠间飞来飞去追逐雌鸟，发出短促而响亮的叫声。每窝通常产卵 3~8 枚，卵呈卵圆形、白色，雌雄亲鸟轮流孵卵，孵化期为 14 天。

朱红色的头顶

嘴呈灰黑色

胸部呈灰白色或棕灰色

雄鸟

食性： 主要以鞘翅目和双翅目的昆虫为食物。

体重： 0.02~0.03千克 | **雌雄差异：** 羽色略有不同 | **栖息地：** 低山丘陵、山脚平原阔叶林

大斑啄木鸟

鴷形目、啄木鸟科、啄木鸟属

又称白花啄木鸟、啄木冠、叼木冠，大斑啄木鸟雄鸟的嘴为铅黑或蓝黑色，头顶为黑色，枕部有一红色斑块，后枕有黑色横带，后颈和颈两侧为白色，形成白色的领圈；肩部为白色，背部为辉黑色，腰部为黑褐色，喉部、前颈至胸以及两胁均为污白色，腹部污白色略沾桃红色，尾下覆羽为辉红色，腿为褐色。雌鸟与雄鸟相似，唯枕部无辉红色斑块。

分布区域：主要分布于中国、印度、日本、朝鲜、韩国、西班牙、瑞典、英国、美国、越南等地。

生活习性：大斑啄木鸟喜欢独自或成对活动，一般在树干和粗枝上觅食，飞行时呈波浪式。觅食的时候经常从树的中下部呈跳跃式向上攀缘。

繁殖特点：繁殖期为 4—5 月，每窝通常产卵 3~8 枚。

食性：食物以甲虫、小蠹虫、蝗虫等为主。

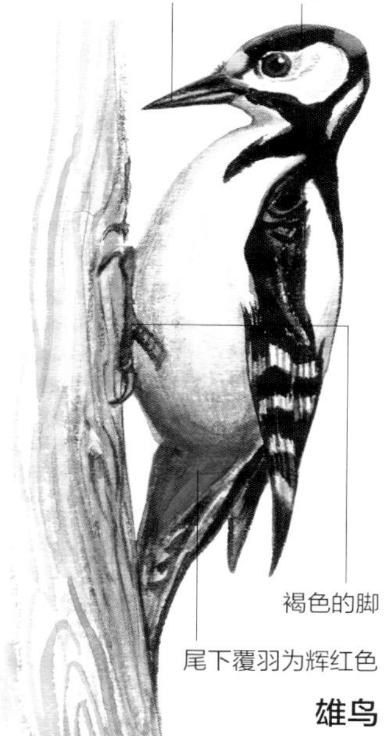

体重：0.06~0.08千克 | **雌雄差异：**羽色相似 | **栖息地：**亚热带常绿阔叶林

灰头绿啄木鸟

鴷形目、啄木鸟科、绿啄木鸟属

又称海南绿啄木鸟、黑枕绿啄木鸟，灰头绿啄木鸟雄鸟的嘴为灰黑色，头顶部为红色，枕部有黑纹，喉部为灰色；上体背部呈绿色，腰部和尾上覆羽均为黄绿色，胸部、腹部和两胁为灰绿色；尾大部分为黑色，脚为灰绿色或褐绿色。雌鸟与雄鸟相似，唯头顶及额部无红色斑块。

分布区域：主要分布于欧亚大陆，东到乌苏里，南到喜马拉雅山、中南半岛等地。

生活习性：灰头绿啄木鸟喜欢独自或成对活动，很少成群。飞行迅速，呈波浪式前行。经常在树干的中下部和地面上取食。

栖息环境：主要栖息在低山阔叶林、混交林和次生林。

繁殖特点：繁殖期为 4—6 月，每窝通常产卵 8~11 枚，卵呈卵圆形、乳白色，由雌雄亲鸟轮流孵卵，孵化期为 12~13 天。

食性：食物以蚂蚁、小蠹虫、天牛幼虫等昆虫为主，也吃山葡萄、红松子等植物果实和种子。

体重：0.1~0.16千克 | **雌雄差异：**羽色相似 | **栖息地：**低山阔叶林、混交林和次生林

大黄冠啄木鸟

鴷形目、啄木鸟科、绿啄木鸟属

大黄冠啄木鸟雄鸟的嘴呈铅灰色，头顶和头侧呈暗橄榄褐色，枕冠为金黄色或橙黄色，喉部为柠檬黄色；前颈褐色沾绿，胸部为暗橄榄褐色；其余下体逐渐转为橄榄灰色，整个上体呈辉黄绿色；初级飞羽和尾羽均为黑褐色，脚为铅灰色沾绿。雌鸟与雄鸟相似，唯喉部呈栗色。

分布区域：主要分布于喜马拉雅山脉、中国南部、东南亚及苏门答腊岛等地。

生活习性：大黄冠啄木鸟喜欢独自或成对活动，飞行呈波浪式，多沿着树干攀缘和觅食，也到地面活动和觅食。

栖息环境：主要栖息在中低山常绿阔叶林。

繁殖特点：繁殖期为 4—6 月，每窝通常产卵 3~4 枚，卵呈白色，雌雄亲鸟轮流孵卵。

食性：食物以昆虫为主，有时也吃植物种子和果实。

体重：0.12～0.13千克 | **雌雄差异：**羽色相似 | **栖息地：**中低山常绿阔叶林

大金背啄木鸟

鴷形目、啄木鸟科、金背啄木鸟属

食性：食物以各种昆虫为主，也吃蠕虫和其他小型无脊椎动物。

大金背啄木鸟雄鸟的头顶和冠羽为深红色，后颈和眉纹均为白色，嘴为石板灰色，长而直；白色喉部有五道狭形的黑色横斑，下体余部呈暗白色；背部、肩部和翅膀均为橄榄色，尾黑色，脚趾淡绿褐色。雌鸟头顶及冠羽呈黑色且有白色斑点，其余同雄鸟。

分布区域：主要分布于印度、中国、菲律宾以及大巽他群岛等地。

生活习性：大金背啄木鸟喜欢独自或成对活动，多在树上活动和觅食，有时到地上觅食蚂蚁和昆虫。叫声粗砺，响亮刺耳。

栖息环境：主要栖息在低山和平原常绿阔叶林。

繁殖特点：繁殖期为 3—5 月，每窝通常产卵 4~5 枚，偶尔也有 6 枚，卵呈白色。

嘴长而直

深红色的冠羽

雄鸟

黑色的眼后纹

橄榄色的背部

黑色的尾

体重：0.23～0.24千克 | **雌雄差异：**羽色略有不同 | **栖息地：**低山和平原常绿阔叶林

蚁䴕

又称欧亚蚁䴕 / 䴕形目、啄木鸟科、蚁䴕属

蚁䴕的头顶为污灰色，杂以黑褐色的细横斑，嘴直而细小；上体余部呈灰褐色，两翅沾棕色，均缀有褐色的虫蠹状斑；后颈到上背部有黑色的纵纹，颈部、喉部、前颈和胸部均为棕黄色；肩羽有黑色的纵纹，尾羽有黑色的横斑。雌鸟和雄鸟羽色相似。

分布区域： 主要分布于东亚、东南亚、南亚、西亚、北亚、北非和欧洲东南部等地。

生活习性： 蚁䴕除繁殖期成对以外，喜欢独自活动，多在地面觅食，行走时跳跃前进，飞行迅速而敏捷。一般在低矮的小树或灌丛上休息。

栖息环境： 主要栖息在丘陵、平原上的阔叶林。

繁殖特点： 繁殖期为 5—7 月，每窝通常产卵 5~14 枚，卵呈卵圆形或长卵圆形、白色，雌雄亲鸟轮流孵卵。

食性： 食物以蚂蚁以及蚂蚁的卵和蛹为主。

体重： 0.03 ~ 0.05千克 | **雌雄差异：** 羽色相似 | **栖息地：** 丘陵、平原上的阔叶林

大拟啄木鸟

䴕形目、拟啄木鸟科、拟啄木鸟属

大拟啄木鸟的嘴大而粗厚，呈象牙色或淡黄色；头部、颈部为蓝色或蓝绿色，背部、肩部呈暗绿褐色，其余上体草绿色；下背、腰部、尾上覆羽和尾羽均为亮草绿色，上胸部为暗褐色；腹部为淡黄色，脚呈铅褐色或绿褐色。雌鸟和雄鸟羽色相似。

分布区域： 主要分布于中国、缅甸、泰国以及中南半岛等地。

生活习性： 大拟啄木鸟喜欢独自或结成对活动，有时在食物较多的地方会结成小群，经常在高树的顶部休息。

栖息环境： 主要栖息在常绿阔叶林和针阔叶林。

食性： 食物以马桑、五加科植物以及其他植物的花、果实和种子为主。

嘴大而粗厚

头部呈蓝色或蓝绿色

暗绿褐色的背部

脚为铅褐色或绿褐色

繁殖特点： 繁殖期为 4—8 月，每窝通常产卵 2~5 枚，卵呈卵圆形、白色，由雌雄亲鸟轮流孵卵。

体重： 0.15 ~ 0.23千克 | **雌雄差异：** 羽色相似 | **栖息地：** 常绿阔叶林、针阔叶混交林

赤胸拟啄木鸟

䴕形目、须䴕科、拟啄木鸟属

赤胸拟啄木鸟的嘴为黑色，头须前部为朱红色，眼上和眼下均有亮黄色块斑，头顶后部、后颈和颈侧均为暗绿色或石板绿色；背部、肩部、腰部和尾上覆羽均为橄榄绿色，缀以黄色；喉部呈亮黄色，胸部有朱红色的半月形斑，其余下体呈淡黄白色，脚趾为珊瑚红色。雌鸟和雄鸟羽色相似。

分布区域：主要分布于巴基斯坦、中国、菲律宾，以及苏门答腊岛、爪哇岛、巴厘岛等地。

生活习性：赤胸拟啄木鸟除繁殖期外常独自活动，飞行快速，一般独居，有时会结小群活动，叫声变化多样。

栖息环境：主要栖息在开阔的林地、园林和城镇。

繁殖特点：繁殖期为3—5月，每窝通常产卵2~4枚。

食性：它们主要以榕果、无花果、浆果为主食。

体重：0.04~0.05千克 | **雌雄差异：**羽色相似 | **栖息地：**开阔的林地、园林、城镇

黑啄木鸟

䴕形目、啄木鸟科、黑啄木鸟属

黑啄木鸟的体形较大，体长为45~47厘米，全身几乎为黑色，淡蓝灰至骨白色的嘴呈楔状，尖端为铅黑色；雄鸟的额部、头顶和枕部为血红色，雌鸟仅头后部为血红色；喉部为褐色，上、下体其余部分均为黑褐色。

分布区域：主要分布于斯堪的纳维亚半岛以及波兰、西班牙、俄罗斯、蒙古、朝鲜、日本、伊朗、中国等地。

生活习性：黑啄木鸟喜欢单独活动，飞行不平稳呈波浪式，在告警或飞行时发出响亮的声音。食物中约有99%是蚂蚁，进食时会挖很大的洞。喜欢单独活动，觅食时通过嘴巴敲击树干，声音很大。不迁徙。

栖息环境：主要栖息在针叶林和山毛榉林。巢通常筑在树洞里，一般都会选择高大的死树或者枯木，巢洞口为长方形。

繁殖特点：繁殖期为4—6月，每窝通常产卵3~5枚。卵呈白色，呈圆形，表面光滑无斑。由雄鸟和雌鸟轮流孵卵，孵化期为12~14天。雏鸟晚成性，需要喂养24~28天才能离巢飞翔。

食性：主食为蚂蚁，也吃远离蜂巢的蜜蜂。

体重：0.3~0.35千克 | **雌雄差异：**羽色略有不同 | **栖息地：**针叶林、山毛榉林

白眉棕啄木鸟

又称棕啄木鸟 / 鴷形目、啄木鸟科、白眉棕啄木鸟属

食性：以蚂蚁和各种昆虫为主。

白眉棕啄木鸟体长为8~9厘米，雄鸟的嘴为淡黑色，眉纹为白色，额部为金黄色，前头部为棕栗色，头顶和枕橄榄绿色而沾棕褐色，背部、肩部和两翅表面均为橄榄绿色，腰部为纯棕色，黑色的尾较短，脚为橙黄色或黄色。雌鸟与雄鸟羽色相似。

分布区域：分布于孟加拉国、不丹、柬埔寨、中国、印度、老挝、缅甸、尼泊尔、泰国、越南等地。

生活习性：白眉棕啄木鸟属小型鸟类，一般独自活动。喜欢在小树和灌木上休息，沿树干攀爬，有时下到地上觅食。叫声比较单一，告警声快速而连续。属留鸟，不迁徙。

栖息环境：主要栖息在低山和平原阔叶林、竹林。巢通常筑在树洞里。

繁殖特点：繁殖期为 4—6 月，每窝通常产卵 3~4 枚。卵呈椭圆形、白色，雌雄亲鸟轮流孵卵。雏鸟晚成性。

体重：约0.012千克 | **雌雄差异：**羽色相似 | **栖息地：**低山和山脚平原阔叶林、竹林

蓝喉拟啄木鸟

鴷形目、拟啄木鸟科、拟啄木鸟属

栖息环境：主要栖息在丘陵和平原地带的常绿阔叶林里。巢通常筑在森林里和农田边。

蓝喉拟啄木鸟体长为 20~23 厘米，前额至头顶呈鲜红色，黑色横带将这红色分为前后两块；嘴角为褐色或绿色，先端近黑色，基部为淡黄色；头侧和喉部均为蓝色；尾羽为深草绿色，脚和趾呈灰绿色或黄绿色。雌鸟和雄鸟羽色相似。

分布区域：分布于中国、印度、缅甸、泰国、老挝、越南和印度尼西亚等地。

生活习性：蓝喉拟啄木鸟喜欢独自或结成对活动，也结成小群觅食。吃饱之后一般会隐藏在乔木树冠层中间，并会发出清脆而响亮的叫声。不迁徙。

食性：以榕树和其他树木的果实、种子和花等植物性食物为主，也会吃昆虫等动物性食物。

体重：0.07~0.09千克 | **雌雄差异：**羽色相似 | **栖息地：**丘陵和平原地带的常绿阔叶林

八声杜鹃

又称八声喀咕、哀鹃、雨鹃 / 鹃形目、杜鹃科、八声杜鹃属

八声杜鹃体长为21~25厘米，嘴侧扁。雄鸟的头部、颈和上胸呈灰色，背至尾上覆羽呈暗灰褐色；肩和两翅表面为褐色，胸部以下呈淡棕栗色；上下体无横斑，尾下覆羽为黑色，脚为黄色。雌鸟羽色通体呈灰黑色与栗色相间。

分布区域：分布于孟加拉国、文莱、中国、印度、马来西亚、缅甸、新加坡、泰国、越南等地。

生活习性：八声杜鹃喜欢独自或成对活动，经常在树枝之间飞来飞去。繁殖期喜鸣叫，阴雨天鸣叫尤其频繁。主要属夏候鸟，会迁徙。

栖息环境：主要栖息在低山丘陵、草坡和山麓平原等地。

繁殖特点：繁殖期比较长，自己不筑巢和孵卵，通常将卵产在其他鸟的巢中。卵多呈青蓝色或白色，表面有锈红色或者血色的斑点。也有报告说它们的繁殖数量视缝叶莺而定，而且占有一定的巢域，一旦选下寄主，就不允许另一个同类来此区域活动。

雌雄鉴别：雄鸟头部和颈部呈灰色，两翅为褐色，下胸为棕栗色。雌鸟上体为褐色和栗色相间的横斑，下体近白色，有比较细的暗灰色横斑。

颈部为灰色

背部呈暗灰褐色

雄鸟

食性：以昆虫为主。

黄色的脚

体重：0.023~0.035千克 | **雌雄差异：**羽色不同 | **栖息地：**低山丘陵、草坡、山麓平原

绿嘴地鹃

又称灰毛鸡、大绿嘴地鹃 / 鹃形目、杜鹃科、地鹃属

绿嘴地鹃嘴呈绿色，头顶至上背为淡绿灰色，头顶杂有黑色纵纹，眼周裸区呈红色；背中部、尾上覆羽呈暗金属绿色，其余上体、翅和尾为暗蓝绿色或暗绿色；颏至胸部为淡棕灰色，下胸、腹部和翅下覆羽为暗灰棕色，尾特长，脚为石板绿色。雌鸟和雄鸟羽色相似。

绿色的嘴

眼周裸区为红色

胸部呈淡棕灰色

分布区域：主要分布于中国、印度尼西亚、印度、马来西亚、缅甸、斯里兰卡等地。

生活习性：绿嘴地鹃飞行速度较快，一般单独或结成对活动，多在林下地面或者灌木丛中跳跃觅食。叫声柔和。

栖息环境：主要栖息在原始林、次生林、人工林。

繁殖特点：繁殖期为3—7月，每窝通常产卵2~4枚，卵呈白色。

食性：食物以象甲、毛虫、蝗虫等为主，有时也吃植物果实和种子。

尾极长

体重：0.1~0.15千克 | **雌雄差异：**羽色相似 | **栖息地：**原始林、次生林、人工林